化工节能

原理与技术

第5版
5th Edition

王罴斐　冯　霄　杨敏博　编著

U0209917

化学工业出版社

·北京·

内 容 简 介

《化工节能原理与技术》系统介绍了化工节能的理论与技术。包括节能的热力学原理，化工单元过程与设备的节能技术，过程系统节能技术中的夹点技术，采用过程集成方法使新鲜水用量和废水排放量最小的水系统集成技术以及氢系统优化。

全书内容系统、全面，学科体系较完整，概念清晰，理论联系实际，实用性较强。可供化工领域工程技术人员使用，也可作为化工专业学生的参考书。

图书在版编目（CIP）数据

化工节能原理与技术/王彧斐，冯霄，杨敏博编著.
—5 版. —北京：化学工业出版社，2021.11（2025.4重印）
ISBN 978-7-122-39917-5

Ⅰ.①化⋯ Ⅱ.①王⋯②冯⋯③杨⋯ Ⅲ.①化学工业-节能 Ⅳ.①TQ

中国版本图书馆 CIP 数据核字（2021）第 188442 号

责任编辑：袁海燕 装帧设计：韩 飞
责任校对：李 爽

出版发行：化学工业出版社（北京市东城区青年湖南街 13 号 邮政编码 100011）
印 装：北京天宇星印刷厂
787mm×1092mm 1/16 印张 17¼ 字数 432 千字 2025 年 4 月北京第 5 版第 9 次印刷

购书咨询：010-64518888 售后服务：010-64518899
网 址：http://www.cip.com.cn
凡购买本书，如有缺损质量问题，本社销售中心负责调换。

定 价：59.80 元 版权所有 违者必究

第 5 版前言

能源是经济发展的原动力，是现代文明的物质基础。随着世界人口的不断增长和工业的持续发展，能源将越来越短缺。工业节能已成为人类社会持续发展的重要前提之一，受到国家政府和各企业的高度重视。广义的化学工业是用能大户，因此化工节能尤其重要。

本书重点介绍了节能的原理（第 2 章），单元过程与设备的节能技术（第 3 章），过程系统节能技术中的夹点技术（第 4 章），使新鲜水用量和废水排放量最小的水系统集成技术以及使新氢使用量最小的氢系统优化技术（第 5 章）等内容。

相比第 4 版，在第 1 章更新了行业发展数据；在第 4 章中增加了热泵设置对夹点位置的影响分析，能量最优的热泵设置，冷却器网络改造优化，采用多回路结构的循环水系统供能优化，水轮机在循环水系统优化中的应用，采用数学规划法的循环水系统优化，考虑空冷器的循环水系统优化，装置/厂际间换热与装置内换热的协同考虑，装置间热进料最优设计；在第 5 章中增加了氢负荷-流量夹点法、代数法，以及氢气的提纯回用。第 4 章增补内容由王彧斐和杨敏博执笔，第 1 章和第 5 章增补内容由杨敏博执笔。

希望本书能成为化工领域工程技术人员的参考书以及化工专业学生的教材。

本书的工作得到钱立伦教授、张早校教授、傅秦生教授、刘桂莲教授、王彦峰博士、朱平博士、孙晋博士，李婷硕士等的帮助，特此致谢。

本书的部分工作还得到国家重点基础研究发展计划项目（2012CB720500）和国家自然科学基金项目（21276204、21476256 和 21736008）的资助，在此表示感谢。

本书得以出到第 5 版，特别感谢读者对本书的厚爱以及化学工业出版社的大力支持！

由于作者学识有限，书中难免有不妥之处，恳请读者批评指正，以利日后之修订。

编著者

2021 年 7 月

目录

第 3 章　化工单元过程与设备的节能　　54

第4章 过程系统节能——夹点技术 98

第5章 水系统集成和氢系统优化　228

附　录　262

第 **1** 章

总　论

1.1　能源与能源的分类

1.1.1　能源

能源是可以直接或通过转换提供人类所需的有用能的资源。世界上的能源可以分为 11 种类型：化石能源（如煤炭、石油、天然气）、水能、核能、电能、太阳能、生物质能、风能、海洋能、地热能、氢能、受控核聚变[1]。它们可以按人类的需要被转化为热能、机械能、电能、光能、声能、化学能等形式加以利用。

能源是经济发展的原动力，是现代文明的物质基础。安全、可靠的能源供应和高效、清洁的利用能源是实现社会经济持续发展的基本保证[2]。世界各国经济、技术发展的事实表明，能源消耗与国民生产总值之间有着非常密切的关系。在正常情况下，能源消费量的增长速度和国民生产总值的发展速度成正比关系。因此，若要加快国民经济的发展，就必须保证能源消费量有相应的增长速度。反之，如果能源供应不足，则会影响国民经济的发展，甚至造成巨大的损失。例如从 20 世纪 70 年代开始，发生了石油危机，主要工业国家国民生产总值的增长率普遍下降。1975 年，美国由于能源短缺 1.16 亿吨标准煤，使国民生产总值减少了 930 亿美元；日本由于能源短缺 0.6 亿吨标准煤，国民生产总值减少了 485 亿美元。其他工业国家也类似。据分析估算，由于能源不足引起的国民经济损失为能源本身价值的 20～60 倍[3]。

在我国，由于经济的快速发展，能源的消耗量也急剧增加，2019 年的能源消费量达到 48.6 亿吨标准煤，较 2010 年增加了 35%[4]，现在已成为世界上的第一能源消费大国。由于容易被利用的能源的有限性，节能就成为政府以及企业都非常关注的解决能源问题的最有效途径。

1.1.2　能源的分类

根据不同的基准，能源有不同的分类方法。

1.1.2.1　按能源的转换和利用层次分类

按有无加工转换，可将能源分为三大类。

第一类，一次能源：从自然界取得的未经任何改变或转换的能源[1]。如原煤、原油、天然气、天然铀矿、水能、风能、太阳辐射能、海洋能、地热能、薪柴等。

根据能否再生，一次能源可再分为可再生能源与不可再生能源。

（1）可再生能源：指那些可以连续再生，不会因使用而日益减少的能源。这类能源大都直接或间接来自太阳，如太阳能、水能、风能、海洋能、地热能、生物质能等。

（2）不可再生能源：指那些不能循环再生的能源，如煤炭、石油、天然气、核能等，它们随人类的使用而越来越少。

第二类，二次能源：为满足生产工艺或生活上的需要，由一次能源加工转换得到的能源产品。如电、蒸汽、煤气、热能、氢能、焦炭、各种石油制品。

第三类，终端能源：通过用能设备供消费者使用的能源。二次能源或一次能源一般经过加工、转换、输送、储存和分配成为终端使用的能源。终端能源通常分为5类：固体燃料（煤、焦炭、型煤等）、液体燃料、气体燃料（天然气、液化石油气、煤制气等）、电力、热力[1]。

1.1.2.2　按使用状况分类

按人类使用能源的状况，又可将能源分为常规能源和新能源。

第一类，常规能源：又称传统能源，指那些已经大规模生产和广泛利用的能源。如煤炭、石油、天然气、水力等。

第二类，新能源：指目前尚未得到广泛使用、有待科学技术的发展以期更经济有效开发的能源。如太阳能、地热能、潮汐能、风能、生物质能、原子能等。

这种分类是相对的。例如，核裂变应用于核电站，目前已经成熟，可以算作常规能源。即使是常规能源，目前也在研究新的利用技术，如磁流体发电，就是利用煤、石油、天然气作燃料，把气体加热成高温等离子体，在通过强磁场时直接发电。又如风能、沼气等的使用已有多年历史，但目前又采用现代技术加以利用，也把它们作为新能源。

1.1.2.3　按对环境的污染程度分类

按对环境的污染程度，能源可分为清洁能源和非清洁能源。

第一类，清洁能源：指大气污染物和温室气体零排放或排放很少的能源，主要有3类：可再生能源、氢能和先进核能[1]。

第二类，非清洁能源：污染大的能源，如煤炭、石油等。

1.2　化学工业节能的潜力与意义

1.2.1　我国化学工业的特点

化学工业是国民经济中的重要原材料工业。我国生产的化工产品中，有70%以上直接为农业、轻纺工业提供化肥、农药、配套原料和生活必需品[5]，所以同农业、轻纺工业和国民经济各部门的发展以及人民生活水平的提高关系极大。经过六十多年的发展，化学工业已具有相当的工业基础，成为我国经济发展的重要支柱产业，主要经济指标居全国工业各行业之首[6]。

化学工业有一个重要的特点，就是煤、石油、天然气等，既是化学工业的能源，又是化学工业的原料，该两项加起来占产品成本25%～40%，在氮肥工业达70%～80%[7]。因此广义的化学工业是工业部门中的第一用能大户。这一特点使得节能工作在化学工业中有着极为重要的意义。

在化工生产中需要进行一系列化学反应，有的反应是吸热反应，即反应过程中要吸收热量；另一类反应是放热反应，即反应过程中放出热量。化工生产往往需要在较高的温度、压力下操作，有的甚至采用电解、电热等操作，因而对热能和电能的需求量较大。被加热了的物料往往还要进行冷却，需要大量的冷却水，故化学工业也是用水大户。化学工业能量消费的复杂性，使得工艺与动力系统的紧密结合成为现代化学工业的一个显著特点。因此，抓住节能这个重要环节，也就抓住了化学工业现代化的一个要点。

化学工业内部行业很多，各行业之间能耗差别很大，这一点是化学工业不同于其他工业的一个特点。而我国的化学工业即使同一行业之间，差距也不小，这一点又是不同于其他国家的。以合成氨和氯碱厂为例，即使同类原料同类规模的生产企业之间单位产品能耗相差也很大，大、中企业可以差别 20%～50%，小企业可相差 67%～68%[7]。

1.2.2　化学工业节能的潜力

节能就是应用技术上可行、经济上合理、环境和社会可以接受的方法，来合理有效地利用能源。所以，节能并不简单地意味着少用能源，其实质是充分有效地发挥能源的作用，使同样数量的能源，可以提供更多的有效能，从而生产出更多、更好的产品，创造出更多的产值和利润。

节能潜力有两种含义：①节能总潜力；②可实现的节能潜力。节能总潜力为一技术极限值，取决于现有的技术以及根据热力学计算的理论极限值。可实现的节能潜力是指技术成熟、经济合理、预计在一定时期内可实现的节能量，其取决于技术、投资、社会、环境和其他政策等因素。本节所讨论的，是第二种含义的节能潜力，即可实现的节能潜力。

要准确计算节能潜力是困难的，这是因为影响实现节能潜力的技术、经济、社会等因素太多，有些是难以预料的不定因素。但通过调查研究，对节能潜力进行分析估算，是可能的。还有一点要指出的是，从不同的角度、采用不同的指标（如单位产品能耗下降率、单位产值能耗下降率等），计算出的节能潜力是不同的。

下面，从不同的角度粗略地分析我国化学工业的节能潜力。

（1）从单位产值能耗估计节能潜力

我国是世界上单位 GDP 能耗最高的国家之一。根据国家统计局数据[4]，我国单位 GDP 能耗呈长期下降的趋势，2019 年单位 GDP 能耗为 2010 年的 56.3%。然而，2019 年我国按汇率计算的单位 GDP 能耗为 339.6 吨标准煤/百万美元，为美国的 2.2 倍，日本的 2.7 倍，世界平均值的 1.5 倍[8,9]；按购买力平价计算，我国为 208.2 吨标准煤/百万美元，为日本的 1.8 倍，美国和世界平均水平的 1.4 倍[8,10]。虽然该值涉及人口、产业结论、能源结构折算标准等因素[11] 以及汇率的影响，不能准确地进行比较，但也能在一定程度上说明能耗问题。因此，节能的潜力仍很大。

（2）从提高能源利用率看节能潜力

虽然我国的能源效率在不断提高，但仍然远低于发达国家水平。2017 年，我国工业能耗占总能耗的 65%，但工业总产值占比不足 40%[4]，工业能源效率仅为 55%[11]。其中，冶金、化工、建材等高耗能行业的能耗已超过工业总能耗的 66%，节能潜力很大。我国化学工业的能源利用率即使提高 1%，每年就可节省 800 万吨标准煤[4]。

（3）从主要产品单位能耗的差距分析节能潜力

随着我国技术进步加速，行业集中度提高，使得高耗能产品能耗降幅加大，与国际先进水平的差距缩小，但仍存在差距。2018 年，我国合成氨的综合能耗是国际先进水平的 1.47 倍，乙烯的综合能耗是国际先进水平的 1.34 倍，烧碱的综合能耗是国际先进水平的 1.3 倍，纯碱的综合能耗是国际先进水平的 1.47 倍，电石的耗电量是国际先进水平的 1.07 倍[11]。因此，可挖掘的潜力仍然可观。

（4）从主要耗能设备技术水平分析节能潜力

从企业中各类设备的热效率看，也具有明显的差距。2011 年我国中小型电动机约有 10 亿台，用电量约 2 万亿千瓦时，平均效率比国际先进水平低 5%，系统运行效率低 10%～20%；2018 年全国有燃煤工业锅炉 46.7 万台，耗煤 7.7 亿吨/年，平均运行效率 65%，比国际先进水平低 15%[11]。

1.2.3 节能的意义

我国国民经济正处于一个高速发展的时期，这就不可避免地出现能源消耗的大幅度上升。当前我国的能源消费量已超过世界能源消费总量的 27%，我国的人均能源消费量仍略高于世界平均水平，但远低于美国、日本、欧盟[8]。这种情况表明未来我国经济发展所面临的能源问题将更加突出、更加严峻。为了保证国民经济持续、快速、健康地发展，必须合理、有效地利用能源，不断提高能源利用效率。

我国政府一直重视节能工作，早在 1981 年第五届全国人大第四次会议就确定了"开发与节能并重，近期把节能放在优先地位"的能源发展方针；在 1991 年确定了节能是我国经济和社会发展的一项长远战略方针[12]；于 1997 年第八届人大常委会第二十八次会议通过《中华人民共和国节约能源法》，于 1998 年 1 月 1 日起实施，并于 2007 年 10 月 28 日第十届全国人大常委会第三十次会议通过了修订的《节能法》，修订后的《节能法》于 2008 年 4 月 1 日实施；2007 年 12 月 26 日国务院新闻办首次发布《中国的能源状况与政策》白皮书，对节能进行了重点阐述。

节能是一项长期的工作，其意义在于：

① 随着国民经济的发展和人民生活水平的提高，对能源的需求越来越大，而容易被利用的能源资源有限，加上能源的开发需要大量资金和较长周期，因此，搞好节能工作，节约资源，是保持人类社会可持续发展的重要措施。

② 节能有利于保护环境。节能，意味着减少了能源的开采与消耗，从而减少了烟、尘、灰、硫、温室气体以及其他污染物的排放。我国的环境污染为典型的能源消费型污染。据分析，各项能源消费与 SO_2、NO_2、PM_{10} 排放量的关联度都在 0.7 以上[13]，2018 年全球能源相关 CO_2 排放达到 331 亿吨，占排放总量的 97.3%[8,14]。

③ 在化学工业中，煤、石油和天然气，既是能源，又是宝贵的原料，大致用作原料的约占能源消费总量的 40%[15]，因此，节省了能源，也就是节省了宝贵的化工原料。

④ 节能可以促进生产，在同样数量能源的条件下，生产更多的产品。

⑤ 节能可以降低成本，特别在化工企业中，能源费用在产品成本中占的比例较高，节能可以明显降低成本，增加利润。

⑥ 节能能促进管理的改善和技术的进步。节能的过程，就是一个生产现代化的过程，对管理和技术工艺，都提出了更高的要求，因此，通过节能，有利于改变企业的落后面貌。

1.3　节能的途径

一个国家、一个行业，乃至一个企业的能耗水平是由错综复杂的多种因素影响决定的，如自然条件、经济体制、经济因素、管理水平、政策倾向、社会因素、技术水平等。我们将这些因素归结为三个方面，即结构节能、管理节能、技术节能。

1.3.1　结构节能

我国的单位产值能耗之所以高，除技术水平和管理水平落后外，经济结构不合理也是重要的原因。经济结构包括产业结构、产品结构、企业结构、地区结构等。

（1）产业结构

不同行业、不同产品对能源的依赖程度是很不相同的，有些耗能高，有些耗能低。在今后的经济发展中，若增加省能型工业（如信息、仪表、电子等）的比重，减少耗能型工业（如钢铁、化肥等）的比重，全国的产业结构就会朝省能的方向发展。但国民经济的发展，各个工业之间存在着客观的比例关系，因此，应研究合理的省能型产业结构。

（2）产品结构

随着产业结构向省能型方向的发展，产品结构也应努力向高附加值、低能耗的方向发展。在化学工业中，西方从 20 世纪 80 年代开始着重发展耗能少、附加值高的精细化工产品，目前主要发达国家精细化率已经达到 60% 左右，而美国、日本的精细化率基本上在 60%～70%[16]。而我国近年来重视发展精细化工，已成为世界精细化工生产规模的第三大国[17]，精细化率为 40%～50%[18]，还有很大的提升空间。

（3）企业结构

调整生产规模结构是节能降耗的重要途径。与大型企业相比，中、小企业一般单位产品能耗较高，经济效益较差。所以应该有计划、有步骤地调整企业的组织结构，新建厂应当有经济规模的限制，缺乏竞争力的小企业应关、停、并、转。目前，针对主要的化工产品，我国已经或正在制定有关产品能耗指标的国家标准，可作为企业生产规模下限的参考。

（4）地区结构

地区结构的调整主要是指资源的优化配置，调整部分耗能型工业的地区结构。将部分耗能型工业的工厂转移到能源富裕地区或矿产资源就近地区，从全局看，可以节省很多能源。在化学工业方面，乙烯生产基地应靠近油田或大型炼油厂；我国东部地区集中了我国主要油田，又有沿海便于进口石油的条件，应发展石油化工；我国中部地区是我国煤炭主要产地，应发展煤化工基地。

1.3.2　管理节能

管理节能主要有两个层次：宏观调控层次和企业经营管理层次。

1.3.2.1　宏观调控层次

（1）完善法制建设

我国已于 1997 年第八届全国人大常委会第二十八次会议通过《中华人民共和国节约能源法》，于 1998 年 1 月 1 日起实施，并于 2007 年 10 月 28 日第十届全国人大常委会第三十次会议通过了修订的《节能法》，修订后的《节能法》于 2008 年 4 月 1 日实施，为加强节能管理提供了法律依据。

针对主要的化工产品，我国已经或正在制定有关产品能耗指标的国家标准，对产品生产能耗提出了下限要求。

（2）制订与贯彻合理的经济政策

① 价格政策。能源价格在产品成本中的比例较高时，企业节能的积极性就会较高。能源费用在石化产品成本中占的比重很大，高耗能产品能源费用占 60%～70%，一般产品能源费用占 20%～30%。

理顺能源的价格有利于节能。

② 投资、信贷、税收手段。节能投资的效益比投资开发新能源要省得多，因此国家一直在加大节能投资。同时还应对节约每吨标准煤的投资和投资回收期等提出控制性指标。

银行贷款方面应对节能项目优先支持。日本为了推动节能工作，采取了金融上的扶持措施，对节能项目采用特别利率[19]。我国也对节能贷款实行优惠[12]。

在税收方面，对节能产品和节能新技术转让应给予优惠，对超过限额消费的能源应累计收费。日本政府在税收方面也对节能工作采取了扶持措施，对节能设备可在特别折旧或税率扣除二者之中选一，并在取得设备三年内减轻固定资产税[19]。我国也有类似的鼓励节能的税收和奖励机制。

1.3.2.2 企业经营管理层次

（1）建立健全能源管理机构

为了落实节能工作，必须有相对稳定的节能管理班子，去管理和监督能源的合理使用，制定节能计划，实施节能措施，并进行节能技术培训。

（2）建立企业的能源管理制度

对各种设备及工艺流程，要制定操作规程；对各类产品，制定能耗定额；对节约能源和浪费能源，有相应的奖惩制度；等等。

（3）合理组织生产

应当根据原料、能源、任务的实际情况，确定开多少设备，确保设备的合理负荷率；合理利用各种不同品位、质量的能源，根据生产工艺对能源的要求，分配使用能源；协调各工序之间的生产能力及供能和用能环节等。

（4）加强计量管理

没有健全的能量计量，就难以对能源的消费进行正确的统计和核算，更难以推动能量平衡、定额管理、经济核算和计划预测等一系列科学管理工作的深入开展。因此，各企业应该完善计量手段，建立健全仪表维护检修制度，强化节能监测。

1.3.3 技术节能

1.3.3.1 工艺节能

化工工艺过程节能的范围很广，方法繁多，化工生产行业甚多，生产过程又相当复杂，这里只概括地给出工艺节能的基本方向。

工艺技术中首先是化学反应器，其次是分离工程。化学反应器又取决于两方面因素：催化剂和化学反应工程。

（1）催化剂和化学反应工程

催化剂是化学工艺中的关键物质。现有的化学工艺约有 80% 是采用催化剂的，而在新的即将投入工业生产的工艺中，约有 90% 采用催化剂[5]。

催化剂也是工业节能中的关键物质，这是因为，一种新的催化剂可以形成一种新的更有效的工艺过程，或者可以缓和反应条件，使反应在较低的温度和压力条件下进行，就可以节省把反应物加热和压缩到反应条件所需的能量；或者选择性提高，使副产物减少，生成物纯度提高，既节省原料消耗，又降低了后续精制过程的负荷和能耗；或者活度提高，降低了反应过程的推动力，减少了反应能耗。

例如，ICI 公司用低压（5MPa）、低温（270℃）操作的铜基催化剂代替高压（35MPa）、高温（375℃）的锌-铬催化剂合成甲醇，不仅使合成气压缩机的动力消耗减少 60%，整个工艺的总动力消耗减少 30%，而且在较低温度下副产物大大减少，节省了原料气消耗和甲醇精馏的能耗，结果使吨甲醇的总能耗从 41.9×10^6 kJ 降低到 36×10^6 kJ[5]。

绝大多数反应过程都伴随有流体流动、传热和传质等过程，每种过程都有阻力，为了克服阻力推动过程进行，就需要消耗能量。若能减少阻力，就可降低能耗。另外，一般的反应都有明显的热效应，对吸热反应有合理供热的问题，而对放热反应有合理利用的问题。

例如，氨合成塔过去一直采用轴向塔，流体阻力很大，而采用低压降的径向塔，可使塔压降大大降低，以同是直径 2100mm 的塔为例，压力损失从 4.2MPa 降低到 63kPa[5]。

再例如 UOP 公司等研究开发成功的乙苯选择性氧化脱氢技术，由于乙苯脱出的氢气被氧化生成水，不仅提高了乙苯的转换率，氧化产生的热量还可替代中间换热，降低了能耗[20]。

（2）分离工程

化工中已经应用了的分离方法很多，如精馏、吸收、萃取、吸附、结晶、膜分离等，每一类方法中还包含有许多种方法，各种方法的能耗是不同的，需要加以选择。

例如，大型氨厂中气体脱除 CO_2 的方法有两大类：化学吸收法和物理吸收法。目前一般采用热碳酸钾溶液或一乙醇胺溶液的化学吸收法。该方法吸收液再生时需耗大量的热量。近年来国外大力发展高效率的物理吸收法，形成了聚乙二醇二甲醚法和碳酸丙烯酯法，其优点是，只要减压就能解吸出 CO_2，使吸收剂再生，省去化学吸收法中溶剂再生的热量消耗。

在这些分离过程中，以热量为分离剂的分离过程能耗较高。因此，从节能的角度，能够采用非热量为分离剂的过程，就不要采用以热量为分离剂的过程。

（3）改进工艺方法和设备

对于同一生产目的，采用不同的工艺方法和设备，其能耗是很不同的。

例如若将精馏塔由板式塔改为规整填料塔，就可以降低塔的压降，减少塔底与塔顶的温差，提高生产能力，减少回流比，减少动力消耗。

用膨胀机代替节流阀，利用工艺气体的压力降做功或制冷，也是一项节能措施。例如，在年产 0.3Mt 大型乙烯装置脱甲烷塔塔顶，将富甲烷尾气节流阀改为膨胀机，可节能约 530kW，占制冷总能耗的 3%～4%，同时回收 280kW 的压缩功[5]。

1.3.3.2　化工单元操作设备节能

化工单元操作设备种类很多，包括流体输送机械（泵、压缩机等）、换热设备（锅炉、加热炉、换热器、冷却器等）、蒸发设备、塔设备（精馏、吸收、萃取、结晶等）、干燥设备等，每一类设备有其特有的节能方式。

（1）流体输送机械

在化工企业中，流体输送机械的节能可主要从两个方面考虑。一是在设计时要选择合适的机械，避免"大马拉小车"的情况，造成能量浪费。二是调节负荷变化时，采用转速控制等。

（2）换热设备

换热设备的节能方法有：加强设备保温，防止结垢，合理减少传热温差，强化传热；对锅炉和加热炉还有控制过量空气，提高燃烧特性，预热燃烧空气，回收烟气余热；以及采用高效率设备，如热管换热器等。

（3）蒸发设备

节能措施有：预热原料，多效蒸发，热泵蒸发，冷凝水热量的利用等。

（4）塔设备

塔设备的节能途径有：减少回流比，预热进料，塔顶热的利用，使用串联塔，采用热泵，采用中间再沸器和中间冷凝器等。

（5）干燥设备

控制和减少过量空气，余热回收，排气的再循环，热泵干燥等。

1.3.3.3　化工过程系统节能

化工过程系统节能是指从系统合理用能的角度，把整个系统作为一个有机的整体对待，所进行的节能工作。

从原料到产品的化工过程，始终伴随着能量的供应、转换、利用、回收、排弃等环节，例如预热原料，进行反应，精制分离，冷却产物，气体的压缩和液体的泵压等。这不仅要求提供动力和不同温度下的热量，而且又有不同温度的热量排出。根据外供的和过程本身放出能量的品位，匹配过程所需的动力和不同温度的热量；根据工艺过程对能量的需求和热回收系统的优化合成，对公用事业提出动力、加热公用工程量和冷却公用工程量的要求，并进行工艺过程的调整；这些就是化工过程系统节能的内容。

以前的节能工作主要着眼于局部，但系统各部件之间是有着有机的联系。随着过程系统工程和热力学分析两大理论的发展及其相互结合与渗透，产生了过程系统节能的理论与方法，把节能工作推上了一个新的高度。

过程系统节能方法的研究始于 20 世纪 70 年代中期，80 年代在理论上逐渐成熟，方法上逐渐完善，并在工业实践中取得了巨大的经济效益。用一个石油化工企业的例子可以说明该方法的优越性：一个由乙烯厂及其下游产品构成的联合企业，如果每个分厂自行优化节能改造，需投资 220 万英镑，年效益为 144 万英镑，投资回收期 18 个月。而整个企业整体优化节能改造，需投资 330 万英镑，可得到 266 万英镑的年效益，投资回收期为 15 个月[21]。过去的老厂设计因为没有用这些理论作指导，往往浪费很大。因此采用过程系统节能方法，很容易取得显著的节能与经济效益。

1.3.3.4　控制节能

控制节能包括两个方面：一是节能需要操作控制，另一是通过操作控制节能。

节能需要操作控制。通过仪表加强计量工作，做好生产现场的能量衡算和用能分析，是节能的基础工作。节能改造之后，回收利用了各种余热，使物流与物流、设备与设备等之间的相互联系和相互影响加强了，导致生产操作的弹性缩小，更要求采用控制系统使操作平稳进行。

另外，为了搞好生产运行中的节能，必须加强操作控制。例如产品纯度准确控制不够是引起过程能量损失的一个主要原因。若产品不合格将蒙受很大的损失，所以一些设备留有颇大的设计裕度，使产品的纯度高于所需的纯度，大大增加了能耗。如果能够准确控制产品纯度，则避免了多耗的能量。

再者，在生产过程中，各种参数的波动是不可避免的，如原料的成分、气温、市场对产品产量的需求、蒸汽需求量等，若生产优化条件能随着这些参数的变化相应变化，将能取得很大的节能效果。计算机使得这种优化控制成为可能。目前在线优化已得到广泛重视和应用。

控制节能投资小、潜力大、效果好，是大有发展前途的节能途径。

参考文献

[1]　王庆一. 能源词典. 第 2 版. 北京：中国石化出版社， 2005.

[2]　戴彦德. 我国可持续发展中的能源问题. 节能， 2003， （2）.

[3]　陈听宽. 节能原理与技术. 北京：机械工业出版社， 1988.

[4]　国家统计局. 中华人民共和国国民经济和社会发展统计公报. 2020-02-28.

[5]　陈铭净. 工业节能. 北京：国防工业出版社， 1989.

[6]　朱小娟. 经济全球化下中国石油和化学工业的产业竞争力. 现代化工， 2002， 22（8）.

[7]　杨友麒，曾广安. 我国化工节能潜力与对策. 第七届全国热力学分析与节能学术会议. 大连，1994.

[8]　BP plc. Statistical Review of World Energy 2020. 2020.

[9]　The World Bank. GDP（current US＄）. https：//data. worldbank. org/indicator/NY. GDP. MKTP. CD，2020.

[10]　The World Bank. Gross domestic product 2019 PPP. https：//databank. worldbank. org/data/download/GDP ＿ PPP. pdf，2020.

[11]　王庆一. 2019 能源数据. https：//www. efchina. org/Attachments/Report/report-lceg-20200413/2019％E8％83％BD％E6％BA％90％E6％95％B0％E6％8D％AE，2019.

[12]　陈甲斌. 我国现行节能政策述评. 中国能源，2003，25（3）：28-30.

[13]　卢彦凝，陈志斌，田标. 能源消费与大气环境变迁的关联性分析. 甘肃科学学报，2010，（2）：76-79.

[14]　International Energy Agency. Global Energy and CO_2 Status Report 2018. https：//www. eenews. net/assets/2019/03/26/document ＿ cw ＿ 01. pdf，2019.

[15]　杨友麒，曾广安. 发展 21 世纪节能型化工的战略思考. 节能，1997，1：3-8.

[16]　于梅. 基于现代精细化工发展初探. 价值工程，2013，（31）：60-61.

[17]　方巍. 精细化工发展重心转向中国. 化工管理，2013，（9）：28.

[18]　韩谦. 我国精细化工发展现状和趋势. 江西化工，2010，（1）：25-27.

[19]　［日］ 实用节能机器全书编辑委员会. 实用节能全书. 北京：化学工业出版社，1987.

[20]　乔映宾，段启伟. 石油化工技术的新进展. 化工进展，2003，22（2）：109-113.

[21]　Linnhoff B，Eastwood AR. Overall site optimisation by Pinch Technology. Chemical engineering research and design，1997，75：S138-S144.

第 2 章

节能的热力学原理

要搞好节能，就要了解造成能量损耗和损失的原因、能量损耗和损失的分布、科学用能的基本原则、节能的对策等。因为热力学可以定义为研究能量及其转换规律的科学，所以热力学的基本原理和定律，提供了节能的理论基础。

能量是物质运动的量度。常见的能量形式有机械能（包括动能和位能）、电能、磁能、热能、光能、化学能、原子能等。处于宏观静止状态并且没有外力场存在的物质，仍具有一定的能量，这种能量称为内能。内能是物质内部一切微观粒子所具有的能量的总和，是物质的一个状态参数。当能量从一种形式转换为另一种形式时，在量和质两方面遵循不同的客观规律，这就是热力学第一和第二两个基本定律。

热力学第一定律的实质就是能量转换与守恒定律，它阐明了能量"量"的属性。但既然能量是守恒的，既不能被创造，也不能被消灭，又从何而来能源问题，又怎样节能呢? 这就涉及能量"质"的属性。

热力学第二定律从能量"质"的属性揭示了在能量转换中，能量"质"要贬降。实践告诉我们，要使机械能转变为热能，只要通过摩擦就可以实现；而要使热能转变为机械能，不仅需要复杂的设备，而且提供的热能不能全部转变为机械能，有一部分将仍以热能的形式排给了冷源。能量的这种不等价性标志着能量有"品质"高低之分，在能量的转换过程中，能量的品质会下降。节能的实质就在于防止和减少能量贬值现象的发生。

2.1 基本概念

2.1.1 能量系统

在对能量转换的现象或过程进行分析时，需要从相互作用的物体中取出研究的对象，该对象就称为能量系统，或简称系统。能量系统可以是一种或几种物质的组合，也可以是空间的一定区域。系统的选取，主要依据分析研究的需要与方便，可以是一台设备，也可以是一个车间、一个企业，甚至一个行业、一个地区、一个国家。

系统一旦划定，系统之外的一切物质和空间统称为外界。能量系统与外界的分界面称为系统的边界。系统的边界可以是固定的，也可以是移动的；可以是真实的，也可以是假想的。图 2-1(a) 所示汽缸活塞机构，若把虚线包围的气体取作系统，则其边界就是真实的，一部分是固定的，一部分是移动的。对图 2-1(b) 所示透平，若取 1-1、2-2 截面及气缸所包围的空间作为系统，则其边界是固定的，1-1、2-2 截面所形成的边界是假想的，其余边界是真实的。

能量系统与外界的相互作用，可以是能量交换，也可以是物质交换。能量交换有热和功两种形式，而物质的交换总伴随着能量的交换。

根据系统和外界物质和能量交换的特点，可以定义不同类型的能量系统。

根据与外界有无物质的交换，可将系统分为开口系统与闭口系统。与外界有物质交换的系统称为开口系统，开口系统内的物质

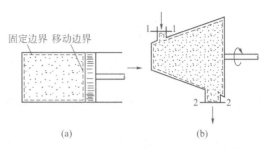

图 2-1 能量系统

质量可以是变化的，由于通过开口系统的边界有物质的流进和流出，因此开口系统也可称为流动系统。绝大多数的化工设备都有物质的流动，属于开口系统。与外界没有任何物质交换的系统称为闭口系统。闭口系统内的物质质量是固定不变的，因此也称为定质量系统。化学工业中的蒸煮锅，在装料之后出料之前的阶段可视为闭口系统。

与外界没有热量交换的系统称为绝热系统。与外界既无物质交换也无能量交换的系统称为孤立系统。

2.1.2 平衡状态

热力系统某一瞬间的宏观物理状况称为系统的热力状态，简称状态。在不受外界影响的条件下，系统宏观性质不随时间改变的状态称为平衡状态。

所谓不受外界影响，是指系统与外界没有任何相互作用。平衡状态并不只是简单地不随时间改变的状态。例如一根一端与沸水接触、另一端与冰水接触的金属棒，当沸水和冰水的温度均维持不变时，金属棒的温度虽然各处不同，却不随时间而变。但这并不意味着金属棒的状态处于平衡状态，因为它与外界有热传递。此时的金属棒是处于稳定状态。

在没有外界影响的条件下，系统的状态还不一定是平衡状态。以孤立系统为例，外界对系统没有影响，但系统内各部分若有温差、压差等驱使状态变化的不平衡势差存在时，就不是平衡状态。然而我们知道，只要时间充分，孤立系统内将自发地发生从不平衡到平衡的过程，但也仅在内部不平衡势都消失时才是平衡状态。例如有两个冷热程度不同的物体相互进行热接触，构成一系统。由于两物体进行传热，温度随时间在变化，尽管没有外界影响，但系统不是处于平衡状态。但只要时间足够长，两物体的温度将达到一致，之后保持不变。这时系统就处于平衡态。

对于状态可以自由变化的系统，若系统内部或者系统与外界之间存在不平衡力，系统将在该不平衡力的作用下发生状态变化。因此系统内部或者系统与外界之间的力平衡是实现平衡的必要条件。

同样，系统内部以及系统与外界之间没有温差，即系统处于热平衡是实现平衡的又一必要条件。

处于力平衡、热平衡的系统仍然有发生状态变化的可能。化学反应、相变、扩散、溶解等都可使系统发生宏观性质的变化。这些化学和物理现象是在不平衡化学势的推动下发生

的，当化学势差为零时，系统达到化学平衡。因此化学平衡是实现平衡的另一必要条件。

满足力平衡、热平衡和化学平衡的状态即为热力学平衡状态。力、温度和化学势都是系统发生状态变化的驱动力，统称为"势"。因此，概括地说，系统内部以及系统与外界之间不存在任何不平衡势是实现热力学平衡的充分必要条件。

2.1.3 状态参数和状态方程式

描写系统宏观状态的物理量称为状态参数。状态参数是状态的单值函数，系统的状态一定，其状态参数也一定；状态变了，状态参数也将全部或部分地变化。

从数学上讲，状态参数具有点函数的性质，即其变化取决于初、终态，而与其间的路径无关。

描写系统状态的物理量可以分为强度量和广延量两类。凡与物质质量无关的物理量称为强度量，如压力 p、温度 T 等；凡与物质质量成比例的物理量称为广延量，如容积 V、内能 U、焓 H、熵 S 等。但是，广延量除以质量就可转变为强度量，此时，在其对应的广延量名称前冠以"比"字，用相应的小写字母表示，如比容 v、比内能 u、比焓 h、比熵 s 等。因此，广延量是可加量，系统的总广延量是系统各部分广延量之和；强度量不可加。

热力系统的基本状态参数为温度、压力和比容，其他的状态参数还有内能、焓、熵和㶲等。

2.1.3.1 温度

温度是物体冷热程度的标志，热力学定义为：系统的温度是用以判别它与其他系统是否处于热平衡状态的参数。两个热接触的系统，若温度不同，就会发生热的作用，使较冷系统的温度上升，较热系统的温度下降，直至温度相同而达到热平衡。两个系统只要温度相同，它们之间就处于热平衡，而与其他状态参数如压力、容积等是否相同无关。

衡量温度的标尺称为温标。常用的温标有热力学温度 T 与摄氏温度 t，其换算关系为

$$t = T - 273.15 \tag{2-1}$$

式中，T 为热力学温度，K；t 为摄氏温度，℃；两者每度温度间隔相同。

2.1.3.2 比容和密度

比容是单位质量物质所占有的容积。若以 m 表示质量，V 表示所占容积，则比容为

$$v = \frac{V}{m} \tag{2-2}$$

显然，比容的单位是 m^3/kg。

比容的倒数称为密度，就是单位容积内所含物质的质量，定义为

$$\rho = \frac{m}{V} = \frac{1}{v} \tag{2-3}$$

密度的单位是 kg/m^3。

2.1.3.3 压力

单位面积上所受的垂直作用力称为压力（压强），用 p 表示。

在国际单位制（SI）中，压力的单位是帕斯卡，简称帕，符号为 Pa（$1Pa = 1N/m^2$）。

工程上常用液柱高度 z 来测量压力，若测压液体的密度为 ρ，当地重力加速度为 g，则单位面积上所受的力为

$$p = \rho g z \tag{2-4}$$

工程上曾广泛采用工程大气压作为压力单位，符号为 at（1at＝1kgf/cm²）。

物理学上，把在标准重力加速度作用下，0℃时 760mmHg 所代表的压力称为标准大气压，又称为物理大气压，符号为 atm。表 2-1 给出了这些常用压力单位之间的换算关系。

表 2-1　常用压力单位换算关系

单位	Pa	at(kgf/m²)	atm	mmHg	mH₂O
1Pa	1	1.01972×10^{-5}	0.98692×10^{-5}	750.06×10^{-5}	10.1974×10^{-5}
1at	0.980665×10^{5}	1	0.96784	735.56	10
1atm	1.01325×10^{5}	1.03323	1	760	10.3328
1mmHg	133.3223	13.595×10^{-4}	13.158×10^{-4}	1	13.595×10^{-3}
1mH₂O	9806.375	999.97×10^{-4}	967.81×10^{-4}	73.5538	1

压力常用压力表或真空表来测定。不论哪种测压计，实际上都是测定压差的差压计。一般情况下，测压计指示被测物质与大气之间的压差。被测物质的真实压力称为绝对压力，用 p 表示。若以 p_0 表示大气压力，则

当 $p > p_0$ 时，测压计称为压力表，其读数称为表压力，以 p_g 表示，于是

$$p = p_g + p_0 \qquad (2\text{-}5)$$

当 $p < p_0$ 时，测压计称为真空表，其读数称为真空度，以 p_v 表示，于是

$$p = p_0 - p_v \qquad (2\text{-}6)$$

绝对压力、大气压力和表压力（或真空度）之间的关系如图 2-2 所示。

由于大气压力随时间、地点而异，因此只有绝对压力才能说明被测物质的真实物理状况。由于大气压力一般变化不大，当压力较大时，可近似取 $p_0 = 0.1$MPa，这样处理引起的误差一般不大。

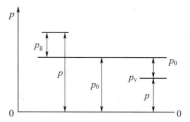

图 2-2　绝对压力、大气压力和表压力（或真空度）之间的关系

2.1.3.4　状态公理和状态方程式

系统的各状态参数并不都是独立的。例如，刚性密闭容器中的气体被加热时温度升高，而压力升高。状态公理提供了确定系统平衡状态所需的独立参数数目的经验规则。状态公理指出：对于组成一定的物质系统若存在着 n 种可逆功（系统进行可逆过程时和外界所交换的功量）的作用，则决定该系统平衡态的独立状态参数有 $n+1$ 个，其中"1"是考虑系统与外界热交换所应增加的独立参数。与外界交换功量的模式只有容积功的系统称为简单可压缩系统，简单可压缩系统平衡态的独立参数只有 2 个。如以 p、T 为独立参数，则其余状态参数都可以表示为 p、T 的函数。而 v 与 p、T 之间的函数关系式表示了基本状态参数之间的函数关系，称为物质的状态方程式，即

$$F(p, v, T) = 0$$

对于只有两个独立参数的系统，可以任选两个相互独立的参数作为坐标，构成平面直角坐标系，系统任一平衡态都可以在参数坐标图上找到一确定的点与之相对应。常用的参数坐标图有 $p\text{-}v$ 图和 $T\text{-}s$ 图。

2.1.4　功和热量

系统与环境之间在不平衡势的作用下会发生能量转换，其传递能量的方式有两种：做功

和传热。

2.1.4.1 功

热力学通常沿用力学中功的定义，功是力与平行于力的作用线的位移的乘积。功的力学定义简单明了，但用于热力学尚有不足之处。首先，它没有把功和系统联系起来，而热力学是以系统状态的变化来分析计算功的。其次，功除了膨胀功外还包括电功、磁功等其他模式的功，此时当系统与外界发生功的作用时，不一定有可辨认的力和位移。

功的热力学定义为：如果系统对外界的单一效果可以归结为提升一个重物，则说系统做了功。这里功如此定义并不一定意味着真的举起重物，而是说过程所产生的效果相当于或归结于提起一个重物，所以可以包括各种形式的功。

功是通过系统边界在传递过程中的一种能量形式。功量不是系统所含有的能量，不是系统的状态参数，而是过程量。按照符号规则，系统对外界做功为正，得到功为负。

2.1.4.2 热量

当系统与外界之间的相互作用是由于温差引起的，系统与外界之间将发生能量的转移。这种仅仅由于温度的不同而从系统向外界，或从外界向系统所传递的能量称为热量。热的传递不能像功的传递一样可以折合为举起重物的单一效果，所以它是与功不同的另一种能量传递方式。

热量也是通过系统边界在传递过程中的一种能量形式。热量是过程量，不是系统所含有的能量。热量一旦从热源传给了系统就转变为系统内部的能量。热量不是系统的状态参数。按照符号规则，系统吸热为正，放热为负。

2.1.5 可逆过程

一个系统从某一状态出发，经过过程 A 到达另一状态，如果有可能使过程逆向进行，并使系统和外界都恢复到原来的状态而不遗留下任何变化，则过程 A 称为可逆过程。反之，如果过程 B 进行后，用任何方法都不能使系统和外界同时复原，过程 B 就称为不可逆过程。

例如如果有一个与周围空气无任何摩擦的弹性小球自由下落，与刚性壁面碰撞后反弹回原来的位置。小球下落时位能转化为动能，反弹时动能又转化为位能。小球返回原来位置，而外界没有发生任何变化。小球的这种下落过程就是可逆过程。但如果弹性小球下落时与空气有摩擦，小球就不会弹回原来位置。要使小球复原，必须有外力做功，这就使外界发生了变化。此时小球的这种下落过程就是不可逆过程。

因此，在可逆过程中，不允许存在任何一种内部或外部的不可逆因素。那么，有哪些因素使得过程不可逆呢？

在与空气有摩擦的小球下落过程中，通过摩擦使功自发地变为热散到空气中。因此，功摩擦变热的过程是不可逆过程。通过摩擦使功变为热的效应称为耗散效应。在自然过程中除摩擦外还存在其他一些耗散效应，例如固体的非弹性变形、电阻及磁滞现象等。存在耗散效应的过程都是不可逆过程。

此外，观察现象可知，热可以自发地由高温物体传向低温物体，但却不能自发地从低温物体传向高温物体。因此，有限温差作用下的传热过程是不可逆过程。

再如图 2-3 所示，有隔板将容器分为 A、B 两部分，A 侧气体的压力高于 B 侧。如果将隔板抽去，A 侧的气体将膨胀而移向 B 侧。但其逆过程——自动压缩是不可能进行的。因此有限压差的自然消失是不可逆过程。

在图 2-3 中，若容器的 A、B 两部分盛有不同的气体，抽去隔板时就会引起两者的混合。混合过程可以自发地进行，但混合物的分离却需要消耗外功。所以，混合过程也是不可逆过程，这种由于化学不平衡势而引起的不可逆过程还有自发的化学反应、扩散、渗透和溶解中的物质迁移等。

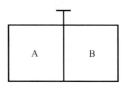

图 2-3　膨胀或混合过程

以上的三种不可逆过程说明，系统内的以及系统与外界的不平衡势差（包括温差、压差和化学势差）若任其自然消失就有不可逆损失，就导致不可逆过程。这种损失是因物系的非平衡态引起的，因而称为非平衡损失。

综上所述，如果既无非平衡损失又无耗散效应，过程就是可逆的。

对于不可逆过程，并不是说系统的状态变化后不能恢复到初态，而是当状态恢复到初态时外界必然发生变化。例如，只要消耗一些外功，就可在制冷机中把热量从低温物体传到高温物体，用压缩机使气体压力升高，在分离设备中使混合物分离等，但这些过程都不是自发进行的，都引起了外界的变化。

可逆过程仅是理想化的极限过程，但在理论和实践上却具有重要意义。与同样条件下的不可逆过程相比，可逆过程可以作出最大的功或消耗最少的功，这就为评价实际能量转换过程提供了理想的标准。

2.2　能量与热力学第一定律

热力学第一定律是能量守恒与转换定律在具有热现象的能量转换中的应用。对任何能量转换系统，可建立能量衡算式

$$\text{输入系统的能量} - \text{输出系统的能量} = \text{系统储存能量的变化} \tag{2-7}$$

系统储存能量包括系统的宏观动能 $mc^2/2$、宏观位能 mgz 和系统内部的微观能量即内能 U。系统内能是热力状态参数，而宏观动能和位能则取决于系统的力学状态。

2.2.1　闭口系统能量衡算式

一个与外界没有物质交换的闭口系统可以与外界有热量交换和功量交换。若系统是静止的，则闭口系统的能量衡算式为

$$Q = \Delta U + W \tag{2-8}$$

对单位质量为

$$q = \Delta u + w \tag{2-9}$$

对微元过程为

$$\delta q = \mathrm{d}u + \delta w \tag{2-10}$$

以上各式中内能增量为终态内能减去初态内能。

2.2.2　稳定流动开口系统能量衡算式

工程上绝大多数化工设备都与外界有物质交换，有物质不断进入系统，也有物质不断流

出系统，为开口系统，如图 2-4 所示。开口系统与外界的能量交换除了热量和功量外，还有

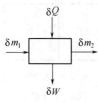

图 2-4　开口系统

伴随物质交换而引起的能量交换。在 $d\tau$ 时间内，当 δm 的物质流经开口系统边界时，系统除得到物质流所具有的能量 $\delta m(u+c^2/2+gz)$ 外，还要得到将物质流推入系统时的推动功 δpv。该推动功是物质源将 δm 的物质流推进系统边界所做的功，此功又随物质流进入系统而传递给系统。所以，随着物质流流入系统，随物质流转移到系统的能量为

$$\delta m(u+pv+c^2/2+gz)=\delta m(h+c^2/2+gz)$$

同理，若有 δm 的物质流流出系统，亦有上述能量随物质流转移出系统。

令　　　　　　　　　　　　　　　$h=u+pv$

或　　　　　　　　　　　　　　　$H=U+pV$

是物质流的焓的定义式，焓是一个状态参数，具有能量的单位。它是在不计宏观动能和位能时物质流流入或流出系统时所转移的能量。

因此，一般开口系统的能量衡算式为

$$\delta Q=\delta m_2(h_2+c_2^2/2+gz_2)-\delta m_1(h_1+c_1^2/2+gz_1)+\delta W+dU_{系统} \tag{2-11}$$

式中，下角标 1 表示流入系统；下角标 2 表示流出系统；W 为有用功或轴功。

稳定流动是指空间各点参数不随时间变化的流动过程。为实现稳定流动，必须确保系统与外界进行的物质和能量交换不随时间而改变，这就要求：①系统与外界进行的热和功的交换不随时间变化；②系统与外界所进行的物质交换不随时间改变，且进口质量流量与出口质量流量相等；③进、出口截面的参数不随时间而变化。

在稳定流动的条件下，由于 $dU_{系统}=0$，$\delta m_1=\delta m_2$，能量衡算式可以写为

$$Q=\Delta H+m\Delta c^2/2+mg\Delta z+W \tag{2-12}$$

对单位质量为

$$q=\Delta h+\Delta c^2/2+g\Delta z+w \tag{2-13}$$

式（2-12）和式（2-13）是对单股物质流而言，当有多股物质流进出开口系统时，稳定流动开口系统的能量衡算式可以改写为

$$Q=\sum_{out}m_i(h+c^2/2+gz)_i-$$
$$\sum_{in}m_i(h+c^2/2+gz)_i+W \tag{2-14}$$

【例 2-1】 某化肥厂生产的半水煤气，其组成如下：CO_2 9%，CO 33%，H_2 36%，N_2 21.5%，CH_4 0.5%。进变换炉时水蒸气与一氧化碳的体积比为 6，温度为 653.15K。设变换率为 85%，试计算出变换炉的气体温度。

解： 所研究的物系如图 2-5 中虚线所围部分。

为了知道进变换炉的湿混合气体组成以及出变换炉的变换气组成，首先要作物料衡算。

以 100kmol 干半水煤气为物料衡算基准。因湿气体反应物中水蒸气与一氧化碳之比为 6，故水蒸气量为

$$n=6\times33=198 \quad (kmol)$$

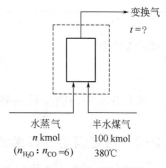

变换气
$t=?$

水蒸气　　　半水煤气
n kmol　　　100 kmol
$(n_{H_2O}:n_{CO}=6)$　　380℃

图 2-5　例 2-1 的物系

因此进入炉中的湿气体各组分的物质的量（kmol）如下：

CO_2	9	N_2	21.5
CO	33	H_2O	198
H_2	36	CH_4	0.5

按 CO 变换反应

$$CO + H_2O \Longrightarrow CO_2 + H_2$$

因 CO 变换率为 85%，所以反应掉的 CO 量为

$$33 \times 0.85 = 28.05 \ (kmol)$$

根据变换反应式中各组分的计量系数，可得出变换炉时各组分的物质的量（kmol）为

CO_2	37.05	N_2	21.5
CO	4.95	H_2O	169.95
H_2	64.05	CH_4	0.5

要确定出变换炉气体温度，需作能量衡算。变换炉与外界无功量交换，略去散热损失，则有 $\Delta H = 0$，即变换反应所产生的热量直接用来加热产物。

对于只有物理变化而无化学反应发生的物系，其焓变就等于终态的焓减去初态的焓，计算结果与选择的基准无关，因为在焓变的计算中，基准态的焓总是被消去了，对计算结果不带来任何影响。可是，如果一个物系不仅有物理变化，而且有化学变化，则是另一种情形了。此时，有两种计算方法。

（1）状态参数法

根据热力学原理，焓是状态参数，只与初终态有关，而与所经历的中间过程无关。因此，可以设计如下一个便于计算的中间过程来完成这一计算工作，将变温的恒压绝热反应过程用定组成恒压降温过程＋恒温恒压化学反应过程＋定组成恒压升温过程来代替，如下

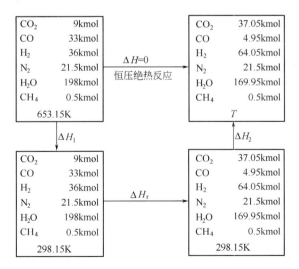

显然，$\Delta H = \Delta H_1 + \Delta H_r + \Delta H_2 = 0$

由有关手册可查得各组分在 298.15K 至 653.15K 的平均比热容 $[c_p, kJ/(kmol \cdot K)]$ 为

CO_2	43.05	N_2	29.64
CO	29.81	H_2O	35.04

H_2	29.22	CH_4	45.34

所以 $\Delta H_1 = (9 \times 43.50 + 33 \times 29.81 + 36 \times 29.22 + 21.5 \times 29.64 + 198 \times 35.04 + 0.5 \times$

$\qquad 45.34) \times (298.15 - 653.15)$

$\qquad = -3.56 \times 10^6$ （kJ）

298.15K 时的反应热 ΔH_r 为

$$\Delta H_r = 28.05 \times (-41198) = -1.156 \times 10^6 \text{(kJ)}$$

在计算 ΔH_2 时，出变换炉的气体温度需预先假定，才能查得平均热容数据。假定 $T = 753.15K$，则平均比热容 $[c_p, \text{kJ}/(\text{kmol} \cdot \text{K})]$ 为

CO_2	44.72	N_2	29.89
CO	30.10	H_2O	35.59
H_2	29.27	CH_4	48.19

所以 $\Delta H_2 = (37.05 \times 44.72 + 4.95 \times 30.10 + 64.05 \times 29.27 +$

$\qquad 21.5 \times 29.89 + 169.95 \times 35.59 + 0.5 \times 48.19) \times (T - 298.15)$

$\qquad = 10396T - 3099527$ （kJ）

因为 $\quad \Delta H = \Delta H_1 + \Delta H_r + \Delta H_2 = 0$

所以 $\quad -3.56 \times 10^6 - 1.156 \times 10^6 + 10396T - 3099527 = 0$

所以 $\quad T = 751.8$ （K）

与假定很接近，不必再修正。

（2）统一基准焓法

为了计算方便起见，可采用普遍适用的焓基准或者叫作统一基准。这类基准一般有两种：一种是规定 0K 时稳定单质的理想气体的焓为零；另一种是规定 298.15K 时稳定单质的理想气体的焓为零。显然，采用统一基准后，基准态下化合物的焓便随之而定，即等于该状态下的标准生成焓。于是，即使是对于有化学反应的过程，各种物质的数量虽然在变化，但元素是守恒的，计算焓变时，基准的焓仍然可以被消去。因此，采用统一基准焓后，无论是物理变化过程还是化学变化过程，均可直接计算过程的焓变和交换的热量，即

$$\Delta H = H_{终态} - H_{初态}$$

这就使计算变得既方便又简单。

查得各组分在统一基准态为 0K 下，在 653.15K 和 753.15K（假定值）时的焓值（kJ/mol）为

组分	653.15K	753.15K
CO_2	-37.4×10^4	-36.4×10^4
CO	-9.46×10^4	-9.15×10^4
H_2	1.85×10^4	2.18×10^4
N_2	1.92×10^4	2.23×10^4
H_2O	-22.1×10^4	-22.3×10^4
CH_4	-4.67×10^4	-3.50×10^4

可得

$$\sum n_{i1} h_{i1} = -49.17 \times 10^6 \text{ （kJ）}$$

$$\sum n_{i2} h_{i2} = -49.98 \times 10^6 \text{ （kJ）}$$

$$\Delta H = \sum n_{i2} h_{i2} - \sum n_{i1} h_{i1} = 0$$

所以 $\qquad\qquad T \approx 753.15$ （K）

2.3 烟和热力学第二定律

热力学第一定律指出了不同形式能量的同一性而不涉及其差异性，但恰恰后者是人们最关心的。各种形式的能量是否都可以无条件地相互转换呢？并非如此。例如，热量只能从高温物体自动传向低温物体，而不能从低温物体自动传向高温物体，尽管从低温向高温的自动传热并不违反热力学第一定律。又如，功可以全部转换为热，但热却不能无条件地全部转换为功，尽管后者也并不违反热力学第一定律。这些说明，功和热、高温热与低温热两者都不能无方向性地相互转换。这是因为能量不但有数量多少之分，还有质量高低之别。功和热、高温热与低温热即使数量相等，但由于它们的质量不相当，因此不能无方向性地相互转换。

能量在不同形式间的转换，有些是可能的，有些是不可能的；有些可全部转换，有些只能部分转换。无数的经验事实告诉我们，能量在使用过程中虽然数量是守恒的，质量却是下降的。能量在使用过程中的不断贬值，以致最后完全无用是能源危机的真正原因。热力学第二定律就是用来说明过程进行的方向、条件及限制，对能源利用及节能有重要的指导意义。

2.3.1 热力学第二定律的几种表述

热力学第二定律有多种说法，但它们的实质是相同的，因而也是等效的。

克劳修斯说法：不可能把热从低温物体传至高温物体而不引起其他变化。

温度不同的两个物体，要让热量从高温物体传到低温物体，只要将两物体相接触即可，而对该物体体系之外的外界可以不带来任何变化。但是，如果要让热量从低温物体传到高温物体，不仅需要用制冷装置，而且该两物体体系之外的外界必须向该体系输入能量（即引起了外界的变化），否则过程不能进行。

开尔文说法：不可能从单一热源吸取热量使之完全变成有用功而不产生其他影响。

理想气体定温膨胀时，可以从单一热源吸热，并把吸入的热量完全转变为功，但是，在这个过程中，气体的压力降低了，也就是说，引起了其他变化。

普朗克说法：不可能制造一个机器，使之在循环动作中把一重物升高，而同时使一热源冷却。

能实现提升重物的循环是向外做功的动力循环，在状态参数坐标图（例如 T-S 图，如图 2-6 所示）上为一沿顺时针方向进行的封闭曲线。该封闭曲线的左右两端点，将该封闭曲线分为两条曲线，上侧曲线在较高温度下，沿 S 增大的方向进行，说明这些过程中要吸热；下侧曲线在较低温度下，沿 S 减小的方向进行，说明这些过程中要放热。所以，要进行一个动力循环，至少要有两个热源，一个在较高温度下供给循环热量，另一个在较低温度下从循环拿走热量。

卡诺定理也可作为热力学第二定律的一种表述：在两个不同温度的恒温热源间工作的所有热机，不可能有任何热机的效率比可逆热机的效率更高。

卡诺定理从理论上回答了热源放出的热量究竟有多少能够转化为功。根据普朗克说法，最简单的热机至少需要两个热源。两热源热机实施的最简单的可逆循环是由两个可逆定温过程和两个可逆绝热过程组成的循环，称为卡诺循环，如图 2-7 所示。卡诺循环的热效率为

$$\eta_C = 1 - T_2/T_1 \tag{2-15}$$

在两热源间工作的一切循环，以卡诺循环的热效率为最高。

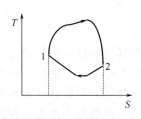

图 2-6　T-S 图上的
动力循环

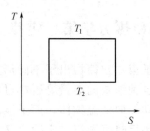

图 2-7　T-S 图上
的卡诺循环

卡诺定理指出了热效率的极限值，这一极限值取决于热源温度和冷源温度。由于 $T_2 = 0K$、$T_1 \to \infty$ 都不可能，因此热机热效率小于 1。卡诺定理还指出，提高热效率的根本途径在于提高热源温度、降低冷源温度以及尽可能减少不可逆因素。由于不花代价的低温热源的温度以环境温度为限，所以温度为 T 的热源放出的热量 Q 转化为有用功的能力为

$$W = Q(1 - T_0/T) \tag{2-16}$$

2.3.2　熵的概念和孤立系统熵增原理

熵是状态参数，其定义式为

$$dS = \delta Q_{re}/T \tag{2-17}$$

式中，δQ_{re} 表示在微元可逆过程中加入系统的热量；T 为当时系统的温度。由于熵是状态参数，只取决于初、终态，与其间的过程无关，当工质由状态 1 变为状态 2 时，其熵的变化量可借用其间任何一个可逆过程来计算

$$S_2 - S_1 = \int \delta Q_{re}/T \tag{2-18}$$

由熵的定义式可以看出，系统热量的出入可以引起熵的变化。系统从外界获得热量将使系统的熵增加；系统向外界放出热量，系统的熵将减少。若为可逆过程，这部分熵的变化为 $\int \delta Q/T$，其中 T 既是热源温度，也是系统温度。这是由于热流引起的熵的变化。热流引起的熵的变化称为熵流。

另外，系统内部和系统外部的不可逆性也会引起系统熵的变化，这部分熵变称为熵产，熵产值恒大于零。

系统熵的变化，不是由于热流引起，就是由于不可逆性引起。

对于孤立系统或闭口绝热系统，由于没有热流的进出，其熵的增加完全是由不可逆性引起。所以，孤立系统或绝热系统的熵增原理也可以作为热力学第二定律的一种表述：孤立系统或绝热系统的熵可以增大，或保持不变，但不可能减少。

当孤立系统的熵增大时，说明发生了不可逆变化；孤立系统的熵理想上也可以保持不变，对应着可逆过程；但孤立系统的熵决不能减小。

根据孤立系统熵增原理，可以判断过程进行的方向。凡使孤立系统熵增大的过程，才有可能发生；凡使孤立系统熵减小的过程，都不可能发生。

孤立系统熵增大的程度，也可以作为过程不可逆性的量度，用来衡量体系中做功能力的损失。由于低温热源的温度以环境温度为限，所以不可逆性引起的做功能力损失为

$$E_L = T_0 \Delta S_{孤立} \tag{2-19}$$

2.3.3　热力学第二定律的熵衡算方程式

由于熵不具有守恒性，过程的不可逆性会引起熵产。考虑到这一点，并将熵产作为输入项，就可以建立任何系统的熵衡算方程式

进入系统的熵＋不可逆性引起的熵产量

$$＝离开系统的熵＋系统熵的变化 \tag{2-20}$$

进、出系统的熵包括进、出系统的物质流所携带的熵，以及热量传递所引起的熵的变化。其中，因热量传递所引起的熵变只计可逆传递热量 δQ（即在热源温度 T_H 下）时的熵变，不可逆传热过程引起的熵产（即实际熵变大于可逆传热的熵变的部分）计入熵产量。

对于闭口系统，无物质进出系统，由于功源不引起熵的变化，进出系统的熵只有传热引起的熵变，故闭口系统熵方程为

$$S_2 - S_1 = \int \delta Q / T_H + \Delta S_{产} \tag{2-21}$$

式中，S_1 和 S_2 为闭口系统初、终态熵值；δQ 为系统的吸热量；T_H 为热源温度；$\int \delta Q / T_H$ 为热流引起的熵增量；$\Delta S_{产}$ 为过程不可逆性引起的熵产量。

因此，对于闭口系统，当过程绝热时，系统熵的变化等于熵产。

如果系统在状态变化过程中与多个热源交换热量（其中不包括周围环境），则式(2-21)可写为

$$S_2 - S_1 = \Sigma \int \delta Q / T_H + \Delta S_{产} \tag{2-22}$$

式中，$\int \delta Q / T_H$ 与 δQ 一样是代数值，其值可正、可负、可零；$S_2 - S_1$ 也是代数量，但 $\Delta S_{产}$ 恒大于零。

对于一般开口系统，系统与外界不仅有能量交换，而且有物质交换，因此其熵方程式为

$$\Sigma \delta Q / T_H + \Sigma_{in}(s\delta m)_i + dS_{产} = \Sigma_{out}(s\delta m)_i + dS_{CV} \tag{2-23}$$

式中，$\Sigma \delta Q / T_H$ 为热流引起的熵增量；$\Sigma_{in}(s\delta m)_i$ 为进口物质流流入系统的熵之和；$dS_{产}$ 为过程不可逆性引起的熵产量；$\Sigma_{out}(s\delta m)_i$ 为出口物质流流出系统的熵之和；dS_{CV} 为开口系统的熵增量。

对于稳定流动系统，$dS_{CV} = 0$（系统参数不随时间而变），则有

$$\Sigma \delta Q / T_H + \Sigma_{in}(s\delta m)_i + dS_{产} = \Sigma_{out}(s\delta m)_i \tag{2-24}$$

对于单股稳流系统，$m_{in} = m_{out} = m$，则有

$$S_2 - S_1 = \Sigma \int \delta Q / T_H + \Delta S_{产} \tag{2-25}$$

式中，$S_2 = ms_{out}$，$S_1 = ms_{in}$，分别为系统出、进口熵值。

因此，当稳定流动系统经历一个绝热过程时，系统出口物质流流出系统的熵之和与进口物质流流入系统的熵之和之差，等于系统的熵产。特别地，对于单股稳流系统，系统出、进口熵值之差，等于系统的熵产。

熵可以与任一状态参数组成状态坐标图，如 $T\text{-}s$ 图是工程上最常用的状态坐标图之一。由熵的定义式有

$$q_{re} = \int_1^2 T ds$$

可见，$T\text{-}s$ 图上可逆过程线下的面积，表示 1-2 过程中系统与外界交换的热量，如图

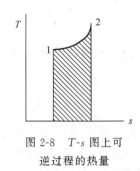

图 2-8　$T\text{-}s$ 图上可
逆过程的热量

2-8 所示。当 $ds>0$ 时，系统吸热；反之，系统放热。

2.3.4　能量和㶲

能量有多种形式，如机械能、电能、热能、化学能、核能等。此外，功和热量也是传递中的能量形式，功量是以做功形式传递的能量，属机械能；热量是以传热方式传递的能量，属热能。热力学第一定律确定各种形式的能量可以相互转换，在转换过程中总量保持不变。热力学第二定律指出能量的转换过程具有方向性或不可逆性，因此并非任意形式的能量能全部无条件地转换成任意其他形式的能量，也就是说，数量相同而形式不同的能量的转换能力可能是不同的。

例如，机械能或功可以通过摩擦方式全部转变为热量，而热力学第二定律指明，从单一热源吸取的热量不可能全部连续地转变为功，即使通过一个可逆机也只能把从热源吸取的热量的一部分转变为功，另一部分仍以热量的形式放给另一个温度较低的热源。在高温热源和低温热源温度给定的条件下，卡诺定理给出了这种热变功的极限，即可逆热机的热效率为

$$\eta_{\mathrm{C}}=1-T_2/T_1 \tag{2-15}$$

式中，T_1 为高温热源温度；T_2 为低温热源温度。

从上式可知，卡诺热机的热效率随低温热源温度的降低而提高，但这是有限度的，不花代价的低温热源温度的最低值为环境温度 T_0。当以环境为低温热源时，卡诺热机的热效率为

$$\eta_{\mathrm{C}}=1-T_0/T_1 \tag{2-26}$$

因此，卡诺热机的热效率随高温热源温度的提高而增加。

由此可知，就热能和机械能或功量和热量而言，功量的转换能力大，热量的转换能力小；就温度不同的热量而言，吸收热量时的温度越高，其转换能力也相应越大。

能量的有用与否，完全在于这种能量形式的可转换性，而能量的转换又不是可以随意进行的，一旦当能量转变到再也不能转换的状态，它的价值也就丧失了。

从理论和实践可知，机械功不仅能够全部转换为热量，而且能够全部转换为其他任意形式的能量。就这一点而论，可以将能量的转换能力，即转换为任意其他能量形式的能力理解为能量转换为功的能力或做功能力。

所以，从能量的可利用性来说，可以把各种形式的能量分为三类。

第一类，具有完全转换能力的能量，如机械能、电能等；

第二类，具有部分转换能力的能量，如热能和物质的内能或焓等；

第三类，完全不具有转换能力的能量，如处于环境温度下的热能等。

因此，我们把在周围环境条件下，任一形式的能量中理论上能够转换为有用功的那部分能量称为该能量的㶲或有效能，能量中不能够转换为有用功的那部分能量称为该能量的㶲或无效能。所谓有用功是指技术上可以利用的输给功源的功。这样，任何一种形式的能量都可以看成是由㶲和㶲所组成，并可用如下方程式表示

$$能量＝㶲＋㶲 \tag{2-27}$$

如上述所分的第一类能量，全部为㶲，其㶲为零；第二类能量，㶲和㶲均不为零；第三类能量，全部为㶲，其㶲为零。

这样定义之后，就可以用㶲来表征能量转换为功的能力和技术上的有用程度，亦即能量的质量或品位。数量相同而形式不同的能量，㶲大的能量称其能质高或品位高，㶲少的能量称其能质低或品位低。根据热力学第二定律，高品位能总是能够自发地转变为低品位能，而低品位能不能自发地转变为高品位能，能质的降低意味着㶲的减少。

2.4　能量的㶲计算

2.4.1　环境与物系的基准状态

实际的能量转换过程，总是在一定的自然环境条件下进行的。当物系处于自然环境状态时，即物系与自然环境建立了完全热力学平衡时，就不再有任何自发过程发生，因而其㶲值为零。所以，自然环境是㶲的自然零点。为了计算㶲值，首先应对自然环境加以定量的描述。

真实的环境是复杂的，其温度、压力因时因地而变，同一元素可组成环境中存在的各式各样的物质。例如，温度是取冬季的、夏季的，还是全年平均温度？硫的环境状态是单体硫磺，还是硫铁矿，或是烟气中的二氧化硫，抑或是天然石膏？不仅在化学组分上，而且在浓度的规定上，也有类似的问题。因此，在㶲分析中所说的自然环境，是一种概念性的环境，既有客观的实在性，又有人为的规定性，还要根据所研究的具体对象而定。

在目前的研究中，通常认为自然环境具有以下特点：它是一个范围很大的静止物系，其各部分温度、压力相等，组成均匀，且不随时间而变；它是一个庞大而恒定的热源和物质源，不会因为得到或给出热量、物质而使其温度、压力或组成发生变化，因此，任何过程都不会对环境的热力学性质产生影响。

这样的环境模型属于定环境模型，即认为环境是确定不变的。对环境的这种假定大大简化了对实际问题的分析和研究。因为㶲参数是系统和环境两者的参数，如果环境是确定不变的，㶲就成了系统的状态参数。当分析远离环境状态的系统时，采用定环境模型所引起的误差较小，可以忽略，而问题得到极大的简化。

采用定环境模型规定环境，主要是规定基准物系。目前具有一定理论基础、比较完备且得到国际公认的环境模型，主要是波兰学者斯蔡古特（J.Szargut）提出的环境模型和日本学者龟山秀雄和吉田邦夫提出的龟山-吉田模型。

斯蔡古特的环境模型的大致内容为

① 环境温度 $T_0 = 298.15K$，环境压力 $p_0 = 1atm$。

② 环境由若干基准物构成。每一种元素都有其对应的基准物和基准反应。基准物的浓度取实际环境物质浓度的平均值。例如，碳元素的基准物是 CO_2，基准反应为

$$C + O_2 \longrightarrow CO_2$$

环境中基准物 CO_2 的摩尔分数为 0.0003。

③ 基准物的自由焓是较小的，在不考虑平衡的情况下构成环境。虽然热力学理论要求环境物质彼此之间处于平衡状态，但这样的环境模型与实际环境偏差较大，计算出来的㶲往往会出现荒唐的结果。斯蔡古特采用不平衡的环境模型，比较接近实际。

龟山-吉田模型已被列为日本计算物质化学㶲的国家标准。该模型的环境温度和压力与斯蔡古特模型相同。龟山-吉田模型提出大气（饱和湿空气）中，气态基准物的组成如表 2-2 所示，此外的其他元素均以在 T_0、P_0 下纯态最稳定的物质作为基准物。

表 2-2　龟山-吉田模型基准物空气的组成

组分	N₂	O₂	H₂O	CO₂	Ar
组成/%	75.60	20.34	3.12	0.03	0.91

虽然环境模型与实际模型之间存在一定的偏差，但对物质㶲计算的结果却影响较小，因此可以用环境模型来计算物质的㶲。

此外，环境状态的规定还要视所研究的具体对象而定。例如水的基准物，一般情况下取液态水，但对空调或热风干燥应以大气中的水蒸气为基准物，而海水淡化厂则取海水中的水为合理。又如 CO_2，环境模型中其基准物含量为 0.03%，而现在作为排弃物的烟气中尽管 CO_2 含量远高于此（15%~20%），理论上还可利用其浓度差做功，但现实意义甚小，所以直接用烟气作为 CO_2 的基准物，在以烟气为对象时，也未尝不可。

任何一个系统，当其与环境处于热力学平衡的状态时，称其处于环境状态，此时该系统所具有的各种形式能量的㶲值为零。而与环境不同的任何系统所具有的能量都含有㶲。

一个系统与环境处于热力学平衡，可以是完全的热力学平衡（具有热平衡、力平衡和化学平衡），也可以是不完全的热力学平衡（只有热平衡和力平衡），这取决于所研究的问题。一般说来，当研究不涉及几种物质的混合、分离以及化学反应等的能量转换过程时，就可以考虑不完全平衡环境状态。当取不完全平衡环境状态作为基准状态时，一个系统的能量具有的㶲称为该能量的物理㶲；当取完全平衡环境状态作为基准状态时，一个系统的能量具有的㶲是物理㶲和化学㶲之和。一个系统的能量的化学㶲是系统在 p_0、T_0 条件下相对于完全平衡环境状态因化学不平衡所具有的㶲。

2.4.2　机械形式能量的㶲

一个运动系统所具有的宏观动能和位能，是机械能，理论上它们能够全部转变为有用功，所以动能和位能全是㶲，称为动能㶲 $c^2/2$ 和位能㶲 gz。

通过系统边界以功的形式转移的能量是机械形式的能量，但并不是在任何情况下它们都是㶲，只有在环境条件下的有用功才是㶲，而有用功则被定义为技术上能利用的输给功源的功。所以，当系统在环境中做功的同时发生容积变化时，系统与环境必然有功量交换，系统要反抗环境压力做环境功，这部分功在技术上不能利用，这就是容积功的㷊部分。例如，封闭系统从状态 1 变化到状态 2 的过程中所做功 W_{12} 的㶲为

$$E_W = W_{12} - p_0(V_2 - V_1) \tag{2-28}$$

封闭系统所做功的㷊为

$$A_W = p_0(V_2 - V_1) \tag{2-29}$$

这部分功传递给环境后转变为环境的内能。

如果一个系统在热力过程中没有容积变化，或与环境交换的净功量为零，则通过系统边界所做的功全部是有用功，即全部是㶲。例如，稳定流动系统输出的有用功，系统完成热力循环输出的净功，一个轴传出的功等，此时通过系统边界所做的功全部是㶲，其㷊为零。

2.4.3　热量㶲

热量是一个系统通过边界以传热的形式传递的能量。从前面的分析中已知，它是由㶲和㷊所组成。热量㶲是指系统所传递的热量在给定环境条件下用可逆方式所能作出的最大有

用功。

为了计算热量㶲，可以设想将此热量可逆地加给一个以环境为低温热源的可逆热机，如图 2-9 所示，则此可逆热机所能作出的有用功就是该热量的㶲。

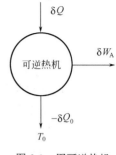

图 2-9　用可逆热机
计算热量㶲

设热机从系统吸取微元热量 δQ，向环境放出微元热量 $-\delta Q_0$，作出微元有用功 δW_A。热机的能量衡算式为

$$\delta Q = -\delta Q_0 + \delta W_A \tag{2-30}$$

热机的熵平衡方程式为

$$\delta Q/T + dS_{产} = -\delta Q_0/T_0 \tag{2-31}$$

式中，T 为所研究的系统的温度。

将两式联解，消去 δQ_0，得

$$\delta W_A = \delta Q - T_0 \delta Q/T - T_0 dS_{产} \tag{2-32}$$

设系统吸热并从状态 1 变化到状态 2，热机作出的有用功为

$$W_A = Q - T_0 \int \delta Q/T - T_0 \Delta S_{产} \tag{2-33}$$

对于可逆热机，$\Delta S_{产} = 0$，热机作出的最大有用功，根据热量㶲的定义，就是可逆地加给系统热量的㶲，为

$$E_Q = W_{A,\,max} = Q - T_0 \int \delta Q/T = \int (1 - T_0/T) \delta Q \tag{2-34}$$

热量㶲为

$$A_Q = Q - E_Q = T_0 \int \delta Q/T \tag{2-35}$$

因为 $\int \delta Q/T$ 是系统在可逆吸热时的熵增量（$S_2 - S_1$），所以也可写作

$$E_Q = Q - T_0(S_2 - S_1) \tag{2-36}$$

$$A_Q = T_0(S_2 - S_1) \tag{2-37}$$

热量的㶲和㶲在 $T\text{-}S$ 图上的表示如图 2-10 所示。

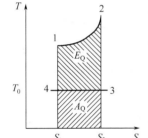

图 2-10　热量的㶲和㶲
在 $T\text{-}S$ 图上的表示

热量㶲与热量㶲和热量一样是过程量，其大小不仅与环境温度有关，而且与系统在吸热时的温度水平有关。数量相同的热量，温度高者，热量㶲值较大，也就是说，同是热量，温度越高其品位越高。

对温度恒定的热源的热量㶲和㶲用下式表示

$$E_Q = (1 - T_0/T)Q \tag{2-38}$$

$$A_Q = QT_0/T \tag{2-39}$$

对变温热源的热量㶲和㶲用下式表示

$$\delta Q = mc_p dT \tag{2-40}$$

$$E_Q = \int mc_p(1 - T_0/T)\delta T \tag{2-41}$$

如果在 T_0 至 T 的范围内，高温热源的比热容 c_p 可以当作常数，或可取其平均值，则有

$$E_Q = mc_p \int (1 - T_0/T)\delta T$$

$$=mc_p[(T_2-T_1)-T_0\ln T_2/T_1]$$
$$=mc_p(T_2-T_1)[1-T_0\ln(T_2/T_1)/(T_2-T_1)]$$
$$=Q(1-T_0/T_m) \tag{2-42}$$
$$T_m=(T_2-T_1)/\ln(T_2/T_1) \tag{2-43}$$

式中，T_m 为 T_2 和 T_1 的热力学平均温度。

上面所说的热量的温度越高，热量中的㶲值越大，只有当物系温度高于环境温度时才是正确的。当物系温度低于环境温度时，物系与环境之间热量的自发传递，是从环境流向物系。为计算温度低于环境温度的热量㶲，可以设想一个工作在环境温度和物系温度之间的可逆热机，而得到与温度高于环境温度的热量㶲完全相同的计算式。

由于 $T<T_0$，由式(2-34)可知，当物系温度低于环境温度时，可逆地加给一个系统的热量的㶲为一个负值，这意味着当物系温度低于环境温度时，热量的方向与㶲的方向相反，即，系统得到热量时，系统的㶲减少；而系统放出热量时，系统的㶲增加。

温度低于环境温度时的热量㶲和热量㶲在 T-S 图上的表示如图2-11所示，其中面积 1 2 3 4 1 为㶲，面积 3 6 5 4 3 为㶲。

若用 Ω 表示单位热量的㶲，即令

$$\Omega=E_Q/Q$$

按式(2-38)的关系将 Ω 与 T 的关系表示在图2-12中（取 $T_0=300K$）。

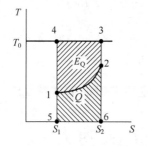

图2-11　温度低于环境温度时热量
㶲和热量㶲在 T-S 图上的表示

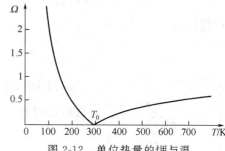

图2-12　单位热量的㶲与温
度的关系

由图2-12可见，当 $T\geqslant T_0$ 时，T 增加，则热量㶲增加，但增加趋势逐渐平缓，而且以 $\Omega=1$ 为渐近线，即

$$0\leqslant\Omega<1$$

而当 $T<T_0$ 时，热量㶲（亦称冷量㶲）随着 T 的降低，急剧增加，当 $T\rightarrow0$ 时，$\Omega\rightarrow\infty$。这说明：

① 热量㶲（$T\geqslant T_0$）总是小于热量；而冷量㶲（$T<T_0$）却可以小于、等于、甚至远远大于热量本身。可见，冷量是十分宝贵的能量，在低温时尤其如此。

② 温差传热要引起㶲损失，且在温差相同、传热量相同的条件下，低温时的㶲损失要比高温时大得多。

【例2-2】 把100kPa、127℃的1kg空气可逆定压加热到427℃，试求所加热量中的㶲和㶲。空气的平均比定压热容 $c_p=1.004kJ/(kg\cdot K)$。设环境大气温度为27℃。

解：空气吸收的热量为

$$q=c_p(T_2-T_1)=1.004(427-127)=301.2 \quad (kJ/kg)$$

空气在吸热过程中熵的变化为

$$\Delta s = c_p \ln(T_2/T_1) = 1.004 \times \ln[(273+427)/(273+127)]$$
$$= 0.5619 \ [\mathrm{kJ/(kg \cdot K)}]$$

所加热量中的炻为

$$a_q = T_0 \Delta s = (273+27) \times 0.5619 = 168.6 \quad (\mathrm{kJ/kg})$$

所加热量中的㶲为

$$e_q = q - T_0 \Delta s = 301.2 - 168.6 = 132.6 \quad (\mathrm{kJ/kg})$$

【例 2-3】　在某一低温装置中将空气自 600kPa 和 27℃定压预冷至 -100℃，试求 1kg 空气所获冷量的㶲和炻。空气的平均比定压热容为 1.0kJ/(kg·K)。设环境大气的温度为 27℃。

解：空气获得的冷量为

$$q = c_p(T_2 - T_1) = 1.0(-100-27) = -127 \quad (\mathrm{kJ/kg})$$

空气在冷却过程中熵的变化为

$$\Delta s = c_p \ln(T_2/T_1) = 1.0 \times \ln[(273-100)/(273+27)]$$
$$= -0.5505 \ [\mathrm{kJ/(kg \cdot K)}]$$

空气所获冷量的炻为

$$a_q = T_0 \Delta s = (273+27) \times (-0.5505) = -165.1 \quad (\mathrm{kJ/kg})$$

所获冷量的㶲为

$$e_q = q - T_0 \Delta s = -127 - 165.1 = 38.1 \quad (\mathrm{kJ/kg})$$

2.4.4　封闭系统的㶲

任一封闭系统从给定状态以可逆方式转变到环境状态，并只与环境交换热量时所能作出的最大有用功称为给定状态下封闭系统的㶲。

任意封闭系统储有的能量有宏观动能、宏观位能和内能。已知宏观动能和位能全是㶲，因此下面只讨论封闭系统的内能㶲。

设封闭系统给定状态的参数为 p、T、u、s，环境状态下系统的参数为 p_0、T_0、u_0、s_0，封闭系统由给定状态到环境状态可能作出的最大功为 $\delta w_{\mathrm{A,max}}$，系统从环境吸热 δq，则封闭系统在此过程中的能量方程为

$$\delta q = \mathrm{d}u + p_0 \mathrm{d}v + \delta w_{\mathrm{A,max}}$$

式中，$p_0 \mathrm{d}v$ 为系统推挤环境介质所消耗的功。在可逆过程中，

$$\mathrm{d}s = \delta q / T_0$$

因此可得封闭系统的㶲为

$$\mathrm{d}e = \delta w_{\mathrm{A,max}} = -\mathrm{d}u - p_0 \mathrm{d}v + T_0 \mathrm{d}s \tag{2-44}$$

由给定状态到环境状态积分可得

$$e = w_{\mathrm{A,max}} = u - u_0 + p_0(v - v_0) - T_0(s - s_0) \tag{2-45}$$

封闭系统的炻为

$$a = u - e = u_0 - p_0(v - v_0) + T_0(s - s_0) \tag{2-46}$$

在一定的环境条件下，封闭系统只与环境交换热量时从状态 1 可逆转变到状态 2 时所能完成的最大有用功为初、终态㶲值之差。

$$w_{\max} = e_1 - e_2 = (u_1 - u_2) + p_0(v_1 - v_2) - T_0(s_1 - s_2) \tag{2-47}$$

2.4.5 稳定流动系统的㶲

稳定物流从任一给定状态经开口系统以可逆方式转变到环境状态，并且只与环境交换热量时所能作出的最大有用功称为稳定流动系统的㶲。

由稳流能量方程

$$\delta q_0 = dh + dc^2/2 + g\,dz + \delta w_A$$

及熵方程

$$\delta q_0/T_0 + ds_{\neq} = ds$$

考虑到在可逆条件下 $ds_{\neq} = 0$，消去 δq_0，得稳定流动系统微元过程的㶲为

$$de = \delta w_{A,max} = -dh + T_0 ds - dc^2/2 - g\,dz \tag{2-48}$$

从给定状态积分到环境状态，并已知环境状态下 $c_0 = 0$，$z_0 = 0$，可得稳定流动系统的㶲为

$$e = w_{A,max} = (h - h_0) - T_0(s - s_0) + c^2/2 + gz \tag{2-49}$$

相应的㶲为

$$a = h_0 + T_0(s - s_0) \tag{2-50}$$

当不考虑或忽略不计宏观动能和位能时，或已知宏观动能和位能全是㶲而只考虑稳定稳流的焓一种形式的能量的㶲时，由式(2-49)可得稳定物流的焓㶲为

$$e = (h - h_0) - T_0(s - s_0) \tag{2-51}$$

在一定的环境条件下，稳定流动物系只与环境交换热量时，从状态 1 转变到状态 2 所能完成的最大有用功为初、终态㶲值之差

$$w_{max} = e_1 - e_2 = (h_1 - h_2) - T_0(s_1 - s_2) + (c_1^2 - c_2^2)/2 + g(z_1 - z_2) \tag{2-52}$$

【例 2-4】 设有一空气绝热透平，空气的进口状态为 600kPa、200℃，宏观速度为 160m/s，出口状态为 100kPa、40℃ 和 80m/s。试求：①空气在进、出口状态下的焓㶲；②透平的实际输出功；③透平能够作出的最大有用功。空气的比定压热容为 1.01kJ/(kg·K)，环境大气状态为 100kPa、17℃。

解：① 空气在进口状态下的焓㶲为

$$
\begin{aligned}
e_{h1} &= (h_1 - h_0) - T_0(s_1 - s_0) \\
&= c_p(T_1 - T_0) - T_0[c_p \ln(T_1/T_0) - R\ln(p_1/p_0)] \\
&= 1.01(473 - 290) - 290[1.01\ln(473/290) - \\
&\quad (8.314/29)\ln(6/1)] \\
&= 190.3 \ (kJ/kg)
\end{aligned}
$$

空气在出口状态下的焓㶲为

$$
\begin{aligned}
e_{h2} &= (h_2 - h_0) - T_0(s_2 - s_0) \\
&= c_p(T_2 - T_0) - T_0[c_p \ln(T_2/T_0) - R\ln(p_2/p_0)] \\
&= 1.01(313 - 290) - 290[1.01\ln(313/290)] \\
&= 0.87 \ (kJ/kg)
\end{aligned}
$$

② 透平实际输出功为

$$
\begin{aligned}
w &= (h_1 - h_2) + (c_1^2 - c_2^2)/2 \\
&= 1.01(473 - 313) + (160^2 - 80^2)10^{-3}/2 \\
&= 171.2 \ (kJ/kg)
\end{aligned}
$$

③ 透平能够作出的最大有用功为

$$w_{max} = e_{h1} - e_{h2} + (c_1^2 - c_2^2)/2$$

$$=190.3-0.87+(160^2-80^2)10^{-3}/2$$
$$=199(kJ/kg)$$

2.4.6　化学反应的最大有用功

在确定物质的化学㶲之前，需要首先介绍化学反应最大有用功的概念。当稳定流动系统进行一个化学反应过程时，其能量衡算式的形式仍为

$$Q=\Delta H+W_A \tag{2-53}$$

式中，Q 为化学反应系统与外界的热量交换，称为反应热；$\Delta H=H_2-H_1$，为化学反应系统焓的变化，简称反应焓，其中，H_1 为反应物流的总焓，是各反应物流焓之和，即 $H_1=\Sigma_R n_i H_i$；H_2 为生成物流的总焓，是各生成物流焓之和，即 $H_2=\Sigma_P n_j H_j$；n_i、H_i 和 n_j、H_j 分别为各反应物流和生成物流的摩尔数和摩尔焓。

如果化学反应在定温条件下进行，则化学反应系统的熵方程为

$$\Delta S=Q/T+\Delta S_{产} \tag{2-54}$$

将上式的 Q 代入能量方程式(2-53)，得

$$W_A=-(\Delta H-T\Delta S)-T\Delta S_{产} \tag{2-55}$$

当化学反应过程在可逆的条件下进行时，$\Delta S_{产}=0$，系统做出最大反应有用功

$$W_{A,max}=-(\Delta H-T\Delta S) \tag{2-56}$$

式中，$\Delta S=S_2-S_1$，为化学反应系统熵的变化，简称反应熵；其中 S_1 为反应物流的总熵，是各反应物流熵之和，即 $S_1=\Sigma_R n_i S_i$；S_2 为生成物流的总熵，是各生成物流熵之和，即 $S_2=\Sigma_P n_j S_j$。

将式(2-56) 改写为

$$W_{A,max}=-[(H_2-TS_2)-(H_1-TS_1)]$$
$$=-(G_2-G_1)=-\Delta G \tag{2-57}$$

式中，$G=H-TS$，为自由焓；ΔG 为化学反应系统自由焓的变化，简称反应自由焓；其中 G_1 为反应物的总自由焓，是各反应物自由焓之和，即 $G_1=\Sigma_R n_i G_i$；G_2 为生成物的总自由焓，是各生成物自由焓之和，即 $G_2=\Sigma_P n_j G_j$。

由式(2-57) 可知，在可逆定温系统作出的最大反应有用功等于系统自由焓的减少。反应有用功的获得主要是由反应物在化学反应过程中释放的化学能转变来的。

实际的化学反应过程往往是变温变压的，即反应物的温度和压力与生成物的温度和压力是不同的。我们可以利用最大反应有用功是状态参数的特性，采用三个假想过程来计算上述化学反应过程的最大有用功。首先设想反应物的温度和压力变到 298.15K、1atm，即标准态；其次在标准状态下进行定温定压的化学反应；最后将生成物的温度和压力从标准态变到反应终态时的温度和压力。第一与第三假想过程无化学变化，仅是温度与压力的变化。对于第二假想过程，在标准态下进行化学反应的最大反应有用功为

$$W_{A,max}=-(\Delta H^0-T\Delta S^0) \tag{2-58}$$

式中，ΔH^0 是标准态下化学反应过程的焓变，即标准反应热，可以用生成物与反应物的标准生成焓 (ΔH_f^0) 来计算

$$\Delta H^0=\Sigma_P n_j(\Delta H_f^0)_j-\Sigma_R n_i(\Delta H_f^0)_i \tag{2-59}$$

ΔS^0 是标准态下化学反应过程的熵变，可以用生成物与反应物的标准熵 S^0 进行计算

$$\Delta S^0=\Sigma_P n_j S_j^0-\Sigma_R n_i S_i^0 \tag{2-60}$$

也可直接用自由焓计算

$$W_{A,max} = -\Delta G^0 = \sum_R n_i (\Delta G_f^0)_i - \sum_P n_j (\Delta G_f^0)_j \tag{2-61}$$

式中，ΔG_f^0 为反应物或生成物的标准生成自由焓。ΔH_f^0、S^0、ΔG_f^0 可以从标准热力学数据表中查得。

【例 2-5】 在 298.15K 和 1atm 下，CO 和 O_2 进行燃烧反应生成 CO_2。反应前反应物 CO 和 O_2 不进行混合，试求此化学反应的最大反应有用功。

解： CO 和 O_2 燃烧生成 CO_2 的反应方程式为

$$CO + O_2/2 == CO_2$$

由于反应物在反应前不进行混合，因此，CO、O_2 与 CO_2 各自的压力均为 1atm，温度都是 298.15K，可直接使用标准热力学数据表。查得

组分	$\Delta H_f^0/(kJ/kmol)$	$S^0/[kJ/(kmol \cdot K)]$
CO（气）	-1.1052×10^5	197.91
O_2（气）	0	205.03
CO_2（气）	-393510	213.64

$$\begin{aligned}
\Delta H^0 &= \sum_P n_j (\Delta H_f^0)_j - \sum_R n_i (\Delta H_f^0)_i \\
&= -393510 - (-1.1052 \times 10^5) \\
&= -282990 \ (kJ/kmolCO) \\
\Delta S^0 &= \sum_P n_j S_j^0 - \sum_R n_i S_i^0 \\
&= 213.65 - (197.91 + 205.03/2) \\
&= -86.775 \ [kJ/(kmolCO \cdot K)] \\
W_{A,max} &= -(\Delta H^0 - T\Delta S^0) \\
&= 282990 - 298.15 \times 86.775 \\
&= 257118 \ (kJ/kmolCO)
\end{aligned}$$

上述反应过程物流焓变 ΔH 就是燃烧过程释放的总能量（标准热值），其数值为 282990kJ，其中，257118kJ 是可以利用的有用功，而 25875kJ 为炻。

【例 2-6】 在例 2-5 的反应中加入惰性气体 N_2，该气体不参加反应，其反应式为

$$CO + O_2/2 + 1.88N_2 == CO_2 + 1.88N_2$$

反应前后反应物与生成物都进行混合，反应前后物系总压仍为 1atm，温度仍为 298.15K。试求此反应过程的最大反应有用功。

解： 由于反应前后各组分都进行了混合，气体混合物的总压为 1atm，因此，各组分的分压必定均小于 1atm。对于理想气体混合物，压力对焓值无影响，仅对熵值有影响。因此，对查出的标准熵值要进行压力修正。对理想气体在温度不变的条件下，标准熵 S^0 与压力修正后的熵 S_1 之间的关系为

$$S_1 = S^0 - R\ln(p_1/p^0)$$

式中，$p^0 = 1atm$。由于系统总压 $p = p^0$，则各组分分压为 $p_i/p^0 = y_i$（摩尔分数）

所以，对反应物

$$p_{CO}/p^0 = 1/(1 + 0.5 + 1.88) = 0.2959$$

$$p_{O_2}/p^0 = 0.5/(1 + 0.5 + 1.88) = 0.1479$$

$$p_{N_2}/p^0 = 1.88/(1 + 0.5 + 1.88) = 0.5562$$

对生成物

$$p_{CO_2}/p^0 = 1/(1+1.88) = 0.3472$$

$$p_{N_2}/p^0 = 1.88/(1+1.88) = 0.6528$$

查得氮气的标准熵为　$S_{N_2}^0 = 191.49$ [kJ/(kmol·K)]

修正后的熵值分别为

对反应物

$$S_{CO} = 197.91 - 8.314\ln 0.2959 = 208.034 \text{ [kJ/(kmol·K)]}$$

$$S_{O_2} = 205.3 - 8.314\ln 0.1479 = 221.190 \text{ [kJ/(kmol·K)]}$$

$$S_{N_2} = 191.49 - 8.314\ln 0.5562 = 196.367 \text{ [kJ/(kmol·K)]}$$

对生成物

$$S_{CO_2} = 213.64 - 8.314\ln 0.3472 = 222.435 \text{ [kJ/(kmol·K)]}$$

$$S_{N_2} = 191.49 - 8.314\ln 0.6528 = 195.036 \text{ [kJ/(kmol·K)]}$$

反应过程物系的熵变为

$$\Delta S = (S_{CO_2} + 1.88 S_{N_2}) - (S_{CO} + 0.5 S_{O_2} + 1.88 S_{N_2})$$
$$= (222.435 + 1.88 \times 195.036) -$$
$$(208.034 + 0.5 \times 221.190 + 1.88 \times 196.367)$$
$$= -98.696 \text{ [kJ/(kmolCO·K)]}$$

焓变值同前例，即 $\Delta H = -282990$ （kJ/kmolCO）

$$W_{A,max} = -(\Delta H^0 - T \Delta S^0)$$
$$= 282990 - 298.15 \times 88.696$$
$$= 253564 \text{ （kJ/kmolCO）}$$

有用功的减少是由于混合过程有不可逆损耗。

2.4.7　气体的扩散㶲

气体的扩散㶲：在 p_0、T_0 下的气体可逆定温地转变到其在环境空气中的分压力 p_i^0 时所能作出的最大有用功称为该气体的扩散㶲。

气体的扩散㶲属于化学㶲，它仅仅是由于其成分或压力大于环境空气中该组分的成分或分压力而具有的。理想气体的扩散㶲可从最大化学反应有用功的计算式获得

$$E_D = W_{A,max} = -\Delta G = -(\Delta H - T_0 \Delta S) = T_0 \Delta S = -mRT_0\ln(p_i^0/p_0) \tag{2-62}$$

对于单位质量气体，扩散㶲为

$$e_D = -RT_0\ln(p_i^0/p_0) = -RT_0\ln\psi_i^0 \tag{2-63}$$

式中，ψ_i^0 为环境空气组分 i 的摩尔分数。在一定的 T_0 下，ψ_i^0 为定值，因而，环境空气中各纯气体的扩散㶲也是一个定值。因为 $\psi_i^0 < 1$，所以扩散㶲总是正值。

在 p_0、T_0 下的环境空气中的纯组分可逆扩散到环境状态时就能作出最大有用功。反之，将环境空气可逆分离成 p_0、T_0 下的各纯气体时，必须消耗最小有用功，也称最小分离功，此功即转变为各纯组分的㶲。

上式也适用于稀溶液或理想溶液。如果是真实溶液，只要用逸度代替式中的摩尔分数也

可应用。

2.4.8 元素和化合物的化学㶲

用环境模型计算的物质化学㶲称为标准化学㶲。前已提到，每一种元素都有其对应的基准物和基准反应。所谓基准反应，是指这样一种反应：一种非基准物质（包括元素、单质和化合物）与一种或几种基准物在 p_0、T_0 下发生化学反应，而反应物、生成物均为 p_0、T_0 下的纯物质。例如表 2-3 即为某些元素的基准反应、基准物及基准物的浓度。

表 2-3 一些元素的基准反应、基准物及基准物的浓度

元素	基准反应	基准物	基准物浓度（摩尔分数）
C	$C+O_2 \longrightarrow CO_2$（气）	CO_2（气），O_2	0.0003, 0.2034
H_2	$H_2+O_2/2 \longrightarrow H_2O$（液）	O_2，H_2O（液）	0.2034, 1
Fe	$Fe+3O_2/3 \longrightarrow Fe_2O_3/2$（固）	O_2，Fe_2O_3（固）	0.2034, 1
Si	$Si+O_2 \longrightarrow SiO_2$（固）	O_2，SiO_2（固）	0.2034, 1
Ti	$Ti+O_2 \longrightarrow TiO_2$（固）	O_2，TiO_2（固）	0.2034, 1
Ca	$2Ca+O_2+2CO_2 \longrightarrow 2CaCO_3$	O_2，CO_2，$CaCO_3$	0.2034, 0.0003, 1

由于环境模型中的基准物化学㶲为零，元素与环境物质进行化学反应变成基准物所提供的最大化学反应有用功即为元素的化学㶲。若化学反应在规定的环境模型中进行，则提供的最大化学有用功即为元素的标准化学㶲。

空气中所含组分的标准化学㶲就是它们的扩散㶲。对于液体与固体基准物，为方便起见，龟山-吉田模型将其浓度（摩尔分数）都规定为 1，而斯蔡古特模型是取地壳或海水中实际浓度的平均值。

纯态化合物的标准摩尔化学㶲等于组成化合物的单质标准化学㶲之和减去生成反应过程的理想功，即

$$E_{ch}^0 = \sum n_j E_j^0 + \Delta G_f^0 \tag{2-64}$$

如果 ΔG_f^0 之值小于 0，说明生成反应过程的最大化学反应有用功大于 0，即生成反应过程对外供能，这种情况下化合物的标准摩尔化学㶲小于单质的标准摩尔化学㶲之和；反之，若 ΔG_f^0 之值大于 0，则说明生成反应过程的最大化学反应有用功小于 0，即生成反应过程中外界对物系供能，这种情况下，化合物的标准摩尔化学㶲大于单质的标准摩尔化学㶲之和。

【例 2-7】 试用龟山-吉田环境模型求碳（石墨）的标准化学㶲。

解：元素碳在环境中的稳定形式是 CO_2，浓度为 0.0003（摩尔分数），其基准反应为

$$C+O_2 \longrightarrow CO_2$$

根据元素化学㶲的定义，碳的标准摩尔化学㶲为

$$E_{ch}^0 = -\Delta H + T_0 \Delta S$$

式中，ΔH 为反应过程焓变，其值为

$$\Delta H = (\Delta H_f^0)_{CO_2} - (\Delta H_f^0)_{O_2} - (\Delta H_f^0)_C$$

ΔS 是反应过程的熵变，其值为

$$\Delta S = S_{CO_2} + S_{O_2} - S_C^0$$

式中，S_{CO_2} 为 298K、30Pa 下 CO_2 的熵；S_{O_2} 为 298K、20.34kPa 下 O_2 的熵；由于压力对固体的熵无影响，S_C^0 为 C 的标准熵。查得有关物质标准生成焓与标准熵值如下

	$(\Delta H_f^0)_i/(kJ/kmol)$	$S_i^0/[kJ/(kmol \cdot K)]$
C(石墨)	0	5.69
O_2(气)	0	205.03
CO_2(气)	-393800	213.64

$$S_{O_2}=205.03-8.314\ln 0.2034=218.3 \quad [kJ/(kmol \cdot K)]$$

$$S_{CO_2}=213.64-8.314\ln 0.0003=281.1 \quad [kJ/(kmol \cdot K)]$$

所以　$E_{ch}^0=[(\Delta H_f^0)_C+(\Delta H_f^0)_{O_2}-(\Delta H_f^0)_{CO_2}]-$

$$T_0(S_C^0+S_{O_2}-S_{CO_2})$$

$$=(0+0+393800)+298.15(5.69+218.3-281.1)$$

$$=410827 \quad (kJ/kmol)$$

【例 2-8】 试用龟山-吉田环境模型求甲烷 CH_4 气体的标准化学㶲。

解： 甲烷的生成反应方程式为

$$C+2H_2 \longrightarrow CH_4$$

$$E_{CH_4}^0=\Delta G_{fCH_4}^0+E_C^0+2E_{H_2}^0$$

查得甲烷的标准生成焓 $\Delta G_{fCH_4}^0=-50.79kJ/mol$

元素碳的标准摩尔化学㶲 $E_C^0=410.83kJ/mol$

元素氢的标准摩尔化学㶲 $E_{H_2}^0=235.22kJ/mol$

所以　$E_{CH_4}^0=-50.79+410.83+2\times235.22$

$$=830.48 \quad (kJ/mol)$$

为了便于查用，已经有人用龟山-吉田环境模型将所有元素和常用的无机与有机化合物的标准摩尔化学㶲进行了计算，见附录 1 和附录 2。若环境温度不是 298.15K，则应引入温度修正系数 ξ 进行如下修正

$$E_{ch}=E_{ch}^0+\xi(T_0-298.15) \tag{2-65}$$

温度修正系数 ξ 见附录 1 和附录 2。

2.4.9　燃料的化学㶲

燃料的化学㶲：p_0、T_0 下的燃料与氧气一起稳定流经化学反应系统时，以可逆方式转变到完全平衡的环境状态所能作出的最大有用功称为燃料的化学㶲，简称燃料㶲，用 E_F 表示。

燃料氧化过程也属化学反应过程，但燃料的化学㶲并不是燃料可逆氧化过程（如图 2-13 所示）的最大有用功，而为

$$E_F=W_{A,max}+\sum_P n_i E_j-n_{O_2}E_{O_2}$$

$$=-(\Delta H-T\Delta S)+\sum_P n_j E_j-n_{O_2}E_{O_2} \tag{2-66}$$

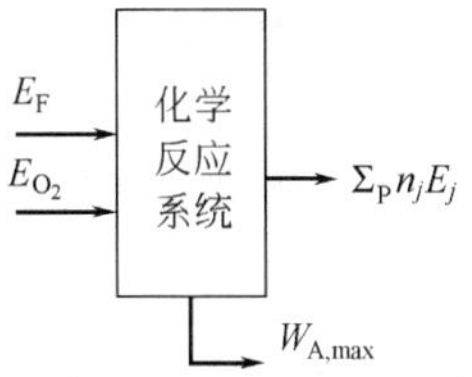

式中，E_F 为燃料的摩尔㶲；n_{O_2}、E_{O_2} 为 1mol 燃料完全氧化反应所需氧的摩尔数和氧的摩尔㶲；n_j、E_j 为相应于 1mol 燃料的各生成物的摩尔数和摩尔㶲；ΔH 为燃料氧化反应的标准反应焓。在燃烧产物中，如果 H_2O 以气态存在，则反应焓与燃料的负低发热值相等；如果 H_2O 为液态，则反应焓与燃料的负高发热值相等。

实际上，燃料的组成大多非常复杂而且不固定。目前只有气体燃料㶲可以用理论计算

图 2-13　燃料可逆氧化反应系统的㶲平衡

式，而对液、固体燃料，要计算出精确的燃料㶲是不可能的。但是值得注意的是，计算指出，燃料的化学㶲在数值上极其接近其热值，这是由于燃烧反应的熵变较之反应热往往要小得多。作为工程计算，可用下列简化的近似公式计算燃料㶲

由两个以上碳原子构成的气体燃料

$$E_F = 0.950 Q_h \qquad (2\text{-}67)$$

液体燃料

$$E_F = 0.975 Q_h \qquad (2\text{-}68)$$

固体燃料

$$E_F = Q_1 + r\omega \qquad (2\text{-}69)$$

对一般液体和固体燃料，用

$$E_F \approx Q_h \qquad (2\text{-}70)$$

计算其化学㶲也不致引起大的误差。上面各式中，Q_h 为燃料的高发热值；Q_1 为燃料的低发热值；r 为环境状态下水的汽化潜热；ω 为燃料中水的质量分率。

【例 2-9】 计算 C_2H_4 燃料的标准化学㶲。

解： C_2H_4 的氧化反应方程为

$$C_2H_4 + 3O_2 \Longrightarrow 2CO_2 + 2H_2O$$

查得 $(\Delta G_f^0)_{C_2H_4} = 68.17 kJ/mol$，$(\Delta G_f^0)_{CO_2} = -394.6 kJ/mol$，液态水的 $(\Delta G_f^0)_{H_2O} = -237.4 kJ/mol$，$(\Delta G_f^0)_{O_2} = 0$，氧的扩散㶲 $E_{O_2} = 3.95 kJ/mol$，CO_2 的扩散㶲 $E_{CO_2} = 20.1 kJ/mol$。

反应自由焓为

$$\begin{aligned}
\Delta G &= 2(\Delta G_f^0)_{CO_2} + 2(\Delta G_f^0)_{H_2O} - 3(\Delta G_f^0)_{O_2} - (\Delta G_f^0)_{C_2H_4}\\
&= 2\times(-394.6) + 2\times(-237.4) - 0 - 68.17\\
&= -1332.2 \ (kJ/mol)
\end{aligned}$$

所以 C_2H_4 的化学㶲为

$$\begin{aligned}
(E_F)_{C_2H_4} &= -\Delta G + 2E_{CO_2} + 2E_{H_2O} - 3E_{O_2}\\
&= 1332.2 + 2\times20.1 + 0 - 3\times3.95\\
&= 1360.6 \ (kJ/mol)
\end{aligned}$$

2.5 㶲损失和㶲衡算

2.5.1 㶲损失和㶲衡算方程式

各种形式的能量中㶲部分可以是不同的。㶲是能量的一种固有特性，是能量中能够转变为有用功的那部分能量。如果采用可逆的方式实施能量转换，理论上就能够将㶲以有用功的形式提供给技术上应用。能量中的炐部分则是无论采用什么巧妙的方式也不能转变为有用功的那部分能量，随着能量转换过程的进行，最终将转移给自然环境。

从㶲的概念出发，根据可逆过程和不可逆过程的定义，可以得到如下结论：在任何可逆过程中，不发生㶲向炐的转变，㶲的总量保持不变；在任何不可逆过程中，必然发生㶲向炐的转变，㶲的总量减少。任何实际的过程都是不可逆过程，根据热力学第二定律，㶲的这种减少是绝对的，不可能反向进行，是这部分㶲的消失。所以，将不可逆过程中㶲的减少量称为不可逆过程引起的㶲损失，简称㶲损失。

不可逆过程总是使得㶲减少而炕增加，因此，在实际进行的过程中，不存在㶲的守恒规律。在建立㶲衡算式时，需要附加一项㶲损失作为㶲的输出项。所以，一个系统的一般的㶲衡算方程式为

$$输入系统的㶲＝输出系统的㶲＋㶲损失＋$$
$$系统㶲的变化 \tag{2-71}$$

2.5.2 封闭系统的㶲衡算方程式

研究如图 2-14 所示的一般静止封闭系统，其除自然环境外还有其他热源。系统与外界交换能量的㶲部分也和相应的能量一起表示在图上。根据建立㶲衡算方程式的一般方法，可得静止封闭系统的㶲衡算方程式为

$$E_Q = E_W + E_{U_2} - E_{U_1} + E_L \tag{2-72}$$

上式表明，热源加给封闭系统的热量㶲 E_Q 等于对外作出的有用功 E_W、系统内能㶲的变化（$E_{U_2} - E_{U_1}$）和㶲损失 E_L 之和。系统从热源所吸收的热量㶲为

$$E_Q = \int (1 - T_0/T_H) \delta Q \tag{2-73}$$

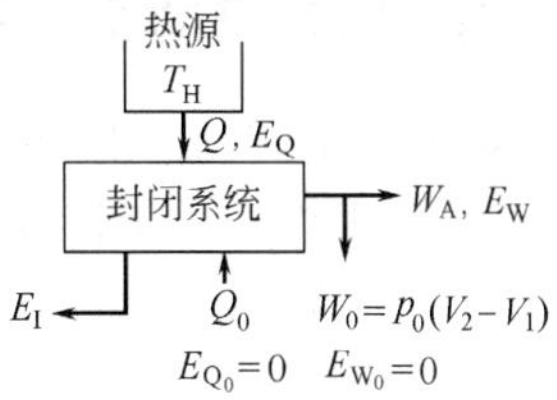

式中，T_H 为热源温度。如果系统从状态 1 变到状态 2 的过程中与多个热源交换热量，则分别计算热量㶲，然后求代数和。封闭系统内能㶲的变化为

$$E_{U_2} - E_{U_1} = U_2 - U_1 + p_0(V_2 - V_1) - T_0(S_2 - S_1) \tag{2-74}$$

因此，封闭系统经历从 1 到 2 的过程所能输出的有用功为

$$W_A = \int (1 - T_0/T_H) \delta Q - (U_2 - U_1) -$$
$$p_0(V_2 - V_1) + T_0(S_2 - S_1) - E_L \tag{2-75}$$

在封闭系统的㶲衡算方程式中，没有出现系统与环境交换热量的㶲以及系统与环境交换功的㶲，这是由于这两部分㶲全为零。

当封闭系统进行可逆过程时，㶲损失为零，此时封闭系统作出最大有用功

$$W_{A,max} = \int (1 - T_0/T_H) \delta Q - (U_2 - U_1) - p_0(V_2 - V_1) +$$
$$T_0(S_2 - S_1) \tag{2-76}$$

因此有

$$W_A = W_{A,max} - E_L \tag{2-77}$$

对于不可逆过程，$E_L > 0$，所以不可逆过程作出的实际有用功 W_A 必小于相同条件下可逆过程的最大有用功。这里所说的相同条件，是指相同的初终态、相同的热源和相同的吸热量，但与环境交换的热量不要求相同，而且一般也是不同的。

由式（2-77）也可看到㶲损失的另一个意义，即㶲损失是系统由于过程不可逆性引起的能够作出的最大有用功的减少。

不可逆过程引起的㶲损失可以用熵函数来计算。对图 2-14 所示的封闭系统，在考虑系统与环境有热量交换的情况下，可以写出热力学第一定律的能量衡算方程式

$$Q + Q_0 = U_2 - U_1 + p_0(V_2 - V_1) + W_A \tag{2-78}$$

对于热源，其熵增量为

$$\Delta S_H = \int -\delta Q/T_H \tag{2-79}$$

图中右侧：

热源 T_H

Q, E_Q

封闭系统

W_A, E_W

E_L Q_0 $W_0 = p_0(V_2 - V_1)$

$E_{Q_0} = 0$ $E_{W_0} = 0$

图 2-14 封闭系统的㶲平衡

对于环境，熵增量为

$$\Delta S_0 = -Q_0/T_0 \qquad (2\text{-}80)$$

将式(2-78)～式(2-80)代入式(2-75)，可得

$$E_{\mathrm{L}} = T_0(\Delta S_0 + \Delta S_{\mathrm{H}} + \Delta S) \qquad (2\text{-}81)$$

式(2-81)右边括号内的项是环境、热源和系统的熵增量之和，也就是封闭系统及其外界所组成的孤立系统的熵增量，亦即封闭系统因过程不可逆性引起的熵产量，故有

$$E_{\mathrm{L}} = T_0 \Delta S_{产} \qquad (2\text{-}82)$$

系统因不可逆性所引起的㶲损失与熵产量之间的这一关系，是一个普遍关系式。

2.5.3　稳定流动系统的㶲衡算方程式

对于稳定流动开口系统，随各能流输入和输出系统的㶲流如图 2-15 所示（忽略了位能）。同样根据建立㶲衡算方程式的一般方法，可得稳定流动系统的㶲衡算方程式为

$$\int (1 - T_0/T_{\mathrm{H}})\delta Q = H_2 - H_1 - T_0(S_2 - S_1) + m(C_2^2 - C_1^2)/2 +$$
$$W_{\mathrm{A}} + E_{\mathrm{L}} \qquad (2\text{-}83)$$

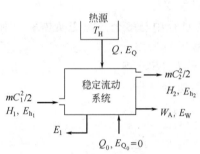

图 2-15　稳定流动系统的㶲平衡

式中，$\int (1 - T_0/T_{\mathrm{H}})\delta Q = E_Q$，为热源加给系统的热量㶲；$H_2 - H_1 - T_0(S_2 - S_1) = E_{h_2} - E_{h_1}$，为稳流系统出口与进口物流焓㶲之差；$E_{\mathrm{L}} = T_0 \Delta S_{产}$，为过程不可逆性引起的㶲损失。

如果有多股稳定物流流进流出开口系统，同时，除环境外还有多个热源，则稳定流动系统的㶲衡算方程式可以写为

$$\Sigma \int (1 - T_0/T_{\mathrm{H}})\delta Q = \Sigma_{\mathrm{out}} E_i - \Sigma_{\mathrm{in}} E_i + W_{\mathrm{A}} + E_{\mathrm{L}} \qquad (2\text{-}84)$$

下面分析一些典型的不可逆稳定流动过程的㶲损失。

（1）有限温差传热过程

图 2-16(a) 表示一个间壁式换热器内进行的有限温差传热过程，若忽略换热器对外界的散热，则热物流在 1-2 过程中所放出的热量，应等于冷物流在过程 3-4 中所吸收的热量。在 $T\text{-}S$ 图 [图 2-16(b)] 上，这意味着过程线 1-2 下的面积应等于过程线 3-4 下的面积。各热量 T_0 线以上的面积是热量的㶲，T_0 线以下的面积是热量的㶲。

由于在 $T\text{-}S$ 图上比较热物流放出的热量的㶲与冷物流吸收的热量的㶲不直观，我们来比较热物流放出的热量的㶲与冷物流吸收的热量的㶲。很明显，冷物流吸收的热量的㶲较热物流放出的热量的㶲多了 $T\text{-}S$ 图上的阴影面积，这些多出来的㶲是从㶲转化而来，是这部分㶲的损失，即过程的㶲损失。

此外，该结论也可从 $E_{\mathrm{L}} = T_0 \Delta S_{绝热} = T_0 \Delta S_{产}$ 得出。该换热体系构成一绝热系，系统熵的变化由热物流的熵变与冷物流的熵变之和组成。在 $T\text{-}S$ 图上 ΔS_1 为热物流的熵变，由于热物流放热，其值为负；ΔS_2 为冷物流的熵变，由于冷物流吸热，其值为正；ΔS_{g} 为该绝热系的熵变，亦即过程熵产。过程熵产与 T_0 的乘积就是过程的㶲损失，正是 $T\text{-}S$ 图上的阴影面积。

（2）绝热节流过程

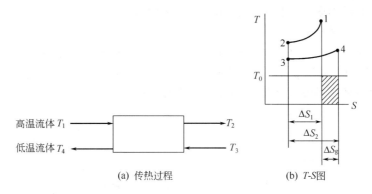

(a) 传热过程　　　　　　　　(b) T-S图

图 2-16　有限温差传热过程

　　节流是流体流动中由于局部阻力使流体压力降低的现象，例如流体经过阀门和缩孔的流动就是节流过程，见图 2-17(a)。由于流过阀门和缩孔的过程时间很短，与外界的热交换可以忽略，因而节流过程可认为是绝热的。该过程与外界无功量交换，若忽略动能和位能变化，则从稳定流动系统能量方程，可得绝热节流过程特征为

$$h_1 = h_2$$

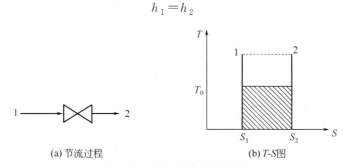

(a) 节流过程　　　　　　　(b) T-S图

图 2-17　理想气体节流过程

对于理想气体而言，由于焓是温度的单值函数，故有

$$T_1 = T_2$$

　　由于节流过程处于无法描写的非平衡过程，故在 T-S 图上用一条虚线来描述该过程，见图 2-17(b)。由于该过程是绝热过程，其熵变即为熵产，故该过程的㶲损失为图 2-17(b)上的阴影面积。

　　(3) 不可逆绝热压缩过程

　　图 2-18(a) 表示了一个不可逆绝热压缩过程。在 T-S 图 [图 2-18(b)] 上，p_1、p_2 两条线表示等压线，且 $p_2 > p_1$。由于过程不可逆，过程为一熵增大的过程，用虚线表示。

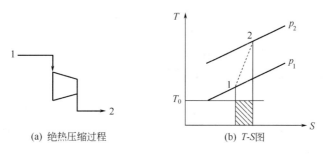

(a) 绝热压缩过程　　　　　　(b) T-S图

图 2-18　不可逆绝热压缩过程

$T_0\Delta S$ 即为该过程的㶲损失，见图 2-18（b）上阴影面积。

（4）不可逆绝热膨胀过程

图 2-19（a）表示了一个不可逆绝热膨胀过程。在 T-S 图［图 2-19（b）］上，p_1、p_2 两条线表示等压线，且 $p_1 > p_2$。由于过程不可逆，过程为一熵增大的过程，用虚线表示。$T_0\Delta S$ 即为该过程的㶲损失，见图 2-19（b）上阴影面积。

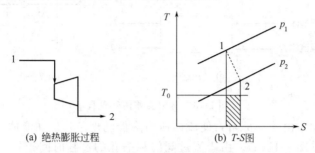

(a) 绝热膨胀过程　　　　　　(b) T-S图

图 2-19　不可逆绝热膨胀过程

【例 2-10】　初态为 400kPa、37℃的氮气绝热流经一阀门，节流到 110kPa。设环境大气的温度为 17℃，试求：①节流过程引起的㶲损失；②氮气在初终态之间能够作出的最大有用功；③当在初终态间进行一可逆定温过程时作出的有用功。

解：① $e_\mathrm{L} = e_1 - e_2 = h_1 - h_2 - T_0(s_1 - s_2) = T_0 R \ln(p_1/p_2)$
$= 290 \times 8.314/28 \ln(4/1.1) = 111.2$（kJ/kg）

② $w_\mathrm{A,max} = e_1 - e_2 = e_\mathrm{L} = 111.2$（kJ/kg）

③ $(w_\mathrm{A})_T = RT\ln(p_1/p_2) = 310 \times 8.314/28 \ln(4/1.1)$
$= 118.8$（kJ/kg）

$(w_\mathrm{A})_T > w_\mathrm{A,max}$ 是由于在可逆定温过程中要吸收热量，同时吸入了热量㶲。

2.6　装置的㶲效率和㶲损失系数

2.6.1　㶲效率的一般定义

从㶲的概念出发，各类生产过程，如产品的制造和加工、加热、制冷、分离、运输等，不是耗费足够数量的能量就能实现，而是能量中有足够数量的㶲才能实现。所以㶲是非常宝贵的。一般所谓的能量的合理利用，实质上是指能量中㶲的合理利用，因此，在实际的能量转换过程中应尽量减少㶲的损失。

对于在给定条件下进行的过程来说，㶲损失大，说明过程的不可逆性大，因此㶲损失的大小能够用来衡量该过程的热力学完善程度。但是，㶲损失是一个绝对量，不能用来比较在不同条件下过程进行的完善程度，不能用来评价不同设备或过程中㶲的利用程度。为此，可以用㶲效率来衡量设备、过程或系统在能量转换方面的完善程度。

在系统或设备进行的过程中，㶲效率定义为收益的㶲$E_\text{收益}$与耗费的㶲$E_\text{耗费}$的比值，用 η_e 表示

$$\eta_e = E_\text{收益}/E_\text{耗费} \tag{2-85}$$

系统或设备进行的过程必须遵守㶲平衡的原则，所以耗费㶲与收益㶲之差即为不可逆过程所引起的㶲损失，即

$$E_\mathrm{L} = E_\text{耗费} - E_\text{收益} \tag{2-86}$$

因此，㶲效率可以写为

$$\eta_e = E_{收益}/E_{耗费} = (E_{耗费} - E_L)/E_{耗费}$$
$$= 1 - E_L/E_{耗费} = 1 - \zeta \tag{2-87}$$

式中，$\zeta = E_L/E_{耗费}$，称为㶲损系数。㶲效率是耗费㶲的利用份额，而㶲损系数是耗费㶲的损失份额。

对于可逆过程，由于㶲损失为零，$\eta_e = 1$；而对于不可逆过程，$\eta_e < 1$。所以㶲效率反映了实际过程接近理想过程的程度，表明了过程的热力学完善程度，进而指明了改善过程的可能性。

从热力学第一定律得到的热效率，是从能量的数量出发去评价过程的优劣，此时，只要没有散热损失或排放物质的排热损失，能量的利用效率就是 1。例如绝热节流过程，因没有能量的散失，其能量利用率为 1，过程就算是完善的。但从热力学第二定律的㶲分析出发，绝热节流是不可逆过程，有㶲的损失，其㶲效率小于 1，过程是不完善的。所以，㶲效率从能量的质来评价过程的优劣，用热力学上等价的能量进行比较，成为评价各种实际过程热力学完善度的统一标准。

【例 2-11】 试导出电热水器热效率与㶲效率的数学表达式。设电热水器绝热良好，通过器壁向环境散失的热量为 0。并求当 $t_1 = t_0 = 25℃$，$\Delta t = 50℃$ 时的热效率和㶲效率。

解： 电热水器的能量方程为 $\Delta H = Q = N$（电功率）

$$\Delta H = mc_p \Delta t$$

所以

$$\eta_t = mc_p \Delta t/N = 1$$

$$E_{收益} = \Delta H - T_0 \Delta S = mc_p[\Delta T - T_0 \ln(T_2/T_1)]$$

$$E_{耗费} = N$$

所以

$$\eta_e = mc_p[\Delta T - T_0 \ln(T_2/T_1)]/N$$
$$= \eta_t[1 - T_0 \ln(T_2/T_1)/\Delta t]$$

因为

$$\eta_t = 1$$

$$\eta_e = 1 - 298.15\ln(348.15/298.15)/50 = 0.0755$$

2.6.2 㶲效率的不同形式

在确定㶲效率时，首先要确定系统或过程中的耗费㶲和收益㶲。在系统所有的输入㶲和输出㶲中，不一定输入㶲之和就是耗费㶲，输出㶲之和就是收益㶲，究竟哪些㶲组成耗费㶲，哪些㶲组成收益㶲，要视设备或装置及生产目的而定。即使对于某一具体的设备，也要视分析的目标和工作条件而定。

为了遵守㶲衡算方程，在耗费㶲和收益㶲中必须包含所有向系统输入的㶲和所有从系统输出的㶲，同时输入㶲和输出㶲中任一项只能在耗费㶲或收益㶲中出现一次。通常按照建立系统㶲衡算方程式的一般方法列出所研究系统的㶲衡算方程式，再结合所研究系统的具体功能分析出耗费㶲和收益㶲部分。

设想一个任意的能量转换过程，如图 2-20 所示，系统与外界之间有能量与物质的交换，相应地也有㶲的交换。系统可以从外界输入㶲，也可以向外界输出㶲。按㶲的作用，一般可以将

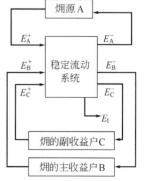

图 2-20 稳定流动系统
任意能量转换过程
的㶲衡算

外界分为三种：向系统提供㶲的㶲源 A，㶲的主收益户 B 和㶲的副收益户 C。

系统从㶲源 A 输入㶲E_A^+，这是耗费㶲的主要来源，但系统也可以向㶲源 A 输回部分㶲E_A^-。系统向㶲的主收益户 B 输出㶲E_B^-，这是收益㶲的主要部分，但系统也可以从主收益户输入㶲E_B^+。同理，系统向副收益户 C 输出㶲E_C^-，也可从副收益户输入㶲E_C^+。对于所研究的稳定流动系统，可以列出㶲衡算方程式

$$E_A^+ + E_B^+ + E_C^+ = E_A^- + E_B^- + E_C^- + E_L \tag{2-88}$$

式中任意一项输入㶲和输出㶲都可以包括稳定物流㶲、热量㶲和功㶲。E_A^+ 和 E_B^- 不得为零，其余㶲流可以为零。

㶲衡算方程式可以改写为下列形式

$$(E_A^+ - E_A^-) = (E_B^- - E_B^+) + (E_C^- - E_C^+) + E_L \tag{2-89}$$

$$(E_A^+ - E_A^-) - (E_C^- - E_C^+) = (E_B^- - E_B^+) + E_L \tag{2-90}$$

将三个㶲衡算方程式相对照，耗费㶲和收益㶲可以有不同的内容，从而㶲效率也具有不同的形式

$$\eta_e^{\mathrm{I}} = (E_A^- + E_B^- + E_C^-)/(E_A^+ + E_B^+ + E_C^+) \tag{2-91}$$

$$\eta_e^{\mathrm{II}} = [(E_B^- - E_B^+) + (E_C^- - E_C^+)]/(E_A^+ - E_A^-) \tag{2-92}$$

$$\eta_e^{\mathrm{III}} = (E_B^- - E_B^+)/[(E_A^+ - E_A^-) - (E_C^- - E_C^+)] \tag{2-93}$$

㶲效率还可以有其他的不同形式，但对常用的设备或装置，上述三种㶲效率的形式已能满足要求。

一些常用的设备或过程的㶲效率为

（1）换热器

$$\eta_e^{\mathrm{I}} = (E_2 + E_2')/(E_1 + E_1') \tag{2-94}$$

$$\eta_e^{\mathrm{II}} = (E_2' - E_1')/(E_1 - E_2) \tag{2-95}$$

式中，E_1、E_2 为热流体进入和离开换热器时的㶲；E_1'、E_2' 为冷流体进入和离开换热器时的㶲；η_e^{I} 为输出㶲与输入㶲之比；η_e^{II} 为冷流体获得的㶲与热流体给出的㶲之比。对间壁式换热器，常用 η_e^{II}，而对混合式换热器，常用 η_e^{I}。

（2）透平

$$\eta_e^{\mathrm{I}} = (E_2 + W_S)/E_1 \tag{2-96}$$

$$\eta_e^{\mathrm{II}} = W_S/(E_1 - E_2) \tag{2-97}$$

式中，W_S 为透平输出的轴功。对于背压透平。常用 η_e^{I}；而对于凝汽式透平，常用 η_e^{II}。

（3）压缩机或泵

$$\eta_e = (E_2 - E_1)/W_P \tag{2-98}$$

式中，W_P 为压缩机或泵输入的功。

（4）锅炉或加热炉

$$\eta_e = (E_2 - E_1)/E_F \tag{2-99}$$

式中，E_F 为锅炉输入的燃料㶲。

（5）节流阀

$$\eta_e = e_2/e_1 \tag{2-100}$$

2.7　㶲分析的应用实例

2.7.1　煤制天然气甲烷化过程反应热回收分析

甲烷化是煤制天然气工艺的核心单元技术之一，其将合成原料气中的碳氧化合物（$CO+CO_2$）催化加氢生成 CH_4。高浓度的 CO 和 CO_2 反应释放大量的反应热，产生巨大的绝热温升。因此，甲烷化过程都要面临两个至关重要的问题：一是如何有效移除反应热，控制反应器温度，以避免催化剂的失活；二是如何有效利用反应热。反应热的优化回收不仅对整个甲烷化装置的能源利用效率具有重要的意义，而且也是装置安全经济运行的关键。

本节研究涉及的甲烷化工艺流程如图 2-21 所示。净化后的合成气被送入四段绝热固定床甲烷化反应器，主反应器（R102 和 R103）带有气体循环装置，以控制反应器温度，出口设置余热锅炉（E103、E104 和 E105）回收高温热产生蒸汽（STM），R104 和 R105 进行补充甲烷化。在换热网络中，E101、E102、E106 和 E109 用于工艺物流之间的换热，E107、E108、E111 和 E112 用来预热锅炉给水（BFW）或除盐水（DMW）。E110 和 E113 分别为空气冷却器和循环水冷却器。现行换热网络为阈值问题，不需要提供热量，且有热量输出，其阈值温差 $\Delta T_{thr}=290℃$。取工艺物流最小传热温差 $\Delta T_{min}=39℃$ 时，现行过程的热回收配置如图 2-22 所示。

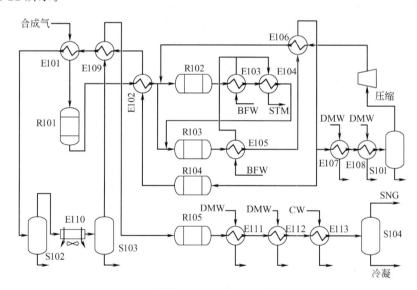

图 2-21　原始甲烷化过程热回收流程简图

在现行的热回收方案中，反应热的高温部分通过设置余热锅炉以副产过热 450℃、4.8MPa 蒸汽的形式进行热回收，部分低位余热用于预热锅炉给水或除盐水。但是还有一部分能量通过空冷、水冷的方法被排放到环境中。按照热力学第一定律，在该回收方案中，有效利用能量的过程包括锅炉给水余热、蒸汽汽化以及蒸汽过热过程，余热的回收利用率为 84.83%。由于在过程余热线（图 2-22 中的实线）和热水蒸汽线（图 2-22 中的虚线）之间存在较大的空间，这意味着不管是整体的能量利用率还是高品位的能量利用，该过程热回收都具有较大的改进空间。

现行过程换热器㶲数据如表 2-4 所示（按照㶲损失由大到小排序）。由表 2-4 可以看出，

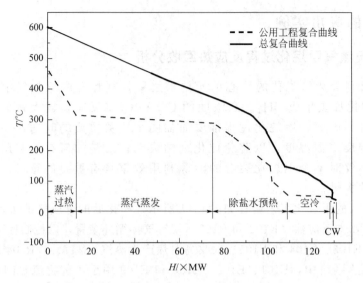

图 2-22　现行过程的热回收配置

从整个过程热回收的角度看，现行热回收方案整个过程的㶲效率为 68.87%，㶲损失排前五位的换热器分别为 E105、E110、E103、E101 和 E109，这五台换热器总㶲损失达到 20129.4kW，占整个换热过程总㶲损失的 77.2%。这五台换热设备成为提高热回收过程㶲效率的潜在优化对象。其次，与产汽系统相关的换热器 E103、E104、E105、E107、E108、E111 和 E112 获得的总㶲为 46403.1kW，占总输入㶲的 54.2%。

表 2-4　现行过程换热器㶲数据

换热器	热负荷 /kW	输入㶲 /kW	输出㶲 /kW	㶲损失 /kW	㶲效率 /%	占总㶲损失 /%
E105	47270	28869.9	21165.6	7704.3	73.3	29.6
E110	18310	4930.1	0.0	4930.1	0.0	18.9
E103	18010	11586.6	8077.6	3509	69.7	13.5
E101	11920	4474.3	2027.9	2446.4	45.3	9.4
E109	7760	3984.7	2445.1	1539.6	61.4	5.9
E107	8230	3385.6	2181.9	1203.7	64.4	4.6
E106	13040	6582	5557.3	1024.7	84.4	3.9
E112	7473	1623.7	658.0	965.7	40.5	3.7
E111	8996	3839.2	3087.3	751.9	80.4	2.9
E104	18800	10594.0	9868.8	725.2	93.2	2.8
E102	5127	2969.0	2255.5	713.5	76.0	2.7
E108	2141	741.0	363.9	377.1	49.1	1.4
E113	1504	180.3	0.0	180.3	0.0	0.7
总计		83760.4	57688.9	26071.5	68.87	100.0

此外，空气冷却器和冷却水冷却器，热物流提供的㶲并没有传递给其他冷物流，而是排放给环境，视其㶲效率为 0。换热网络中㶲效率较低或者㶲损失较大的换热器将是用能的薄弱环节。主反应器出口的高温热首先利用 E103 产生饱和蒸汽，然后再通过 E104 进行过热。过大的传热温差（对数传热温差为 283.2℃）导致 E103 㶲效率较低，为 45.3%；E104 传热温差较小（49.7℃），换热面积增加。

在现行的公用工程配置中，主要包含四种等级的蒸汽：超高压蒸汽 SHP（9.6MPa，540℃），高压蒸汽 HP（4.9MPa，450℃），中压蒸汽 MP（1.7MPa，240℃）以及低压蒸汽 LP（0.6MPa，158℃）。显然，通过副产 SHP 或者 HP 等级的蒸汽是比较合理的潜在的两种反应热回收方案。

表 2-5　热回收方案性能对比

项目	原始方案	方案 A	方案 B
产汽量/(kmol/h)	7307.4	8018.1	7629.0
热回收量/kW	110954.7	128742.2	129992.3
㶲回收量/kW	45403.1	52431.5	55851.25
㶲回收率/%	63.5	73.4	78.1
热回收率/%	84.83	100	100

表 2-5 给出了原始方案、方案 A（以获得 4.9MPa，450℃ 等级高压蒸汽为目的）、方案 B（以获得 9.6MPa，540℃ 等级超高压蒸汽为目的）的数据。在原始回收方案中，产汽量为 7307.4kmol/h。方案 A 产汽量为 8018.1kmol/h，较原始方案提高 10.8%；方案 B 产汽量为 7629.0kmol/h，较原始方案提高 5.82%，但产生的是超高压蒸汽。而就回收的㶲回收效率而言，方案 A 和方案 B 较原始方案分别提高了 9.9% 和 14.6%。

2.7.2　己内酰胺装置蒸汽系统分析与优化

某己内酰胺装置的蒸汽系统分为超高压 HHPS（3.3MPa），高压 HPS（1.73MPa），次高压 IPS（1.0MPa），中压 MPS（0.63MPa），低压 LPS（0.28MPa）五个压力等级，其中 HHPS 386℃ 的过热蒸汽，HPS 为 225℃ 的过热蒸汽，LPS 为 147℃ 的过热蒸汽，其他为饱和蒸汽。图 2-23～图 2-26 给出了各级蒸汽的平衡情况。图中 ST 表示汽轮机，PV 表示减温减压器。

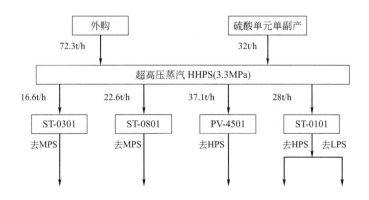

图 2-23　超高压蒸汽系统平衡图

该蒸汽系统有一部分是使用减温减压方式来逐级使用蒸汽的，造成能量的浪费。各等级蒸汽系统之间设置的减温减压器有 PV-4501（HHPS→HPS），PV-4502（HPS→MPS），PV-0703（HPS→IPS），PV-4503（MPS→LPS）。另外，放空富余低压蒸汽也损失大量的㶲。这部分总的㶲损失见表 2-6。

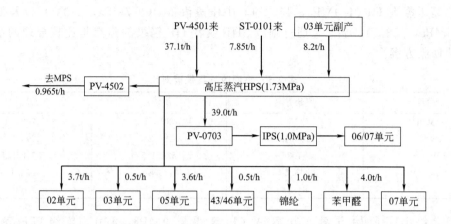

图 2-24 高压和次高压蒸汽系统平衡图

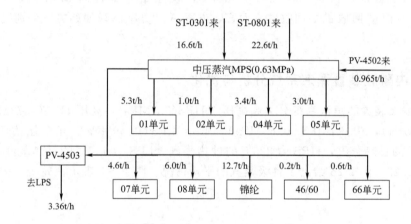

图 2-25 中压蒸汽系统平衡图

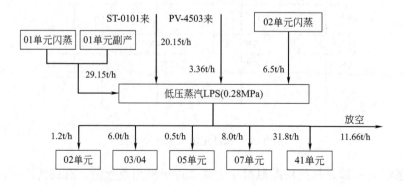

图 2-26 低压蒸汽系统平衡图

表 2-6　蒸汽系统的㶲损失

项目	入口温度/℃	入口压力/MPa	流量/(t/h)	㶲损失/(MJ/h)
PV-4501	386	33	37.1	9255.71
PV-4502	225	17.3	0.965	157.99
PV-0703	225	17.3	40	3921.2
PV-4503	160	6.3	3.36	361.7
放空	147	2.8	11.66	7481.17
总计				21177.77

可以考虑两种方案来减少蒸汽系统的㶲损失：汽轮机方案和蒸汽喷射式热泵方案。

考虑采用汽轮机的方案时，一是采用背压式汽轮机代替减温减压器的方案，直接将 HHPS 的蒸汽通过汽轮机发电，排汽供 IPS 蒸汽系统使用；另外，采用凝汽式汽轮机把放空的低压蒸汽回收发电。对该背压式汽轮机，发电功率为 2696.6kW，㶲损失也将相应减少，减少的量等于发电量，该量约占全部㶲损失的 50%。对该凝汽式汽轮机，发电功率为 1248kW，㶲损失也等于该发电量，约占全部㶲损失的 21%。

考虑采用蒸汽喷射式热泵的方案时，为了能够回收利用富余低压蒸汽放空和超高压蒸汽直接减温减压的能量损失，考虑采用热泵，将 HHPS 蒸汽作为高压动力蒸汽，原放空的 LPS 蒸汽作为被引射蒸汽，经过蒸汽喷射泵得到的蒸汽供 IPS 蒸汽用户使用。这样可以减少 HHPS 蒸汽的用量以节约能量和成本。计算可得喷射系数为 0.208，故所需动力蒸汽量为 33.11t/h，可引射低压蒸汽 6.89t/h，获得 IPS 蒸汽 40t/h，还有 LPS 4.77t/h 不能回收。采用蒸汽喷射泵回收低压蒸汽的方案可以节省 HHPS 6.89t/h，同时使系统的㶲损失减少 6139.61MJ/h，占总㶲损失的 29.0%。

汽轮机方案的节能量和年收益均远远大于热泵方案，但汽轮机方案所需的投资远大于热泵方案。从长远来看，汽轮机发电的方案优于热泵方案；短期来看，热泵方案投资很小，回收期短，优于汽轮机发电方案。

2.8　节能理论的新进展

2.8.1　可避免㶲损失与不可避免㶲损失

㶲分析法克服了热力学第一定律的局限性，能够分析各种过程的热力学不完善性，例如温差传热、节流、绝热燃烧，这些过程并不导致能量量的损失，但引起能量质的降低。

但是，㶲分析只指出了过程特性改进的潜力或可能性，而不能指出这些可能的改进是否可行。这是因为㶲分析法是以无驱动力的理想过程为基准来分析实际过程的，而任何实际过程都需要一定的驱动力来使过程进行。这些驱动力包括温差、压差、化学势差。当有驱动力存在时，就有㶲损失；驱动力越大，过程进行的速度就越快，㶲损失也就越大。要使过程进行，就不可避免要有一些㶲损失，这种不可避免的㶲损失随过程的不同而不同。具有大的㶲损系数的过程也许很难改进，因为其中大部分㶲损失是不可避免的。此外，当前的技术和经济条件也限制了一些改进的可能性。因此，用常规的㶲分析法有时也并不能给出正确的指导。例如，在当前的技术和经济条件下，锅炉的㶲效率达到 66% 已属不可能，而蒸汽透平的㶲效率达到 80% 还有改进的余地。所以，它们与理想过程的差距并不等价于它们的改进余地。

基于以上考虑，将㶲损失划分为两部分：可避免㶲损失（AVO）和不可避免㶲损失（INE）

$$E_L = AVO + INE \tag{2-101}$$

不可避免㶲损失定义为技术上和经济上不可避免的最小㶲损失。如果一个过程的㶲损失小于其不可避免㶲损失，要么技术上无法实现，要么经济上不可行。因此，不可避免㶲损失是随技术进步和经济环境在变化。

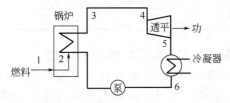

图 2-27 简单蒸汽动力厂循环

如果能够确定不可避免㶲损失，我们就可以只分析可避免㶲损失，从而确切知道哪里可避免㶲损失较大，可以得到显著改进。

在可避免㶲损失和不可避免㶲损失概念的基础上，我们可以定义一个实用㶲效率

$$\eta'_e = E_{收益}/(E_{耗费} - INE) \tag{2-102}$$

常规㶲效率是将实际过程与理想过程相比较，而这里定义的实用㶲效率是将实际过程与技术经济上可以达到的最好的过程相比较，因而可以指出可行的改进。下面用一个例子来说明。

考虑如图 2-27 所示简单蒸汽动力厂，假定

燃料热值	29306kJ/kg	蒸汽压力	10.3MPa
绝热燃烧温度	1927℃	锅炉到透平压降	1.03MPa
炉膛热损失	12%	透平效率	80%

根据上述假定，系统各点操作参数见表 2-7。参考状态为 21℃ 及环境压力下的液体。

为了计算不可避免㶲损失，假定

最高燃烧效率	0.90	蒸汽透平最高效率	0.90
最高燃烧温度	1927℃	泵最高效率	0.90
冷凝器中最小传热温差	8℃		

表 2-7 系统操作参数

状态点	温度/℃	压力/kPa	焓/(kJ/kg)	熵/[kJ/(kg·K)]	㶲/(kJ/kg 燃料)
1	1927	100	29306		29306
2					25817
3	482	10300	3354	6.5787	11350
4	479	8960	3340	6.6059	11164
5	29	4.1	2233	7.4106	442
6	29	4.1	121	0.4187	9.3

表 2-8 给出了用常规㶲分析法和可避免㶲损失概念的计算结果，可见，两者是很不相同的。常规的㶲分析法指出炉膛中的燃烧过程的㶲损失相当大，但在当前的技术条件下，材料的极限限制了燃烧温度，所以炉膛中的燃烧过程已近于完善（实用㶲效率达98%），其㶲损失几乎都是不可避免的。用常规的㶲分析法，冷凝器的㶲效率只有2%，距离理想过程甚远；但由于其冷凝温度与环境温度只有8℃温差，在当前的经济条件下，所有的㶲损失都是不可避免的，没有改进的余地，所以其实用㶲效率为100%。采用可避免㶲损失的概念后，透平的㶲损失跃为第二，存在改进的余地。例如若采用再热循环可增加透平乏汽的干度，从而可提高透平效率。两种方法均指出锅炉中的㶲损失最大，这是由于锅炉中的传热温差远高于许可的最小值所致。提高新汽温度和压力，采用回热等，可以大大改善锅炉中的能量转换。

表 2-8　计算结果

状态点或部件	㶲/(kJ/kg)	常 规 方 法		可避免㶲损失方法	
		㶲损失/(kJ/kg)	η_e/%	AVO/(kJ/kg)	η_e'
1	29306				
炉膛		3489	88	586	98
2	25817				
锅炉		14513	44	5819	66
4	11164				
透平		1884	82	1105	89
5	442				
冷凝器		433	2	0	100

2.8.2　热经济学（㶲经济学）

由于㶲分析法是以没有势差的可逆过程为基准分析实际过程，而实际过程均是在一定势差驱动下的不可逆过程。如果用㶲分析方法来优化能量系统，就会得出过程驱动势差趋于零这样极不现实的结论，因为这将使设备尺寸趋于无穷大。因此，采用㶲分析方法只能分析实际能量系统距离理想可逆过程的差距，而无法进行系统的优化。

在进行能量系统优化时，常常引入经济量来衡量。其具有代表性的就是 20 世纪 60 年代起在㶲分析的基础上兴起且目前仍为研究热点的热经济学（thermoeconomics）（也称为㶲经济学 exergoeconomics）。

热经济学分析，是把热力学分析与经济优化理论相结合的技术。其特征是在一个合适的热力学指标㶲效率和基本建设投资间找到适当的平衡，以达到单位成本最小。

考虑仅有一种能量输入（㶲单位成本 c_{in}）和一种产品输出（㶲率 E，㶲单位成本 c_{out}）的最简单的系统，其成本方程即热经济学分析的目标函数为

$$c_{out}=C/E+c_{in}/\eta_e \qquad (2\text{-}103)$$

式中，C 为年度化了的设备费与运行费等。

例如考虑一个最简单的余热回收换热器的优化。假定有初温为 120℃、流率为 18.8kg/s、比定压热容为 4.2kJ/(kg·K) 的余热流，要回收其余热，回收后该物流排弃。考虑用该余热加热锅炉给水，给水初温为环境温度 25℃，为简化问题，假定该给水流率和比定压热容均与余热流相同。

由于余热流用后要排弃，若将其余热回收得越多，能量的损失就越少，系统的㶲效率就越高；但由于此时过程温差减小，故换热器投资就要增加，故存在最优化问题。

假定选用 FB 型换热器，总传热系数为 0.7kW/(m²·℃)，其年度化的设备费与运行费等为

$$C=1000+0.038(5505+97F)$$

式中，F 为换热面积，m²。可用下式计算

$$F=\frac{Q}{K\Delta t_m}=\frac{18.8\times4.2(t_2-25)}{0.7(120-t_2)}$$

系统输出㶲率与给水终温 t_2 有关（假定年运行小时数为 6000）

$$E=18.8\times4.2\times3600\times6000\{(t_2-25)-298\ln[(273+t_2)/298]\}$$

由于余热流用后要排弃，故输入的㶲率可按其所具有的㶲率考虑，因而系统㶲效率为

$$\eta_e = \frac{t_2 - 25 - 298\ln\dfrac{t_2 + 273}{298}}{120 - 25 - 298\ln\dfrac{393}{298}}$$

若 c_{in} 按自来水价 0.14 元/吨折合得 2.66×10^{-6} 元/kJ，则可得目标函数为

$$c_{out} = \left\{ 1000 + 0.038\left[5505 + 97 \times \frac{18.8 \times 4.2(t_2 - 25)}{0.7(120 - t_2)} \right] + 18.8 \times \right.$$

$$\left. 4.2 \times 3600 \times 6000 \times 2.66 \times 10^{-6}\left(120 - 25 - 298\ln\frac{393}{298} \right) \right\} \bigg/$$

$$\left[18.8 \times 4.2 \times 3600 \times 6000\left(t_2 - 25 - 298\ln\frac{t_2 + 273}{298} \right) \right]$$

可见该目标函数只与 t_2 有关。将该函数对 t_2 求导并令导数为零，可解得最优的 t_2 为 114.5℃，此时输出㶲的单位成本 c_{out} 为 3.38×10^{-6} 元/kJ。

2.8.3　有限时间热力学

由于㶲分析法是以没有势差的可逆过程为基准，这就要求过程进行得无限缓慢，因而可逆热机循环的功率趋于零，而工程实际对此是无法接受的。

有限时间热力学认为过程应在有限时间内进行，势差并不是越小越好，而是有一个最佳值，以使"率"最大。

以卡诺循环为例。已知卡诺循环的最大效率为

$$\eta_{C,max} = 1 - T_2 / T_1$$

但由于过程进行得无限缓慢，其输出功率为 0。

为求循环在最大功率输出时的效率，假定绝热过程可逆，而等温过程的热通量正比于热源与工质之间的温差，即

$$Q_1 = \alpha(T_1 - T_{1w})$$

$$Q_2 = \beta(T_2 - T_{2w})$$

式中，Q_1 和 Q_2 分别为吸热和放热过程的热通量；T_1 和 T_2 分别为高温热源和低温热源的温度；T_{1w} 和 T_{2w} 分别为吸热和放热过程中工质的温度；α 和 β 分别为吸热和放热过程的传热系数。

假定吸热和放热过程分别持续 t_1 和 t_2 时间，则吸热过程输入能量 W_1

$$W_1 = Q_1 t_1$$

放热过程放出热量 W_2

$$W_2 = Q_2 t_2$$

由于绝热过程是可逆的，则有

$$W_1 / T_{1w} = W_2 / T_{2w}$$

则热机功率 P 为

$$P = (W_1 - W_2)/(t_1 + t_2)\gamma$$

式中，$(t_1 + t_2)\gamma$ 是完成循环的时间。

用前面几式消去 t_1 和 t_2，求 P 对吸热和放热过程温差的偏导，并令该两偏导为 0，就可求得对应最大热机功率的效率为

$$\eta' = 1 - (T_2/T_1)^{1/2}$$

2.8.4　积累㶲理论

㶲分析不仅因其以可逆过程为基准而无法进行系统优化，而且因其常规分析中系统选取的局限而会导致一些不合理的结论。

例如，比较电炉取暖和煤炉取暖的能量利用情况，设室内温度为 20℃，环境温度 0℃。煤炉的热效率为 80%。给室内供应 1kJ 的热量所具有的㶲为

$$e_{收益} = 1 - 273/293 = 0.07 \ (kJ/kJ)$$

用电炉取暖时，电全部是㶲，1kJ 的电变成了 1kJ 的热，故其㶲效率 $\eta_1 = 0.07$。

当用煤炉取暖时，取煤的化学㶲等于其热值，但由于煤炉的热效率为 80%，供应 1kJ 的热量需要 $(1/0.8)$ kJ 的煤，故煤炉取暖的㶲效率为

$$\eta_2 = 0.07 \times 0.8 = 0.056$$

比较两者的㶲效率，似乎电炉取暖的能量利用情况更为有利，但这与人们的概念是相反的。问题就出在系统的选取上。由于系统仅考虑要取暖的房间，对能量仅考虑输入系统的能量的㶲，至于该能量是如何来的，不在考虑之列。而由于电不是一次能源，而是从一次能源转换而来的，因此电能所具有的㶲与一次能源煤所具有的㶲是不等价的。

为了衡量这种不等价，就需要以一个相同的基准来衡量不同形式能量的㶲。斯蔡古特提出的积累㶲理论就提供了这样的一个基准。

定义自然资源具有的㶲为一次㶲。积累㶲是指从自然资源到所研究的过程系统中的单元所经历的一系列簇状过程所消耗的一次㶲累积值。它以自然界存在的资源为出发点，具有全生命周期分析（包括产品和过程）的思想。

还以上面的例子为例，假定从一次能源煤转换为电能的㶲效率为 30%，则要提供 1kJ 热量（0.07kJ㶲），电炉取暖要消耗 $1/0.3 = 3.3$ （kJ）的一次㶲，而煤炉取暖只需要 $1/0.8 = 1.25$ （kJ）的一次㶲，显然煤炉取暖优于电炉取暖。

但斯蔡古特提出的积累㶲理论在分析问题时忽略了设备这样的因素，因而只能用于分析系统，以及比较不同的生产路线的优劣，不能用于进行系统的优化。此外，由于没有考虑废弃物的影响，不是完整的全生命周期分析方法。

针对该弱点，在积累㶲理论中加入设备部分和废弃物的处理部分，使得积累㶲成为一个统一的标准，以自然界存在的资源为出发，衡量系统的各种因素，用于过程系统中的原材料、能量、设备、废弃物以及产品等，从而积累㶲建立衡算式，以产品积累㶲最小为目标函数，既能分析、比较系统，也能进行系统的优化。

2.8.5　能值分析

积累㶲理论虽然以自然界存在的资源为出发，用积累㶲统一衡量系统的各种因素，但自然界存在的资源的㶲是否都等价呢？比如 1kJ 煤的化学㶲与 1kJ 太阳能的化学㶲是否等价？我们知道，煤的化学㶲最初也是来源于太阳能，经过许多世纪的积累才得以形成，所以 1kJ 煤的化学㶲当然比 1kJ 太阳能的化学㶲更为珍贵。

考虑到地球上的能源大多来源于太阳能的辐射，也是生物圈能量运动的原始驱动力，把贯穿于能源运动始终的太阳能作为过程分析的本质或者说作为一种等价的媒介，就形成了能值（energy）分析理论。

该理论是由美国系统生态学家 H. T. Odum 提出的，他在对生态学的多年研究中发现，自然的因素（如日光、风、土壤、气候、水文甚至地热等）和社会的因素（如基础设施的投资、人的劳动、知识信息的投入等）对系统的影响同样重要，将每种物质或者能量所含的太阳能作为统一的指标，就可以把任何复杂系统的所有影响因素（包括自然界）放在一起进行综合的考虑，进而得出比较全面的结论。

能值表示了在时间和空间上进入产品的所有能量。也就是说，它不仅考虑了产品所包含能量的质和量，还体现了能量的历史积累。因此产品的产地、生产方式，以及生产过程中的技术条件、管理效率等，都会影响产品最终的能值。例如，生产一张木桌，树木生长的气候条件影响木质的好坏，生长地与加工地之间的距离以及运输方式影响成本，木桌的加工技术、生产规模、管理效率等一切过程的参与因素都影响最终产品——木桌的能值，只有把所有影响因素的能值都计算在内才是生产一张木桌的代价。

另外，由于在过程分析中，能值理论除了包含自然环境对系统的输入以外，还考虑了系统向环境排放的废物，这样就把整个能量运动过程考虑得更加完整，也使此分析评价方法符合能源利用的可持续发展原则。

2.8.6　综合考虑资源利用与环境影响的㶲分析

由于㶲参数以环境状态为基准，衡量一系统或一物流与环境的差异，因而只要合适地选择环境状态，不仅可以衡量系统的能量或资源利用，也可以衡量排放物对环境的污染。据此建立了综合考虑资源利用与环境影响的㶲分析方法。

首先将传统的㶲分析方法应用范围扩展到可以考虑系统的环境效应。

系统对环境的影响可以用系统的㶲排放损失来衡量。系统对环境的㶲排放损失包括两部分：一是系统的散热㶲损失；另一是系统排放物本身所具有的物理㶲和化学㶲。散热㶲损失是以热量的形式为环境所吸收，可以说对环境不产生什么危害。而系统的排放物中有多种成分，而且各种成分由于其化学性质（毒性、温室效应性、光化学效应性、同温层臭氧损耗性、酸雨性等）的不同，对环境造成的危害程度也各不相同。所以在计算系统排放物的㶲损失时，不能只是将这些成分的㶲损失简单叠加，应该考虑到上述因素。可以引入危害系数来反映它们对环境所造成的危害程度的不同。这样计算出的排放物的㶲损失由于已经不满足㶲平衡方程，所以不再是传统意义上的㶲损失了。因此，定义一个新概念——系统的环境负效应（ENE）作为评价系统对环境的影响程度的指标。定义式如下

$$\text{ENE} = \sum_i B_i E_{x,i} \tag{2-104}$$

式中　ENE——系统的环境负效应；
　　　$E_{x,i}$——系统排放物中第 i 种成分所具有的物理㶲和化学㶲；
　　　B_i——系统排放物中第 i 种成分对环境的危害系数。

当考虑系统在资源利用与环境影响的综合效应时，在前面所定义的环境负效应的基础上，可以很方便地将㶲分析方法应用范围扩展至可以综合评价系统的资源利用性和环境影响性。将此综合评价指标定义为系统负效应（SNE）。

因为所有的㶲损失均造成资源的浪费，所以系统对资源的负效应可以用系统的所有㶲损失的总和（$E_{\text{xl tot}}$）来表示，它等于系统㶲耗散和㶲排放损失之和。

此外，如前所述，系统的㶲排放损失还造成了环境的污染，因此，在考虑系统的总效应时，这部分㶲损失需要计及两次：对资源的浪费在 $E_{\text{xl tot}}$ 中计及，对环境的负

效应在 ENE 中计及。然而，由于系统对资源的浪费和系统对环境的污染两者并不等价，所以不能将它们简单叠加来求取系统负效应。同样，引入效应系数来考虑这种不等价。

定义系统负效应为

$$\text{SNE}=C_1 E_{\text{xl tot}}+C_2\text{ENE} \tag{2-105}$$

式中　SNE——系统负效应；

$E_{\text{xl tot}}$——系统总的㶲损失；

C_1，C_2——效应系数。

若取资源效应系数 C_1 为 1，则式（2-105）变为

$$\text{SNE}=E_{\text{xl tot}}+C_2'\text{ENE} \tag{2-106}$$

式中，C_2' 为折合环境效应系数，它是环境效应系数 C_2 与资源效应系数 C_1 之比。

符号表

A	烟，J	s	比熵，J/(kg·K)
AVO	可避免㶲损失，J	T	温度，K
a	比㶲，J/kg	t	温度，℃
C	年度化了的设备费与运行费等，元/a	U	内能，J
c	速度，m/s；成本，元/a	u	比内能，J/kg
c_p	比热容，J/(kg·K)	V	容积，m^3
E	㶲，J	v	比容，m^3/kg
e	比㶲，J/kg	W	功，J
G	自由焓，J	w	单位质量物质的功量交换，J/kg
g	重力加速度	z	高度，m
H	焓，J	ζ	㶲损系数
h	比焓，J/kg	η	效率
INE	不可避免㶲损失，J	η'	实用效率
m	质量，kg	ξ	温度校正系数
n	摩尔数	ρ	密度，kg/m^3
p	压力，Pa	Ψ_i^0	环境空气组分 i 的摩尔分数
Q	热量，J	τ	时间，s
q	单位质量物质换热量，J/kg	Ω	单位热量的㶲
r	汽化潜热，J/kg	ω	燃料中水的质量分率
S	熵，J/K		

上角标

0　标准态，分压力

下角标

		e	㶲
A	有用	F	燃料
C	卡诺	f	生成
ch	化学	g	表压力
D	扩散		

H	热源	Q	热量
h	焓，高发热值	R	反应物
in	进口	re	可逆
L	损失	S	轴
l	低发热值	U	内能
max	最大	v	真空度
out	出口	W	功
P	生成物，压缩机或泵	0	环境

参考文献

［1］ 赵冠春，钱立伦. 㶲分析及其应用. 北京：高等教育出版社，1984.

［2］ Kotas T J. The Exergy Method of Thermal Plant Analysis. Butterworths，1985.

［3］ Szargut J，et al. Exergy Analysis of Thermal，Chemical and Metallurgical Processes. Hemisphere Publishing Corporation，1988.

［4］ Ahem J E. The Exergy Method of Energy Systems Analysis. John Wiley & Sons，Inc.，1980.

［5］ 刘桂玉，刘志刚，阴建民等. 工程热力学. 北京：高等教育出版社，1998.

［6］ 苏长荪. 高等工程热力学. 北京：高等教育出版社，1987.

［7］ 陈文威，李沪萍. 热力学分析与节能. 北京：科学出版社，1999.

［8］ 宋之平，王加璇. 节能原理. 北京：水利电力出版社，1985.

［9］ 党洁修，涂敏端. 化工节能基础—过程热力学分析. 成都：成都科技大学出版社，1987.

［10］ 骆赞椿，徐汛. 化工节能热力学原理. 北京：烃加工出版社，1990.

［11］ Gyftopoulos E P. Industrial Energy-Conservation Manuals. MIT Press，1982.

［12］ 王东亮，冯霄，李广播，刘永健. 基于流程模拟的㶲计算方法及其应用. 计算机与应用化学，2012，29（9）：1069-1074.

［13］ 王东亮. 基于模块化集成的复杂化工过程综合与优化研究. 中国石油大学博士学位论文，2014.

［14］ 栗保国. 己内酰胺装置蒸汽系统优化研究. 西安交通大学硕士学位论文，2004.

［15］ Xiao Feng，Zhu X X，Zheng J P. A Practical Exergy Method for System Analysis. Washington，D. C.：Intersociety Energy Conversion Engineering Conference，1996，8. 9.

［16］ Haywood R W. Analysis of Engineering Cycles. 4th Edition，Pergamon Press，1991.

［17］ Gaggioli R A. Wepter W J. Exergy Economics. Energy，1980，（5）：823-837.

［18］ El-sayed Y M，Evans R B. Thermoeconomics and the Design of Heat Systems. J. of Engineering for Power，1970，92（1）：27-35.

［19］ Feng Xiao，Qian Lilun，Su Changsun. Applying the Principles of Thermoeconomics to the Organic Rankine Cycle for Low Temperature Waste Heat Recovery，Thermodynamic Analysis and Improvement of Energy Systems，International Academic Publishers；Pergamon Press，1989.

［20］ 冯霄，钱立伦，苏长荪. 低温余热动力回收系统余热流换热器蒸发温度的优化. 工程热物理学报，1985，6（2）：121-124.

［21］ Curzon F L，Ahlborn B. Efficiency of a Carnot Engine at Maximum Power Output. Am J Physics，1975，43（1）：22-24.

［22］ 傅秦生，吴沛宜. 卡诺热机最佳温差的有限时间热力学分析. 西安交通大学学报，1993，27（1）：21-27.

［23］ Szargut J，Morris D R. Cumulative exergy consumption and cumulative degree of perfection of chemical process. Int J Energ Res，1987，11（2）：245-261.

［24］ Xiao Feng，Guohui Zhong，Ping Zhu，Zhaolin Gu，Cumulative Exergy Analysis of Heat Exchangers Production and Heat Exchange Processes. Energy and Fuels，2004，18（4）：1194-1198.

［25］ 朱平，冯霄. 积累㶲优化理论及换热过程的积累㶲优化. 西安交通大学学报，2003，37（5）：504-507.

［26］ P. Zhu and X. Feng. Allocation of cumulative exergy in multiple product separation processes. Energy，2007，32（2）：137-142.

［27］ Yunxia Lei，Xiao Feng，Shuling Min. Parameters optimization of hydrogen production from glucose gasified in supercritical water by equivalent cumulative exergy analysis. Applied Thermal Engineering，2007，27（13）：2324-2331.

［28］ Howard T. Odum. Environmental Accounting：Energy and Environmental Decision Making. John Wiley & Sons，Inc，1996.

［29］ Kai Cao，Xiao Feng，Distribution of Energy Indices and Its Application. Energy & Fuels，2007，21（3）：1717-1723.

［30］ Dai Yuli and Feng Xiao Energy Analysis for Heating Systems. Proc. of ISHTEE2003，Guangzhou，2003.

［31］ Kai Cao and Xiao Feng. The energy analysis of multi-product systems，Process Safety and Environmental Protection，2007，85（B5）：494-500.

［32］ Y. Wang and X. Feng. Exergy Analysis Involving Resource Utilization and Environmental Influence，Computers and Chemical Engineering，2000，24，1243-1246.

［33］ 王彦峰，冯霄. 综合考虑资源利用与环境影响的㶲分析方法应用. 中国科学 B，2001，31（1）.

第 **3** 章

化工单元过程与设备的节能

3.1 流体流动及流体输送机械

3.1.1 流体流动

流体流过管道和设备,由于克服沿程阻力和局部阻力,引起㶲损失。化工厂消耗的动力大多直接用于弥补这项损耗,如泵、风机、压缩机等。如果流动过程中温度和密度均无太大的变化,则由于流体流动阻力所引起的㶲损失为

$$e_1 = -v\Delta p \times T_0/T \tag{3-1}$$

即㶲损失与压力降成正比,与流体的绝对温度成反比。因此,对于同样的压差,流体温度越低其㶲损失越大,在高温输送物料时,要注意保温;在低温输送物料时,尤其更要注意保冷。

要减少流体流动的㶲损失,就要尽可能减少流动过程的压力降。流动过程的压力降是由局部阻力损失和沿程阻力损失导致。要减少局部阻力损失,就要求尽可能减少管道上的弯头和缩扩变化,减少阀门等管件的数量。要减少沿程阻力损失,可以适当加大管径(即减小流速)以减少阻力等。

我们知道,压力降大体与流速成平方关系,故㶲损失亦与流速的平方成正比。降低流速,㶲损失随之下降。但另一方面,在输送量一定的条件下,降低流速意味着加大管径,这将使设备费用增加,而且对传热传质过程也产生影响。要解决好能耗减少与投资增大的矛盾,必须合理选择经济流速,求取最佳管径。

另外,近年来,为了减少流体流动过程的不可逆损耗,采用添加减阻剂的研究和应用,也受到人们的重视。

3.1.2 流体机械

化工厂中使用着大量的泵、鼓风机、压缩机等流体机械,化学工业电能消耗量中的大部分都是用于驱动这些流体机械。

作为流体机械节能的措施,提高流体机械本身的性能无疑是必要的。但是,在改善流体

机械的效率、提高其可靠性和扩大其高效率稳定运转范围等方面已付出了巨大的努力，不能期望今后在性能上有大的突破。

另一方面，流体机械的运行方面，却存在较大的节能潜力。现状是：流体机械制造时按充分满足额定性能进行设计，使用者在选用时考虑管路阻力、流量变化等又留有余地，结果采用了大容量设备，运行中用关小调节阀来调节流量，造成了不必要的损失。

因此，化工企业可以考虑通过以下途径达到流体机械的节能：①选用合适的流体机械；②合理选择流量调节方法。

3.1.2.1　选用合适的流体机械

流体机械不是单独存在，而是系统的一部分，因此，在选用流体机械时，一定要使流体机械与系统之间很好匹配。

以离心泵为例，图 3-1 为离心泵特性曲线，从其效率曲线（η-Q）可见，随流量 Q 的变化，效率 η 有一最高点，称为设计点。离心泵铭牌上所标明的流量、压头 H、功率 N_c 等参数，就是对应该最高效率的参数。

当离心泵安装在一定的管路上时，其所提供的压头与流量必须与管路所需要的压头和流量一致，因此，离心泵的实际工作情况由泵的特性和管路特性共同决定。将离心泵的特性曲线II与管路特性曲线I绘在一张图上，如图 3-2 所示，则两曲线的交点 M 就是离心泵的工作点。在设计时选用泵的时候，工作点 M 应该在离心泵的高效率区域内。由于管路输送条件不同，一般离心泵不可能正好在最佳工况点运行，应使其工作区处于最高效率点的 92% 左右。

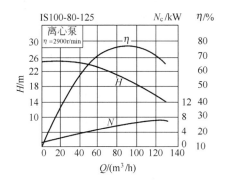

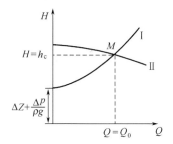

图 3-1　IS100-80-125 离心泵特性曲线　　　　图 3-2　离心泵工作点

目前在选用流体机械时，有人不是依据正常流量而是依据最大流量来选择，同时为了留有余量，再放大一个系数，以至造成"大马拉小车"的局面，使流体机械长期在低效率区运行，浪费了能量，应该避免这种情况。

3.1.2.2　选择合适的流量调节方式

通常在生产运行时，由于季节、市场、原料等的变化，要输送的流体流量会发生变化。此时，不同的流量调节方式，有不同的能量性能。

流量的调节通常可以通过两种途径实现：①改变管路特性曲线；②改变流体机械的特性曲线。下面以离心泵为例，进行分析。

管路特性曲线的改变一般通过调节阀门的开度实现，如图 3-3 所示。设某离心泵的实际压头为 H_A，管路损失为 h_1，装置在泵特性曲线 H 和管路特性曲线 R 的交点 A（Q_n，H_A）处运转。现在，为把流量调节成 Q_1，关小排出阀，阀门损失为 h_V，则管路曲线变陡，变成

R'，工作点变为 B (Q_1, H_B)。可见采用阀门调节流量方法简单，流量可以连续变化，但能量损失较大。

改变离心泵特性曲线的主要方法有：改变转速、切削叶轮直径以及采用泵的串联或并联。

图 3-4 给出了采用转速调节时的情形。如果用转速调节法将流量从 Q_n 调节到 Q_1，此时管路特性曲线 R 不变，而转速从 n 降到 n'，泵特性曲线变为 H'，工作点由 A 移到 C。在转速变化小于 20％时，可近似认为叶轮出口的速度三角形、泵的效率等基本不变，根据相似法则，离心泵的流量与转速成正比，轴功率与转速的立方成正比，即

$$Q' = (n'/n)Q \tag{3-2}$$

$$H' = (n'/n)^2 H \tag{3-3}$$

$$N' = (n'/n)^3 N \tag{3-4}$$

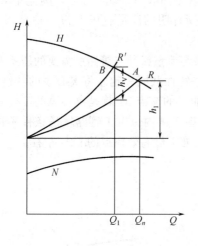

图 3-3　阀门调节

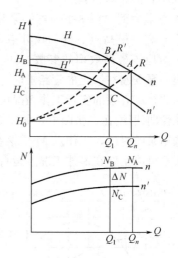

图 3-4　转速调节

因此，用转速调节法，轴功率由 N_A 减少到 N_C，而用排出阀调节时轴功率变为 N_B，用转速法节省的功率为

$$\Delta N \approx \rho g Q_1 (H_B - H_C) \tag{3-5}$$

根据所要求的流量与泵额定流量的比值，按式(3-2)进行变速，是有效的节能措施。另外，在需要稍稍超过额定值的情况下，采用增加转速的方法也比设置大容量泵有利。

离心式鼓风机和压缩机具有与离心泵类似的压力-风量特性，但因工作流体是气体，故在小风量区域存在有发生喘振现象的极限风量，在低速下由于雷诺数减小而压力下降，在高速下由于马赫数增加而发生壅塞现象，压力急剧下降，效率也降低。

转速调节可采用变频装置。变频调速适用于同步机和异步机，具有调速范围广、平滑、工作相对稳定性好、操作方便等优点。

此外，加工离心泵叶轮外径 D_2 也可收到类似的效果，但这种方法调节很不方便，只有在调节幅度大、时间又长的季节性调节中才使用。

采用何种流量调节方式，不仅要看调节方式的能量特性，还要看其经济性，因此应根据流量变化的情况来决定流量调节方式。由于变频装置费用较高，因此一定要用于负荷变化频繁且负荷变化大的场合，才能体现出节能效果。对于调节幅度大、时间长的季节性调节，可以在不同的季节采用不同的泵。而对于负荷变化频繁但负荷变化不大的场合，可仍采用阀门调节。

3.2　换热

3.2.1　换热过程

在化工生产中，换热过程是最重要的单元操作之一，而换热造成的㶲损失占石油化工生产总㶲损失的 10% 以上。

为了分析造成换热过程㶲损失的原因，我们来分析逆流换热器的㶲损失情况。图 3-5 为逆流换热器的一个微元体积。为简化起见，假定换热器壁绝热良好，散热损失略去不计，动能变化与位能变化均不考虑。在稳流条件下，根据热力学第一定律，换热量为

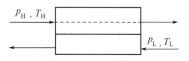

图 3-5　逆流换热器微元体积

$$\delta Q = dH_L = -dH_H \tag{3-6}$$

式中，dH 为流体焓变；下角标 L 表示冷流体；下角标 H 表示热流体。

该微元过程的㶲损失为

$$dE_1 = T_0(dS_H + dS_L) \tag{3-7}$$

根据热力学基本关系式，$dH = TdS + Vdp$，即

$$T_H dS_H = dH_H - V_H dp_H \tag{3-8}$$

$$T_L dS_L = dH_L - V_L dp_L \tag{3-9}$$

所以 $dE_1 = T_0[(dH_H - V_H dp_H)/T_H - (dH_L - V_L dp_L)/T_L]$

$$= T_0[(dH_H/T_H + dH_L/T_L) -$$

$$(V_H dp_H/T_H + V_L dp_L/T_L)] \tag{3-10}$$

由式(3-6)，得

$$dE_1 = T_0[(T_H - T_L)\delta Q/(T_H T_L) - (V_H dp_H/T_H + V_L dp_L/T_L)] \tag{3-11}$$

分析上式可知，由于 $T_H > T_L$，δQ 为正，故式(3-11) 右面第一项恒为正；又因流体在换热器内流动时，压力总是沿流动方向降低，故 dp_H 和 dp_L 为负，从而式(3-11) 右面第二项亦恒为正。所以 dE_1 永远大于零，即换热过程中㶲损失是不可避免的。从式(3-11) 中还可以看到，换热过程㶲损失的原因主要有二：一是由于温差传热引起的传热㶲损失，对应式(3-11) 中右面第一项；二是流动阻力引起的㶲损失，对应式(3-11) 中右面第二项。因此，要减少换热过程的㶲损失，就要从这两个方面着手。

上一节我们已讨论过流动阻力所引起的㶲损失，本节着重讨论传热温差所引起的㶲损失。忽略流体压降时，传热㶲损失为

$$dE_1 = T_0(T_H - T_L)/(T_H T_L)\delta Q \tag{3-12}$$

可见，传递单位热量的㶲损失，不仅取决于冷热流体的温差，而且取决于冷热流体温度的乘积。因此，要减少传热㶲损失，首先要设法减小传热温差；此外，不同温位下的传热应取不同的传热温差。例如，对于同样的传热量和同样的传热温差，50K 级换热器的㶲损失将为 500K 级换热器的 100 倍。所以，高温换热时温差可以大一些，以减少换热面积，而在低温工程中，要采用较小的传热温差，以减少㶲损失。深冷工业换热设备的温差有时只有 1~2K，就是这个缘故。

减小传热温差，可以通过尽量采用逆流换热、增大传热面积、强化传热以提高传热系数来获得。但增大传热面积，使换热器的投资费用增加，同时也使摩擦损耗增大。增加流体的流速可以提高换热器内流体对流传热的给热系数，给热系数大致与流速的 0.8 次方成正比，

但同时流动阻力将随流速的 1.75 次方的关系迅速增加，动力消耗所需的运行费用也将按同样的比例关系增加。因此，在换热器的优化设计中，要兼顾传热与流动损失，兼顾节能与投资，慎重进行技术经济比较。

传热温差是导致化工生产㶲损失的一个重要原因。即使热能在数量上完全回收，但热能品质的降低最终仍导致全厂能耗的增加。一些传统的提高设备传热能力的方法如加大温差，传统的调节温度手段如冷热流混合（冷激）、部分流体旁路（冷副线），都会造成㶲损失增加，因而有很大改进余地。

对于由多个换热器所组成的换热系统的节能，我们将在第 4 章讨论。

3.2.2　设备和管道的保温

当在与环境温度不相等的条件下运行时，设备和管道将向环境散热（冷），且温度离环境温度越远，这种散热（冷）所造成的㶲损失越大。据分析，不保温的蒸汽管道的散热损失是保温管道的 9 倍。因此，设备和管道的保温，也是十分重要的节能措施。

热物体表面的散热损失可用下列公式计算。

（1）管道

每米管长的散热损失为

$$q_1 = k_1(t_1 - t_2) \quad \text{kJ/(m·h)} \tag{3-13}$$

式中，t_1、t_2 分别为管道中流动介质的温度和周围空气的温度，℃；k_1 为每米管长传热系数，kJ/(m·h·℃)，用下式计算：

$$1/k_1 = 1/(\alpha_1 \pi d_0) + \ln(d_1/d_0)/(2\pi\lambda) + \ln(d_2/d_1)/(2\pi\lambda_保) +$$
$$\ln(d_3/d_2)/(2\pi\lambda_护) + 1/(\alpha_2 \pi d_3) \tag{3-14}$$

式中，α_1、α_2 分别为管内流体到管内壁、管道外表面到空气的传热系数，kJ/(m²·h·℃)，其中 α_2 可用下式估算

$$\alpha_2 = 41.86 + 25.12\sqrt{\omega} \tag{3-15}$$

式中，ω 为管道附近空气的流动速度，m/s；λ、$\lambda_保$、$\lambda_护$ 分别为钢管、保温层材料、保护层材料的热导率，kJ/(m·h·℃)；d_0、d_1、d_2、d_3 分别为钢管内径、钢管外径、有保温层时的管道外径、有保护层时的管道外径，m。

（2）平面壁

每平方米平面壁的散热损失为

$$q_p = k_p(t_1 - t_2) \quad \text{kJ/(m}^2\text{·h)} \tag{3-16}$$

式中，平面壁的传热系数 k_p 为

$$1/k_p = 1/\alpha_1 + \delta_壁/\lambda + \delta_保/\lambda_保 + 1/\alpha_2 \tag{3-17}$$

式中，$\delta_壁$、$\delta_保$ 分别为壁和保温层的厚度，m。

保温层越厚，保温效果就越好，散热损失越小，但是花费的成本就越高。所以，并不是保温层越厚越好，而是应以全年通过保温层的热损失价值和全年保温投资的折旧费之和为最小，来求取保温层的经济厚度。

3.3　蒸发

蒸发操作是将含有不挥发性溶质的稀溶液加热至沸腾，使其中一部分溶剂汽化从而获得

浓缩的过程。化工生产中进行蒸发操作的主要目的是：①获得浓缩的溶液作为产品或半成品，以利于储运或加工利用；②借蒸发以脱除溶剂，作为结晶等操作的前道工序；③脱除溶剂中的杂质，制取较纯的溶剂组分，如制取蒸馏水等。

图 3-6 为一典型的蒸发简化流程。料液经预热后加入蒸发器，浓缩至规定的溶液（称为完成液）从蒸发器底部排出；加热蒸汽（又称生蒸汽）在蒸发器内放出热量加热溶液，冷凝后由疏水器排出；汽化产生的溶剂蒸汽（称为二次蒸汽）在蒸发室及其顶部的除沫器中将其中挟带的液沫予以分离，如不再利用的话，就送往冷凝器冷凝。

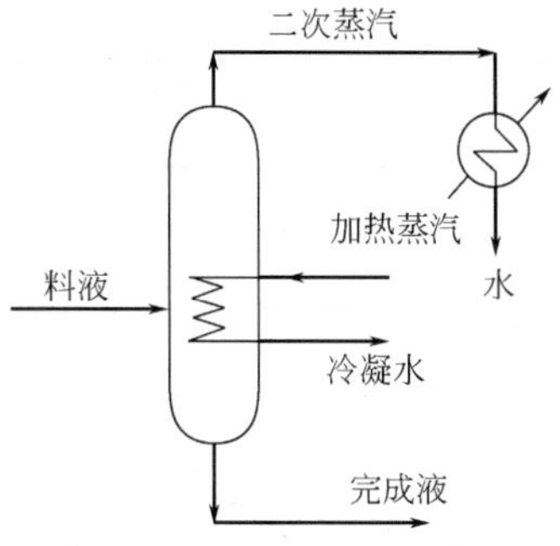

虽然蒸发是溶剂与溶质的分离过程，但过程的速率，即溶剂的汽化速率完全取决于传热，蒸发过程属于一侧为蒸汽冷凝、一侧为液体沸腾的传热过程。

图 3-6　蒸发简化流程

溶剂汽化需吸收大量汽化热，因此蒸发操作消耗大量的加热蒸汽，此项热量消耗构成了蒸发装置的主要操作费用，并在蒸发的产品成本中占很大比例。如何提高加热蒸汽的利用率，是蒸发操作所必须考虑的一个问题。

工业蒸发操作的热源通常为水蒸气，而蒸发的物料多为水溶液，蒸发时产生的蒸汽也是水蒸气。为了易于区别，将作为热源的水蒸气称为生蒸汽或加热蒸汽，将蒸发产生的蒸汽称为二次蒸汽。两者的区别是温位不同。导致蒸汽温位降低的主要原因有两个：

① 传热需要一定的温差作为推动力，所以汽化温度必低于加热蒸汽的温度；

② 在一定的压力下，溶质的存在造成溶液的沸点升高。

例如，以 120℃的饱和水蒸气作加热蒸汽，在常压下蒸发 NaOH 水溶液，当蒸发器内溶液浓度为 20% 时，溶液的沸点为 111℃。汽化的二次蒸汽刚离开液面时虽为 111℃ 的过热蒸汽，但因设备的热损失，此过热蒸汽很快即成为操作压力下的饱和蒸汽，故二次蒸汽的温度为 100℃。显然，与加热蒸汽比较，温位降低了 20℃，其中 9℃ 是传热推动力所需要，11℃ 是由于沸点升高所造成。

由此可知，蒸发操作是高温位的蒸汽向低温位转化，其既需要加热又需要冷却（冷凝）。较低温位的二次蒸汽的利用必在很大程度上决定了蒸发操作的经济性。此外，温度较高的冷凝液和完成液的余热，也应设法利用。

下面介绍蒸发过程的主要节能途径。

3.3.1　多效蒸发

如前所述，若将加热蒸汽通入一蒸发器，则溶液受热沸腾所产生的二次蒸汽的压力和温度必较原加热蒸汽的低。若将该二次蒸汽当作加热蒸汽，引入另一个蒸发器，只要后者的蒸发室压力和溶液沸点，均较原来蒸发器中的低，则引入的二次蒸汽仍能起到加热作用。此时第二个蒸发器的加热室便是第一个蒸发器的冷凝器，此即多效蒸发的原理。将多个蒸发器这样连接起来一同操作，即组成一个多效蒸发器。每一个蒸发器称为一效，通入生蒸汽的蒸发器，称为第一效；利用第一效的二次蒸汽作为加热蒸汽的，称为第二效；以此类推。由于各效（除最后一效外）的二次蒸汽都用作了下一效蒸发器的加热蒸汽，这就提高了生蒸汽的利用率，即蒸发同样数量的水 W，采用多效时所需要的生蒸汽量将远较单效时为小。

若第一效为沸点进料，并略去热损失、温度差损失和不同压力下蒸发潜热的差别，则理论上 1kg 的生蒸汽，在单效蒸发时可蒸发 1kg 的水，$D/W=1$；在双效蒸发时可蒸发 2kg 的水，$D/W=0.5$；在三效蒸发器中可蒸发 3kg 的水，$D/W=0.33$ 等。但实际上由于热损失、温度差损失等原因，单位蒸汽消耗量并不能达到如此经济的数值。根据经验，最小 D/W 的大致数值如表 3-1 所示。

表 3-1 蒸发 1kg 水所需的生蒸汽 D/W

效　数	单　效	双　效	三　效	四　效	五　效
D/W	1.1	0.57	0.4	0.3	0.27

若以单位生蒸汽所蒸发出的水分 W/D 为横坐标，多效蒸发相对于单效蒸发的节能率如图 3-7 所示，图中 $a \sim h$ 表示 $1 \sim 8$ 效。可见，随着效数的增多，节能率增大。

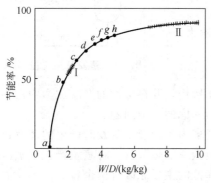

图 3-7 多效蒸发与热泵蒸发的节能率

由于多效蒸发可以节省生蒸汽用量，所以，在蒸发大量水分时，广泛采用多效蒸发。

采用多效蒸发可以节省生蒸汽的用量，但是这一生蒸汽利用率的提高是以降低其生产强度作为代价而取得的。人们很容易误认为多效蒸发器的生产能力是单效蒸发器的若干倍，这完全是误解。在相同的操作条件下，多效蒸发器的生产能力并不比传热面积与其中一个效相等的单效蒸发器的生产能力大。下面以三效蒸发器为例分析这一事实。

若忽略热损失和浓缩热效应，则蒸发器的生产能力可用单位时间内水分总蒸发量 W 来表示，也可用通过传热面的传热速率来表示。在三效蒸发器中，各效单位时间内所传热量，可按传热速率方程式表示如下

$$Q_1 = K_1 A_1 \Delta t_1$$
$$Q_2 = K_2 A_2 \Delta t_2$$
$$Q_3 = K_3 A_3 \Delta t_3$$

式中，K 为各效传热系数；A 为各效传热面积；Δt 为各效传热温差。

三效的总传热速率为

$$Q = Q_1 + Q_2 + Q_3 = K_1 A_1 \Delta t_1 + K_2 A_2 \Delta t_2 + K_3 A_3 \Delta t_3$$

为了便于阐明问题，假设各效的传热面积相等，即 $A_1 = A_2 = A_3 = A$；假设各效的总传热系数也相等，即 $K_1 = K_2 = K_3 = K$，则上式可改写为

$$Q = KA(\Delta t_1 + \Delta t_2 + \Delta t_3) = KA \Delta t_T$$

式中，Δt_T 为总传热温差，其值等于第一效加热蒸汽的温度与末效蒸发室压力下蒸汽的饱和温度之差。

现假设有一单效蒸发器，其操作条件与上述三效蒸发器的相同，并具有与一个效相同的传热面积 A，近似假定单效蒸发器的传热系数也等于 K，则此单效蒸发器的生产能力为

$$Q = KA \Delta t_T$$

可见，三效蒸发器的三个蒸发器（其总传热面积为 $3A$）的生产能力与单效蒸发的一个蒸发器（其传热面积为 A）的相同，因此单效蒸发器的蒸发强度（以 Q/A 表示）是三效蒸发器的三倍。当然，在上述分析中作了不少假定，因而是很粗略的。实际上，如果考虑沸点升高以及其他一些因素，多效蒸发器的生产能力反而比单效蒸发器的要小。

当生蒸汽和冷凝器压力已定时，蒸发装置的总传热温差 Δt_T 也随之而定。如采用多效蒸发，只是将此总温差按某种规律分配于各效而已。若效数增多，则总的有效温度差势必因

温度差损失的增加而减少。图 3-8 表示两端温度（生蒸汽温度与冷凝器温度）固定的条件下，单效蒸发与双效蒸发的温差情况。效数增加，各效的传热温差损失的总和也随之增加，致使有效传热温差减少，设备的生产强度下降。根据经验，每效分配到的温度差不应小于 5～7℃，以保证溶液维持在核态沸腾阶段。再者，随着效数的增加，D/W 不断减小，设备费用不断增加，而生蒸汽的降低率也慢慢减小。从图 3-7 中也可看出，节能率随效数的增

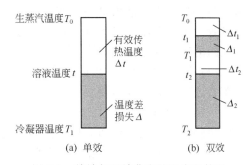

图 3-8　单效与双效蒸发的温度差情况

多而增大，但增大的幅度却越来越小，从五效以后，再增加效数，节能效果就不太明显了。例如，由单效改为双效时，生蒸汽的降低率约为 $(1.1-0.57)/1.1=50\%$；而由四效改为五效时，其降低率已低至 $(0.3-0.27)/0.3=10\%$。当再添一效蒸发器的设备费用不能与所省加热蒸汽的收益相抵时，就没有必要再增加效数。

基于上述理由，实际的多效蒸发设备，其效数不是很多的。目前，对于无机盐溶液，由于其沸点升高较大，通常采用 2～3 效；对糖和有机溶液的蒸发，其沸点上升较小，所用的效数可为 4～6 效；只有对海水淡化等极稀溶液的蒸发才用至 6 效以上。

多效蒸发中物料与二次蒸汽的流向可有多种组合，其中常用的有以下几种。

（1）并流加料

并流加料如图 3-9 所示，物料与二次蒸汽同方向相继通过各效。由于前效压力比后效高，料液可借此压力差自动地流向后一效而无需泵送，这是并流法的优点之一。其另一优点是前一效的溶液沸点较后一效的高，因此当溶液自前一效进入后一效时，即成过热状态而立即自行蒸发，可以产生更多的二次蒸汽。并流法的缺点是，由于后一效的溶液浓度较前一效的高，而温度又较低，黏度增加很大，因而总传热系数逐效下降，此种情况在最后一、二效中尤其严重。

（2）逆流加料

逆流加料如图 3-10 所示，此时料液与二次蒸汽流向相反，即料液从末效进入，用泵依

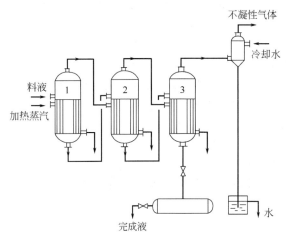

图 3-9　并流加料蒸发流程

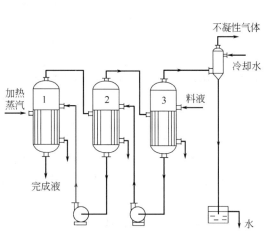

图 3-10　逆流加料蒸发流程

次送往前一效，完成液由第一效底部排出。逆流法的主要优点是溶液的浓度越大时温度也越高，各效的浓度和温度对黏度的影响大致抵消，使各效的传热系数也大致相等。逆流法的缺点是效间溶液需用泵输送，动力消耗较大；同时由于各效的进料温度均低于沸点（末效除外），故与并流法相比，产生的二次蒸汽较少，此外，由于前一、二效溶液温度高时浓度也高，不宜处理热敏性物料。

（3）错流加料

此法的特点是在各效间兼用并流和逆流加料法，例如在三效蒸发设备中，溶液的流向可为 3→1→2 或 2→3→1。故错流法采取了以上两法的优点，但操作比较复杂。

（4）平流加料

平流加料如图 3-11 所示，此时二次蒸汽多次利用，而料液在各效单独进出。此法适用于在蒸发过程中同时有结晶体析出的场合。例如食盐溶液，当蒸发至 27％ 左右的浓度时即达饱和，若继续蒸发，就有结晶析出，此项结晶体不便在效与效之间输送，故可采用此种流程将含结晶的浓溶液自各效分别取出。

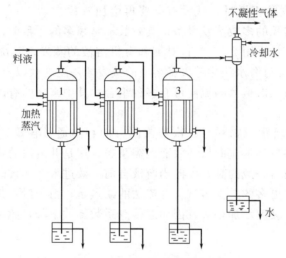

图 3-11　平流加料蒸发流程

在多效蒸发的设计计算中，一般已知参数有：进料量及其浓度和温度，第一效加热蒸汽温度（或压力），冷凝器中饱和蒸汽温度（或末效蒸发室压力），完成液浓度，各效的总传热系数以及溶液的物理性质等。而未知量有：各效溶剂蒸发量，第一效加热蒸汽消耗量，各效（除末效外）溶液的沸点，各效所需的传热面积等。计算的基本方程为物料衡算式、热量衡算式、传热速率式及物性函数式。因此，缺少 $(n-1)$ 个条件，n 为效数。为便于设备制造、安装和维修，目前传统的做法是采用各效传热面积均相等的蒸发器，即 $A_1 = A_2 = \cdots = A_n$，这就给出了 $(n-1)$ 个方程，使问题可以求解。

但从节能的观点看，等面积法设计并不好。目前采用年总费用最小［补充的方程为总费用对 $(n-1)$ 个面积的偏导数为零］或各效传热量相等（补充的方程为 $Q_1 = Q_2 = \cdots = Q_n$）等非等面积方法的研究，都表明其在节能和经济效益两方面优于等面积法设计。

3.3.2　额外蒸汽的引出

在单效蒸发中，若能将二次蒸汽移至其他加热设备内作为热源加以利用，则对蒸发装置来说，能量消耗已降至最低限度，只是将生蒸汽转变为温位较低的二次蒸汽而已。同理，对多效蒸发，如能将末效蒸发器的二次蒸汽有效地利用，也可大大提高生蒸汽的利用率。实际上多效蒸发的末效多处于负压操作，二次蒸汽的温度过低而难以再次利用。但是，可以在前几效蒸发器中引出部分二次蒸汽移作他用，如图 3-12 所示。

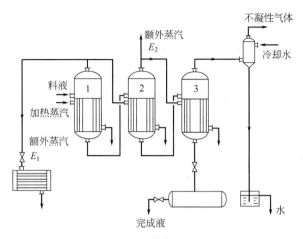

图 3-12　额外蒸汽的引出

必须注意，若在某一效（第 i 效）中引出数量为 E_i 的额外蒸汽，在相同的蒸发任务下，必然要向第一效多供应一部分生蒸汽。如果此生蒸汽的补加量与额外蒸汽引出量相等，则额外蒸汽的引出并无经济收益。然而，从第 i 效引出的额外蒸汽实际上在前几效已反复地被作为加热蒸汽利用，因此，补加蒸汽量必较额外蒸汽引出量为少。

为了讨论问题方便起见，我们不考虑不同压力下蒸发潜热的差别、自蒸发的影响和热损失等因素，并假定沸点进料，则可认为 1kg 加热蒸汽能蒸发 1kg 水。以三效蒸发器为例，可推出下列近似关系

$$W_1 = D$$

$$W_2 = W_1 - E_1 = D - E_1$$

$$W_3 = W_2 - E_2 = D - E_1 - E_2$$

水的总蒸发量

$$W = W_1 + W_2 + W_3 = 3D - 2E_1 - E_2$$

或

$$D = W/3 + 2E_1/3 + E_2/3$$

推广至 n 效则有

$$D = W/n + (n-1)E_1/n + (n-2)E_2/n + \cdots + E_{n-1}/n \qquad (3-18)$$

从式(3-18) 可以看出，从多效蒸发设备中，每抽出 1kg 二次蒸汽作为额外蒸汽时，所增加的生蒸汽量低于 1kg，而且越从后几效取出额外蒸汽，增加的生蒸汽消耗量越少。

在一定的蒸发任务下，因总蒸发水量已被规定，当引出额外蒸汽时，蒸发装置的 D/W 会有所增加，但整个过程的生蒸汽利用率却是提高的。因此，只要二次蒸汽的温位能满足其他加热设备的需要，引出额外蒸汽是有利的，而且引出额外蒸汽的效数越往后移，生蒸汽的利用率越高。

3.3.3 二次蒸汽的再压缩

在单效蒸发中，可将二次蒸汽绝热压缩，然后将其送入蒸发器的加热室。二次蒸汽经压缩后温度升高，与器内沸腾液体形成足够的传热温差，故可重新作加热蒸汽用。这样，只需补充一定的能量，便可利用二次蒸汽的大量潜热。

二次蒸汽再压缩的方法有两种：机械压缩和蒸汽动力压缩。

3.3.3.1 机械压缩

如图 3-13 所示，由蒸发室产生的二次蒸汽被压缩机吸出，在压缩机（通常用轴流式或离心式压缩机）内被压缩，其温度提高至所需的加热蒸汽的温度。出压缩机后，蒸汽进入加热室，并在该处冷凝，将热传给沸腾的溶液。冷凝水从加热室经冷凝水排出器排出。

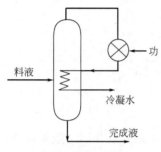

图 3-13　机械式热泵蒸发

机械压缩式热泵蒸发，由于利用了二次蒸汽的潜热，能量利用率非常高。在计算能量利用率时，将所耗的功折合成同样能量含量的蒸汽。图 3-7 中阴影线部分 I 表示机械式热泵蒸发，其节能率视传热温差不同而不同，但均超过十几效的多效蒸发。

但是，多效蒸发消耗的是蒸汽（燃料），而机械压缩式热泵消耗的是电能。当比较使用不同能源为动力的系统时，采用一次能源利用系数更为合理。定义一次能源利用系数为

$$PER = Wr\eta / EN \tag{3-19}$$

式中，W 为蒸发的水量；r 为蒸发压力下水的汽化潜热；η 为一次能源转化为所用能源的效率；EN 为蒸发过程实际消耗的能量。

取单效蒸发时的 PER 为 1，一次能源转化为电能的效率为 0.33，则多效蒸发与热泵蒸发的一次能源利用系数如图 3-14 所示。机械压缩式热泵蒸发的一次能源利用系数随传热温差的不同变化很大，但经优化设计的机械压缩式热泵蒸发，其一次能源利用率仍高于八效蒸发。此外，机械压缩式热泵蒸发，除了开工时外，不需另行供给加热蒸汽，故在缺水地区、船舶上尤为适用。

在经济效益方面，由于压缩机的投资费用较大，而且消耗的是电能，因此电热比价和压缩机的压比是决定其经济效益的关键因素。蒸发器的传热温差越大，蒸发器的传热面积亦即其投资就越小，但压缩机的压比就越大，这意味着压缩机的耗功量和投资费越大，所以应根据总费用最小来确定蒸发器的最佳传热温差。在溶液中，由于溶质的存在，造成溶液的沸点升高，压缩机的压比将随沸点的升高而增大。我国的电热比价又偏高，所以目前机械压缩式热泵蒸发只适用于那些沸点升高不大的溶液的浓

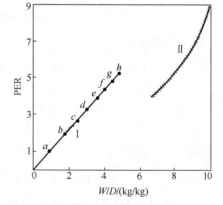

图 3-14　多效蒸发与热泵蒸发的
一次能源利用系数

缩。在我国目前的电热比价下，经优化设计的机械压缩式热泵蒸发系统，其年度总成本介于三效到四效之间。

压缩机所需压缩功的计算式为

$$N = W(h_2 - h_1) \tag{3-20}$$

式中，W 为蒸发量，kg/s；h_1 为操作压力下的饱和蒸汽焓，kJ/kg；h_2 为压缩机出口焓，kJ/kg。

h_2 的确定方法为：先求出等熵压缩过程终了的焓 h_{2S}，即由压缩终了压力（所需加热蒸汽压力）p_2 和操作压力下饱和蒸汽熵 s_1 求出 h_{2S}，然后

$$h_2 = h_1 + (h_{2S} - h_1)/\eta_C \tag{3-21}$$

式中，η_C 为压缩机绝热效率。

这样得到的加热蒸汽为过热蒸汽。有时生产中要求用饱和蒸汽，此时可在该过热蒸汽中注水而得到饱和蒸汽，注水量 W' 用热平衡式求得

$$Wh_2 + W'h' = (W + W')h_3 \tag{3-22}$$

式中，h' 为所注水的焓；h_3 为 p_2 下的饱和蒸汽焓。

3.3.3.2 蒸汽动力压缩

蒸汽动力压缩方式如图 3-15 所示，在此种方式中，使用蒸汽喷射泵，用少量高压蒸汽为动力将部分二次蒸汽压缩并混合后一起进入加热室作加热蒸汽用。喷射泵的工作原理是：高压蒸汽进入喷射泵的喷嘴，加速减压，在二次蒸汽吸入口处形成低压，将二次蒸汽吸入、混合，然后一起进入喷射泵的扩压管，减速加压，在所需的加热蒸汽压力下出喷射泵，进入加热室作加热剂。

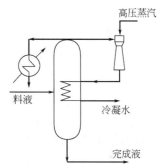

图 3-15 蒸汽动力压缩
方式热泵蒸发

与机械压缩式相比，蒸汽动力式的能量利用率较低，其节能率介于二效和三效之间，如图 3-7 中阴影线部分 Ⅱ 所示。但因其本身结构简单，费用低廉，消耗蒸汽而不耗电，可以在投资较少的前提下取得较大的节能效果和经济效益，因而很受一些企业的欢迎。与多效蒸发相比，其经济效益也介于二效与三效之间。

喷射泵的高压工作蒸汽量 D 由喷射系数 u 确定

$$D = m/(1 + u) \tag{3-23}$$

式中，m 为所需加热蒸汽量。所以喷射系数是指单位工作蒸汽所能引射的二次蒸汽量，由下式估算，

$$u = 0.765\sqrt{(h_2 - h_3)/(h_4 - h_5)} - 1 \tag{3-24}$$

式中，h_2 为喷射泵工作蒸汽的焓；h_3 为喷射泵喷嘴出口蒸汽的理论焓；h_4 为喷射泵扩压管出口混合蒸汽的理论焓；h_5 为扩压管入口混合蒸汽的实际焓。

喷射泵的喷射系数不仅取决于各蒸汽的参数，而且取决于喷射泵的加工精度等。因此式（3-24）所算出的值只是一个估算值，其真实的值应由制造厂家提供。

喷射泵的热量衡算式为

$$mh = m_1 h_1 + Dh_2 \tag{3-25}$$

式中，h 为喷射泵出口处混合蒸汽的实际焓；m_1 为被引射的二次蒸汽量；h_1 为二次蒸汽的焓，为操作压力下的饱和蒸汽焓。

从式（3-25）中可得被引射的二次蒸汽量为

$$m_1 = (h_2 - h)m/(h_2 - h_1) \tag{3-26}$$

二次蒸汽中只有一部分被利用，其余部分送往了冷凝器冷凝，这是喷射式热泵蒸发能量

利用率低的原因。因此，m_1 越高，能量利用率就越高。要提高 m_1，可通过两种方法。

（1）提高 h_2，即提高喷射泵工作蒸汽压力。计算表明，提高喷射泵工作蒸汽压力，可以使能量利用率和经济性都得到提高。但从喷射泵的设计要求上，工作蒸汽压力不能太高，否则工作蒸汽流量过小；再者，随工作蒸汽压力的提高，虽然被引射的二次蒸汽量增加，但增加的幅度越来越小，所以，工作蒸汽压力没有必要取得过高。工作蒸汽的经济压力范围为 $0.8\sim1.3\text{MPa}$。

（2）降低 h，即减少蒸发器的传热温差。蒸发器的传热温差越小，对热泵越有利，但蒸发器面积会增大，且为保证核态沸腾，蒸发器传热温差不能低于 $5\sim7\text{℃}$。所以存在最佳传热温差。

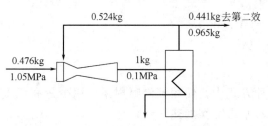

图 3-16 有喷射式热泵的多效蒸发

如果能够利用没有压缩的那部分二次蒸汽，则能量利用率就会大大提高。图 3-16 为一实例，利用没有压缩的那部分二次蒸汽又去作第二效的加热蒸汽。0.476kg、1.05MPa 的蒸汽进入喷射泵，将 0.524kg 的二次蒸汽吸入、压缩，在喷射器出口形成 1kg、0.1MPa 的蒸汽作为第一效的热源。料液在 82.2℃ 下蒸发，形成 0.965kg 的二次蒸汽，其中 0.524kg 被压缩，0.441kg 去第二效作热源。

这种流程中的第一效实际上取得双效蒸发的效果：仅用 0.476kg 的生蒸汽就能产生 0.965kg 的二次蒸汽。送到第二效的蒸汽只有 0.441kg。在第二以后各效中，每千克加热蒸汽产生的二次蒸汽量与没有喷射泵时相同。因此，喷射泵起到增加一效的作用。

具有喷射泵的三效蒸发，每千克压力为 1.14MPa（绝）的蒸汽可脱除 4.7kg 的水。同表 3-1 中数据比较，可见，具有喷射泵的三效蒸发介于普通的五效和六效蒸发之间。

还可以考虑将所有二次蒸汽都压缩后进行利用。例如图 3-17 所示的并列组合式热泵蒸发工艺，通过在原有的三效蒸发的基础上增加一级热泵效，可以取得明显的节能效果。

在这种并列组合式热泵蒸发工艺中，生蒸汽用来驱动蒸汽喷射式热泵，喷射泵引射热泵效的二次蒸汽，产生的加热蒸汽一部分给热泵效蒸发用，另一部分送往原第一效作加热蒸汽用。热泵效和第一效工作在相同的压力下。

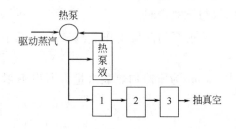

图 3-17 并列组合式热泵蒸发工艺

将该工艺用于烧碱溶液蒸发，蒸汽节省率为 22%。对年产 3 万吨的装置，投资费为 130 万～210 万元，按蒸汽价格 90 元/t 计，每年可节省蒸汽费 153 万元。

3.3.4　冷凝水热量的利用

在考虑蒸发过程的节能时，除了要考虑二次蒸汽的利用外，还应考虑冷凝水热量的利用。因为既然蒸发装置消耗了大量的加热蒸汽，必随之产生数量可观的冷凝水。

此冷凝液排出加热室后可直接利用其显热来预热料液，也可采用如图 3-18 所示的自蒸发方式回收潜热。

由于冷凝水的饱和温度随压力降低而降低，所以，若将前一效温度较高的冷凝水，减至

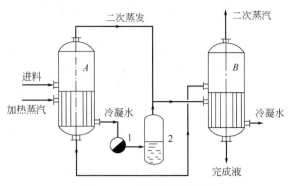

图 3-18　冷凝水自蒸发

下一效加热室的压力，则冷凝水在此过程中因过热而产生少量冷凝水自蒸发现象，汽化的蒸汽可与二次蒸汽一起作为下一效的加热蒸汽。

冷凝水自蒸发产生的蒸汽量和相邻两效加热室的压力有关，一般为加热蒸汽用量的 2.5% 左右。在操作中，由于少量的加热蒸汽难免会通过冷凝水排出器而泄漏，因此，采用冷凝水自蒸发的实际效果常比预计的还要大。

冷凝水自蒸发后剩余的较低压力下的饱和水，还可继续利用其显热预热料液。

3.4　精馏

精馏是分离互溶液体混合物的最常用的方法，也是化学工业中最大的耗能操作。液体均具有挥发而成为蒸气的能力，但各种液体的挥发性各不相同，精馏就是利用这一点使其分离。图 3-19 为常规精馏操作流程示意图。料液自塔的中部适当位置连续地加入塔内；塔底设有再沸器，加热塔底液体，使其蒸发产生上升蒸气，液体作为塔底产品连续排出；塔顶设有冷凝器，将塔顶蒸气冷凝为液体，一部分作为回流自塔内下降，其余作为塔顶产品连续排出。精馏塔内上升蒸气和下降液体逆流接触，自动进行着低沸点组分蒸发和高沸点组分冷凝这样的热交换过程。

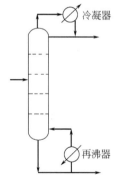

图 3-19　常规精馏流程

精馏塔的热量衡算式为

$$Q_S + Q_F = Q_D + Q_C + Q_W \qquad (3-27)$$

式中，Q_S 为再沸器的加热量；Q_F 为料液带进的热量；Q_D 为塔顶产品带出的热量；Q_C 为塔顶冷凝器中的冷却量；Q_W 为塔底产品带出的热量。

精馏塔的节能就是如何回收热量 Q_C、Q_D 和 Q_W，以及如何减少向塔内供应的热量 Q_S。

要考虑如何减少向塔内供应的热量，就需要了解精馏过程有哪些能量损失。精馏过程是一个不可逆过程，其中的㶲损失是由下列不可逆性引起的：①流体流动阻力造成的压力降；②不同温度物流间的传热或不同温度物流的混合；③相浓度不平衡物流间的传质，或不同浓度物流的混合。

图 3-20 是精馏过程常用的 y-x 图，图中平衡线和操作线之间所夹面积表明了塔内传热传质的不可逆程度（即不考虑流动阻力造成的压力降、不考虑再沸器和冷凝器的传热温差时精馏塔的不可逆损失），因此，操作线越靠近平衡线，精馏过程的不可逆损失就越小，精馏

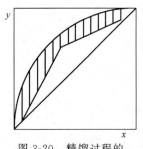

图 3-20　精馏过程的
不可逆损失

过程所需要的能量就越少。但操作线越靠近平衡线，所需塔板数就增加，使得投资增大。

压差、温差和浓度差均是相应过程的推动力。推动力越大，不可逆性也越大，㶲损失就越大。因此，减少㶲损失的关键在于减小推动力。但推动力又是实现精馏过程所不可缺少的，只有保持必要的推动力，精馏过程才得以进行。再者，实际过程是复杂的，各种因素会互相影响。例如，用增加塔板数的方法可以减小回流比而使传质㶲损失减少，但导致了压力降的增大而使流动㶲损失增加。又例如，通过增加塔径和降低塔板上的液位，可使压降减小，但可能导致投资增加以及板效率下降。因此，必须综合考虑这些因素，寻求切实可行的节能措施。

下面具体介绍单塔精馏操作的节能方法。塔系的节能将在下一章介绍。

3.4.1　预热进料

精馏塔的馏出液、侧线馏分和塔釜液在其相应组成的沸点下由塔内采出，作为产品或排出液，但在送往后道工序使用、产品储存或排弃处理之前常常需要冷却。利用这些液体所放热量对进料或其他工艺流股进行预热，是历来采用的简单节能方法之一。这种方法的一例如图 3-21 所示。

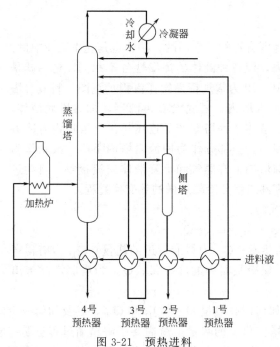

图 3-21　预热进料

利用精馏塔采出液热能预热进料，以较低温位的热能代替了再沸器所要求的高温位热能，无疑是低温位热能的有效利用方法。

对于比较容易分离的体系，在把进料一直加热到气相进料的情况下，与沸点液相进料相比，如果固定回流比不变，则情况如图 3-22 所示，精馏段操作线位置不变，提馏段操作线斜率增大，其位置向平衡线靠近，因此精馏操作过程㶲损失减少，再沸器加热量减少，但所需理论塔板数增多。如果固定再沸器的加热量不变，则塔顶冷却量必增大，回流比相应增大，所需塔板数将减少。如果固定塔板数不变，则回流比增大，装置的塔径和冷凝器增大，但再沸器的加热量减小。因此，料液的预热是有利的。但要指出的是，这种预热，应该是由余热来实现。如果仍采用同再沸热源相同的热源，塔内的㶲损失是减少了，但塔外预热器的㶲损失却相应增加，总体并未取得节能效果。

但对于难分离体系，馏出液中高沸点组分的含量会随进料液预热温度发生显著变化。此时，适当降低进料液预热温度，以增加再沸器加热量份额，对确保稳定运转，以及对节能，都是有利的。

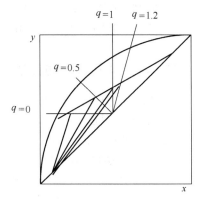

图 3-22　不同进料状态的操作线

3.4.2　塔釜液余热的利用

塔釜液的余热除了可以直接利用其显热预热进料外，还可将塔釜液的显热变为潜热来利用。

日东化学工业公司在丙烯腈精馏中采用了如图 3-23 所示流程来利用塔釜液余热。在该流程中，第 1 塔塔顶蒸出丙烯腈，塔釜液是含 0.5％左右乙腈的水溶液，送往第 2 塔汽提脱除乙腈，使排出废水中只含微量级（10^{-6}）的乙腈。将第 2 塔塔釜液减压，产生第 1 塔所需的加热蒸汽量，回收了第 2 塔塔釜液的余热。在这种情况下，第 2 塔需要加压操作，这使得第 2 塔的加热量增加。在第 2 塔塔顶用冷凝器发生蒸汽，回收塔顶蒸气余热。在这种流程下，每吨丙烯腈可节省 3～4t 蒸汽。

为了使该热量的温位达到所需的要求，还可用蒸汽喷射泵将其升压，如图 3-24 所示，由精馏塔底排出的塔釜液进入减压罐，该罐装有蒸汽喷射泵，以中压蒸汽为驱动力，把一部分塔釜液变为蒸汽并升压，用于其他用户。

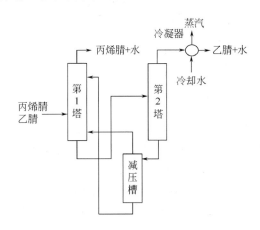

图 3-23　日东化学工业公司丙烯腈精馏流程

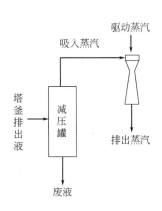

图 3-24　塔釜液余热利用

这种方式得到的转换蒸汽量取决于精馏塔塔釜液温度（操作压力），而蒸汽喷射泵的驱动蒸汽量和排出压力由喷射泵的特性决定。

为提高这种显热变为潜热系统的节能效果，设计上的要点为：

① 选择精馏塔操作压力；

② 因回收的蒸汽是低压蒸汽，要适当地加以利用；

③ 选择适合于所利用蒸汽压力特性的蒸汽喷射泵。

3.4.3 塔顶蒸气余热的回收利用

塔顶蒸气的冷凝热从量上讲是比较大的。例如炼油厂最大的冷却负荷就是移走常压塔顶的冷凝热，温度一般为88～104℃；其次是催化裂化装置精馏塔顶的冷凝热，温度为93～121℃。日加工原油3万桶的催化裂化装置的精馏塔顶冷凝热为$31.6×10^6$ kJ/h。

塔顶蒸气余热的回收利用方法有以下几种。

(1) 直接热利用　通常产生低压蒸汽。在高温精馏、加压精馏中，用蒸汽发生器代替冷凝器把塔顶蒸气冷凝，可以得到低压蒸汽，外供其他用户作热源。

(2) 余热制冷　采用吸收式制冷装置（例如溴化锂制冷机）产生冷量，通常产生高于0℃的冷量。

(3) 余热发电　用塔顶余热产生低压蒸汽驱动透平发电。例如日本东丽公司川崎化工厂，其最大的精馏塔是从混合二甲苯中分离邻二甲苯的精馏塔，直径7m，塔板120块，塔顶用空冷式冷凝器，大量塔顶排气的余热没有利用而放空，塔顶气体温度153℃，排热损失达$190×10^6$ kJ/h。该厂于1980年建成了使用低压蒸汽透平回收该精馏塔塔顶余热进行发电的系统，如图3-25所示。其中：

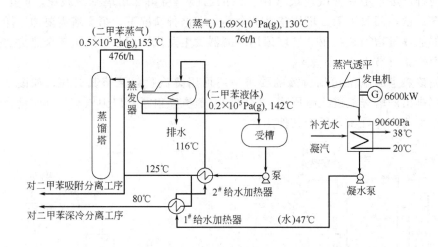

图 3-25　塔顶蒸气余热发电系统

二甲苯系统：精馏塔塔顶的二甲苯饱和蒸汽（153℃、0.05MPa表压）在蒸发器内冷凝到142℃，进入受槽。受槽保持0.02MPa的表压，经排气冷凝器与排气系统相通。出受槽的液态二甲苯，在$2^\#$给水加热器内冷却到125℃，一部分送入二甲苯吸附分离工序及作为回流馏分，另一部分经$1^\#$给水加热器冷却到80℃，然后进入二甲苯深冷分离工序。

水-蒸汽系统：出凝水泵的水，经$1^\#$和$2^\#$给水加热器升温到116℃，再进入蒸发器，成为0.17MPa表压的饱和蒸汽，因管道阻力造成压头损失，降压至0.13MPa表压进入透平。在透平内膨胀到0.091MPa，输出功率6600kW，最后经冷凝器冷凝。

这项节能改造共耗设备费用（包括土建工程费）11万日元/kW，每年增加收益7亿日元，投资回收期仅一年左右。

3.4.4　多效精馏

多效原理不只适用于蒸发过程，原则上凡所需温差小于实际热源与实际热阱之间温差的一切过程，均可应用这一原理。

同多效蒸发一样，对多效精馏，热量和过程物流也有并流［图 3-26(a) 和 (b)］、逆流［图 3-26(c)］或平流［图 3-26(d)］。但由于精馏过程可以是塔顶产品也可是塔底产品经各效精馏，多效流程有更多选择。图 3-26(a) 所示的串联并流装置是最常见的。此时，外界只向第 1 塔供热，塔 1 顶部气体的冷凝潜热供塔 2 塔底再沸用。在第 2 塔塔底处，其中间产品的沸点必然高于由第 1 塔塔顶引出的蒸气的露点。为了由第 1 塔向第 2 塔传热，第 1 塔必须工作在较高的压力下。

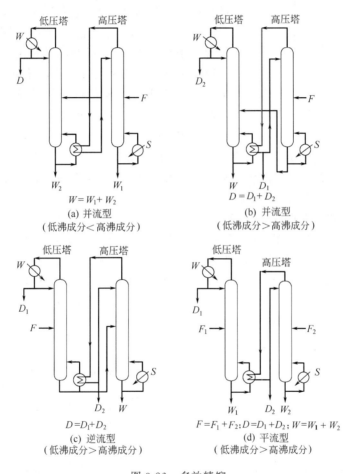

图 3-26　多效精馏

另外，从操作压力的组合，多效精馏各塔的压力有：①加压-常压；②加压-减压；③常压-减压；④减压-减压。

不论采用哪种多效方式，其两效精馏操作所需热量与单塔精馏相比较，都可以减少 30%～40%。

实际的多效精馏要受许多因素的影响。首先，效数要受投资的限制。即使是两效精馏，也使塔数成倍地增加，使设备费增高。效数增加又使热交换器传热温差减小，使传热面积增大，故热交换器的投资费也增加。初投资的增加与运行费用的降低两者相互矛盾，使装置规模受到限制。

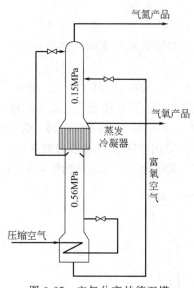

图 3-27 空气分离林德双塔

再者，效数受到操作条件的限制。第 1 塔中允许的最高压力和温度，受系统临界压力和温度、热源的最高温度以及热敏性物料的许可温度等的限制，而压力最低的塔通常受塔顶冷凝器冷却水的限制。

正因为这些限制，一般多效精馏的效数为二。当然，也有个别三效的，如日本化学机械制造公司对联氨-食盐-水体系脱水精馏就采用了三效方式。

空气分离成氮气和氧气的低温精馏一般就采用通常称为林德双塔的两效精馏，其流程如图 3-27 所示。低温压缩空气进入下塔盘管冷凝给热供下塔再沸，然后由下塔中部入塔进行精馏分离。塔中部的蒸发冷凝器既是下塔塔顶的冷凝器，又是上塔塔底的再沸器。下塔塔顶的精馏物是纯氮，上塔塔底的提馏物是纯氧。由于在相同压力下氧的沸腾温度高于氮的冷凝温度，因此欲将氮气冷凝给热供液氧蒸发，必须采用不同的压力。现下塔 0.56MPa，上塔 0.15MPa，使氮的冷凝温度高于氧的沸腾温度并有必要的传热温差（约 2.5℃）。此时，下塔塔底为不纯产品——富氧空气，它加入上塔进一步分离为纯氮、纯氧产品，上塔塔顶的回流由下塔塔顶提供，所以蒸发冷凝器还是上塔塔顶的冷凝器。

下面分析甲醇-水体系的二效精馏工艺。

图 3-18(a) 为常规的甲醇-水体系单塔流程。图 3-28(b) 为卢伊本（Luyben）等提出的甲醇-水体系平流加料二效精馏分离工艺，其操作条件见表 3-2。在二效工艺中，高压塔顶蒸气在低压塔再沸器中冷凝，部分甲醇冷凝液作为回流返回高压塔，其余部分作为产品采出。低压塔塔顶蒸气在冷凝器中冷凝，冷凝温度由冷凝器冷却水的温度和水量控制，高压塔的压力由低压塔再沸器产品采出量控制。

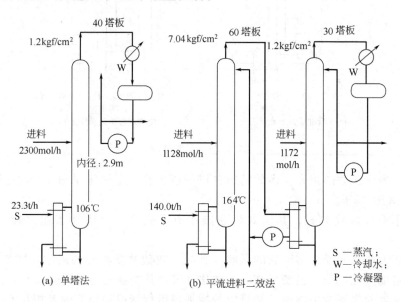

图 3-28 甲醇-水体系精馏工艺

表 3-2　甲醇-水体系精馏操作条件

项　　目	单塔系统	二塔系统	
		高压塔	低压塔
进料量/(mol/h)	2300	1128	1172
进料组成/(mol/L)	0.8	0.8	0.8
馏出量/(mol/h)	1841	903	903
馏出组成	0.999	0.999	0.999
塔釜液量/(mol/h)	459	225	234
塔釜液组成	0.001	0.001	0.001
操作压力(绝)/(kgf/cm²)	1.2	7.04	1.2
相对挥发度	7.5~2.7	3.5~1.9	7.5~2.7
塔板数	40	60	30
进料板	15	13	10
板间距/mm	610	610	610
板效率/%	75	75	75
塔径/m	2.9	1.52	2.13
回流比	0.9	1.5	1.01
再沸器面积/m²	148.7	86	316
再沸器温度/℃	106	164	106
冷凝器面积/m²	465		251
回流罐温度/℃	64.5	128.4	64.5
蒸汽消耗量/(kg/h)	23300	14000	
蒸汽压力(表)/(kgf/cm²)	3.5	21.1	
冷却水消耗量/(m³/h)	1060		580
冷却水温度差/℃	11.1		11.1

　　平流进料方式中高压塔、低压塔的进料分配可以自由选择，所以其优点是即使进料甲醇浓度低，工艺也能成立。但采用这种方式时，从两个塔底排出的都是水，即便是低压塔，塔底温度也高，而作为低压塔再沸器加热源的高压塔塔顶温度，从传热速率出发自然要求高温，使得高压塔必须在高压下操作，高压塔也就需要高压蒸汽为加热源。另外，当进料含有微量杂质时，高压塔的高操作温度容易引起杂质分解和变质。

　　为克服以上缺点，日本化学机械制造公司提出了甲醇-水体系的二效逆流精馏方式，其工艺流程和操作条件如图 3-29 所示。此时，只向低压塔进料，低压塔的塔釜液作为高压塔的进料，高

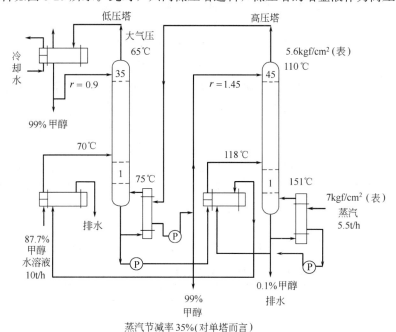

蒸汽节减率35%(对单塔而言)

图 3-29　甲醇-水体系二效逆流精馏

压塔完全用于脱甲醇。根据物料衡算，低压塔塔釜液的甲醇含量约为一半，因此，低压塔塔底温度比塔底组成基本为水时自然要低。这样，作为低压塔加热源的高压塔塔顶蒸气温度就可以降低，高压塔就可以在较低的压力下操作。相对单塔而言，这种流程的蒸汽节减率为 35%。

除空气低温精馏、甲醇-水体系外，双效精馏设计成本较低的分离体系还有丙烯-丙烷体系等。

精馏操作中热量的级联使用，还可广泛用于两个无关塔的能量耦合上。例如，在炼油厂中利用常压塔排出的热再沸脱丁烷塔。此时，常压塔中的变化可能造成脱丁烷塔中气相负荷的波动，而脱丁烷塔所需热量的变化也可能影响到常压塔的回流，所以要有相应的控制系统。

3.4.5 热泵精馏

热泵精馏类似于热泵蒸发，就是把塔顶蒸气加压升温，使其返回用作本身的再沸热源，回收其冷凝潜热。

由于塔顶和塔底的温度差是精馏分离的推动力，而且塔板压力损失也加剧了塔釜温度的上升。所以，把塔顶蒸气加压升温到塔底热源的水平，所需能量很大。因此，目前热泵精馏只用于沸点相近的组分的分离，其塔底和塔顶温差不大。

蒸气加压方式有两种：蒸气压缩机方式和蒸气喷射泵方式。

3.4.5.1 蒸气压缩机方式

蒸气压缩机方式热泵精馏在下述场合应用，可望取得良好效果：

① 塔顶和塔底温度接近的场合；

② 被分离物质的沸点接近，分离困难，回流比高，因此需要大量加热蒸气的场合；

③ 在低压运行时必须采用冷冻剂进行冷凝，为了使用冷却水或空气作冷凝介质，必须在较高塔压下分离某些易挥发性物质的场合。

考虑到冷凝和再沸器热负荷的平衡以及便于控制，在流程中往往设有附加冷却器或加热器。

蒸气压缩机方式又可分为三种形式：气体直接压缩式、单独工质循环式和闪蒸再沸流程。

（1）气体直接压缩式

气体直接压缩式是以塔顶气体作为工质的热泵，其流程如图 3-30 所示。塔顶气体经压缩升温后进入塔底再沸器，冷凝给热使釜液再沸，冷凝液经节流阀减压后，一部分作为产品采出，另一部分作为回流。

表 3-3 给出了高压精馏采用气体直接压缩式热泵精馏的例子，其中冷凝压力指压缩机出口压力。

下面介绍采用气体直接压缩式热泵精馏的丙烯-丙烷系统。1971 年美国联碳公司在加拿大蒙特利尔建设烯烃工厂时，设计了如图 3-31（a）所示的带有蒸气压缩机的丙烯-丙烷精馏工艺（一级蒸气压缩系统）。随后，该公司对工艺作了进一步的改进，采用了如图 3-31（b）所示的两级压缩法。

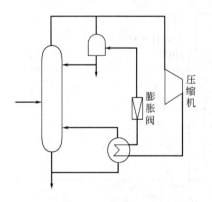

图 3-30　气体直接压缩式热泵精馏

表 3-3　采用气体直接压缩式热泵精馏体系

参　　数	丙烯-丙烷	丁烯-2-异丁烷	乙烯-乙烷
塔压(绝)/MPa	0.862	0.689	0.931
塔底温度/℃	23.9	68.4	-40
冷凝压力(绝)/MPa	1.28	1.24	1.96
再沸器温差/℃	5.55	5.55	4.43

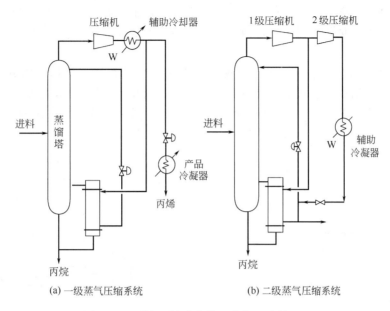

图 3-31　丙烯-丙烷分离塔顶蒸气压缩精馏法

在二级压缩系统中，塔顶蒸气在第一级压缩机中压缩到 1.37MPa，大部分去再沸器，小部分再由第二级压缩机进一步压缩到 1.86MPa，经辅助冷凝器用冷却水冷却。这样，与图 3-31(a) 中的一级压缩系统相比，其要将所有蒸气压缩到 1.86MPa，压缩机耗功大大较低。

丙烯-丙烷精馏塔传统设计是在塔压 2MPa 左右运行，以便能使用冷却水冷凝塔顶蒸气。但低压精馏能更有效地分离沸点接近的各组分，因此采用塔压低的热泵精馏无疑是很有利的。表 3-4 比较了二级压缩热泵精馏法和传统方法。

表 3-4　丙烯-丙烷系统热泵精馏法与传统方法的比较

项　　目	热泵精馏	传统设计
塔顶压力/MPa	0.79	1.86
塔顶温度/℃	15.6	52.8
热泵出口温度/℃	57.2	
塔底温度/℃	23.9	55.6
再沸器加热量/(kJ/h)	27.4×10^6	27.4×10^6
蒸汽消耗量/(kg/h)		6.55×10^6
热泵耗电量/kW	2050	
冷却水量/(m³/h)	204	568
公用工程费用/(×10³ 美元/a)	285	436
蒸汽费用/(×10³ 美元/a)		372
电费用/(×10³ 美元/a)	262	
冷却水费用/(×10³ 美元/a)	23	64
费用节省/(×10³ 美元/a)	151	

热泵精馏适于塔底和塔顶温差小的场合，但对像乙醇-水体系这样的大温差精馏，其 y-x 相图如图 3-32 所示，由于该体系为共沸混合物，在接近共沸组成的塔顶附近，相对挥发

度很小，要求回流比很大，需要的热量大，而温度差很小；而在塔中部，相对挥发度大，温度差较大，需要的热量要小得多。注意到这点，将精馏塔分割成上、下两部分，就可在上塔采用热泵精馏。

乙醇-水体系采用上述分割式热泵精馏的流程如图 3-33 所示。把精馏塔分割成上、下两部分，上塔类似于塔顶直接式热泵精馏（多了一个进料口）。从上塔塔顶出来的蒸气分成两部分，一部分进入压缩机后升压升温，作为上塔热源；另一部分蒸气进入辅助冷凝器。两股冷凝液在贮罐中缓冲后，一部分作为回流，另一部分作为馏出液。

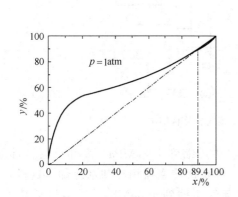

图 3-32 乙醇-水体系相图

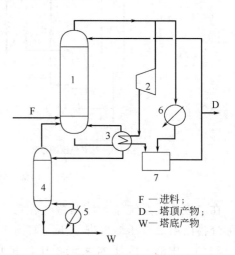

F —进料；
D —塔顶产物；
W —塔底产物

图 3-33 乙醇-水体系二塔分割式
热泵精馏流程
1—上塔；2—压缩机；3—上塔再沸器；
4—下塔；5—下塔再沸器；
6—辅助冷凝器；7—贮罐

下塔类似于常规精馏的提馏段，即蒸出塔，进料来自上塔的釜液，蒸气出料则进入上塔塔底。在上部塔和下部塔塔底分别加入热量，则上部塔的流量就增大，这就符合了像乙醇-水这样的体系的需要。而且，把塔分为两部分进行操作，上部塔塔顶和塔底的温差 $\Delta t_{2,3}$，大大小于上部塔塔顶和下部塔塔底的温差 $\Delta t_{1,3}$（即采用单塔操作时塔顶和塔底的温度差）。例如乙醇-水体系，采用单塔操作时 $\Delta t_{1,3}=21.9\,℃$，而 $\Delta t_{2,3}\leqslant 4\,℃$，这样，在上塔采用热泵就会有利了。

在操作压力为常压时，热泵单塔分离压缩机压比需取 3，而两塔分离时，压比只需 1.4 即可。此流程适用于分离存在以下特点的物系：低浓度区相对挥发度大，而高浓度区相对挥发度很小（或有可能存在恒沸点）。如乙醇水溶液、异丙醇水溶液等。

分割式热泵精馏并不是简单地把一个塔分为两个塔，其分割点的位置对整个系统的投资费用和运行费用均有很大影响。分割点浓度是分割式热泵精馏的主要参数。参照图 3-33 分析，在分离物系和要求一定的情况下，分割点浓度越大，上塔温差越小，热泵精馏节能效果越明显，上塔操作费用以及热泵、上塔和上塔再沸器的投资费用减小，而下塔的提馏作用要增大，下塔操作费用以及下塔和下塔再沸器的投资费用要增加；分割点浓度越小，则结论同上面相反，所以此节能流程存在最佳分割点。分割式热泵精馏的分割点，可用年运行费用最小为目标函数来确定。

在实际工程中，经常遇到对现有精馏塔的更新改造问题，由于现存精馏塔的状况和各种约束，精馏塔的改造与新设计相比有相当大的差别。分割式热泵精馏对此有明显的优势：现有精馏塔作为其上塔，降低回流比，安装上热泵；同时设计制造符合实际条件的下塔（其规模比上塔小很多），其设计与常规精馏塔的设计相同。这样不仅有明显的节能及经济效果，而且技术改造的总费用可在短时间内回收。

气体直接压缩式的缺点是压缩机操作范围较窄，控制性能不佳，容易引起塔操作的不稳定，需要在设计时，尤其是控制系统的设计中加以注意。

蒸气压缩机形式有以下几种：①往复式（能力 0.5～2t/h）；②罗茨式（能力 0.5～3t/h）；③涡轮式（能力 2～200t/h）；④轴流式（能力 3～3000t/h）。涡轮式应用最广。

（2）单独工质循环式

当塔顶气体具有腐蚀性等原因不能直接使用气体直接压缩式时，可以采用如图 3-34 所示单独工质循环式。这种流程利用单独封闭循环的工质工作。高压气态工质在再沸器中冷凝给热后经节流阀减压降温，入塔顶冷凝器中吸热蒸发，形成低压气态工质返回压缩机压缩，开始新的循环。

单独工质循环式可以选择在压缩特性、汽化热等方面性质优良的工质，但由于多一个换热器，为确保一定的传热驱动力，要求压缩升温较高。单独工质循环式在下列情况下可能适用：

① 塔顶冷凝器需要冷剂或冷冻盐水时（冷凝器温度在 38℃ 以下）；
② 被分离组分沸点接近，全塔温度落差小于 18℃；
③ 塔压高，再沸器温度高于 150℃，热负荷大。

（3）闪蒸再沸

闪蒸再沸是热泵的一种变型，它以釜液为工质，其流程如图 3-35 所示。与气体直接压缩式相似，它也比单独工质循环式少一个换热器，适用场合也基本相同。不过，闪蒸再沸在塔压高时有利，而气体直接压缩式在塔压低时更有利。

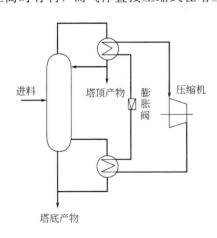

图 3-34　单独工质循环式热泵精馏

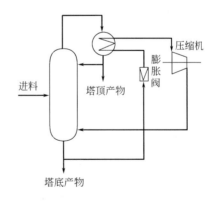

图 3-35　闪蒸再沸流程

3.4.5.2　蒸气喷射泵方式

图 3-36 为采用蒸气喷射泵方式的蒸汽汽提减压精馏工艺流程。在该流程中，塔顶蒸汽是稍含低沸点组分的水蒸气，其一部分用蒸汽喷射泵加压升温，随驱动蒸汽一起进入塔底作为加热蒸汽。在传统方式中，如果进料预热需蒸汽量10，再沸器需蒸汽量30，共需蒸汽量40。而在采用蒸气喷射式热泵的精馏中，用于进料预热的蒸汽量不变，但由于向蒸气喷射泵

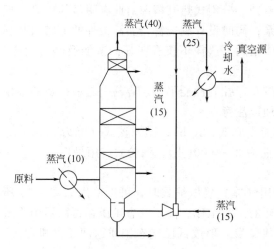

图 3-36　采用蒸气喷射泵方式的减压精馏

供给驱动蒸汽 15 就可得到用于再沸器加热的蒸汽 30，故蒸汽消耗量是 25，可节省 37.5% 蒸汽量。

采用蒸气喷射泵方式的热泵精馏有如下优点：

① 新增的设备只有蒸气喷射泵，设备费低；

② 蒸气喷射泵没有转动部件，容易维修，而且维修费低；

③ 吸入蒸汽量偏离设计点时发生喘振和阻流现象，这点与蒸气压缩机相同，但由于没有转动部件，就没有设备损坏的危险。

但是，这种方式在大压缩比或高真空度条件下操作时，蒸气喷射泵的驱动蒸汽量增大，再循环效果显著下降。因此，采用这种方式的必要条件是：

① 精馏塔塔底和塔顶的压差不大；

② 减压精馏的真空度比较低。

采用蒸气喷射泵把塔顶蒸气加压升温后，也可作为其他系统的热源，如图 3-37 所示。这种方式的前提条件是前塔的低沸点组分和后塔的高沸点组分都是水，后塔是汽提。如果后塔采用再沸器加热，则蒸气喷射泵的压缩比要加大，使驱动蒸汽量增加，达不到好的经济效益。采用这种方法，后塔所需蒸汽量可省一半。

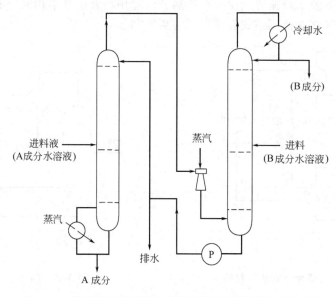

图 3-37　采用蒸气喷射泵方式的两种不同物料体系的精馏

3.4.6　减小回流比

回流比 R 为塔顶回流量 L 与塔顶产品量 D 之比，即

$$R = L/D \tag{3-28}$$

　　回流比是一个极其重要的工艺参数，精馏装置所需热能很大程度上取决于回流比，同时，回流比还决定着塔板数的多少。回流比的选择是一个经济问题，回流比增大，则能耗上升，而塔板数减少；回流比减小，能耗下降，但塔板数增多。所以要在能量费用和设备费用之间作出权衡。

　　图 3-38 是精馏工程常用的 y-x 图。图中曲线为不同回流比时精馏塔的操作线。回流比越小，操作线就越往上移而越靠近平衡线，㶲损失就越小，因而热负荷就越小，但塔板数将增加，即设备费加大。当操作线在某一点上碰到平衡线时，回流比达到最小，即 $R = R_{min}$，此时耗能达到最低。

　　即使 $R = R_{min}$，精馏过程仍然存在不可逆性。精馏过程的操作线表示塔内任意截面处互相接触的两相成分。如图 3-38 中的 A 点，液相成分为 x，气相成分为 y，而与 x 平衡的气相成分是平衡线上的 y_e。$y_e > y$，这个差值就是传质推动力，也就

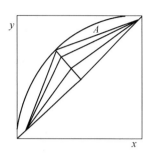

图 3-38　不同回流比下
的操作线

是传质不可逆性的原因。在最小回流比下，仅仅在进料截面处气液处于平衡（操作点落在平衡线上），而其他地方，操作线离开了平衡线，仍存在不可逆性。平衡线与操作线之间所夹面积，表明其不可逆程度。

　　通常取设计回流比为最小回流比的 1.2～2 倍，这主要是考虑到操作控制的问题、汽-液平衡数据的误差以及日后增加产量的需要。但随着能源的短缺和价格的上涨，设计回流比已不断下降。例如乙烯精馏塔的回流比已从用来的 $1.3R_{min}$ 降到 $1.05R_{min}$。不过，减小回流比会使投资增大，因而存在最佳回流比。表 3-5 为理论最佳回流比与能源价格的关系。

表 3-5　理论最佳回流比与能源价格的关系

能源相对价格/%	100	200	400	1000
最佳回流比(R/R_{min})	1.15	1.11	1.067	1.034

　　在同一体系中，如加大塔板上气液接触的温度差，则板效率增加；相反，如减少该温度差，则板效率降低。减小回流比就降低了气液接触的温度差，所以在确定最佳回流比时，需要考虑回流比和板效率问题。

　　另外，在分离相对挥发度大的组分时，最小回流比常常非常小，此时设计回流比相对最小回流比的倍数要取大一些，以维持塔板的稳定效率。

　　减小回流比容易引起精馏系统发生不稳定现象，因此，采用此方法时，为得到稳定的分离产品组成，必须改善控制系统。

　　此外，由于塔设计时，回流比往往留有较大的裕量。因此，在运行过程中，可以考虑通过减小回流比，达到节能的目的。此时，要以保证产品质量为约束。

　　以某二甲苯装置中的邻二甲苯分馏塔为例。该塔主要任务是实现邻二甲苯与碳九以上芳烃的分离，分离的控制指标为：塔顶 OX（邻二甲苯）$> 95\%$，C_9A+非芳烃 $< 1\%$。对不同回流比下关键组分的含量及热负荷进行分析，结果如图 3-39、图 3-40 所示。从两幅图可以看出，当回流比从现有的 12.52 下降到 10.0 的时候，塔顶关键组分的含量仍能满足控制质量要求，但是冷凝器热负荷和再沸器热负荷却下降很多，分别减少了 2204kW 和 2260kW。

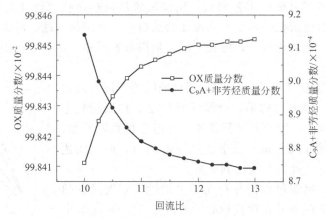

图 3-39　某邻二甲苯分馏塔不同回流比对应的关键组分质量含量

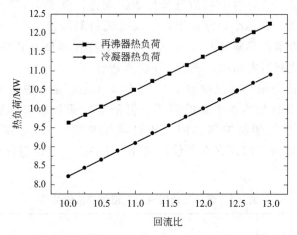

图 3-40　某邻二甲苯分馏塔不同回流比对应的冷凝再沸热负荷

3.4.7　增设中间再沸器和中间冷凝器

在简单塔中，塔所需的全部再沸热量均从塔底再沸器输入，塔所需移去的所有冷凝热量均从塔顶冷凝器输出。但实际上，塔的总热负荷不一定非得从塔底再沸器输入，从塔顶冷凝器输出。沿提馏段向上，轻组分汽化所需热量逐板减少；沿精馏段向下，重组分冷凝所需的冷量亦逐板减少。基于精馏塔的逐板计算，可得表征精馏塔能量特性的塔的温-焓图（T-H图）如图 3-41 所示。

温度是热能品质的度量，即使热负荷在数量上没有变化，如果温度分布发生了变化，就有可能减少不可逆损失。采用中间再沸器方式把再沸器加热量分配到塔底和塔中间段，采用中间冷凝器把冷凝器热负荷分配到塔顶和塔中间段，就是这样的节能措施。此时其能量特性见图 3-42。

如图 3-43（a）所示的二级再沸和二级冷凝精馏塔，即在提馏段设置第二蒸馏釜，在精馏段设置第二冷凝器，则精馏段和提馏段各有两条操作线，如图 3-43（b）所示。此时，靠近进料点的精馏操作线斜率大于更高的精馏操作线，靠近进料点的提馏操作线斜率小于更低的提馏操作线，与没有中间再沸器和中间冷凝器的精馏塔［如图 3-43（b）中的虚线所示］相比，操作线靠近平衡线，精馏过程㶲损失减少。

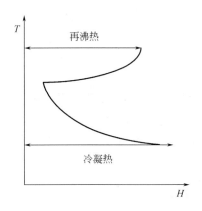

图 3-41　精馏塔的 T-H 图

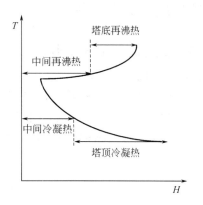

图 3-42　具有中间再沸器和
中间冷凝器的精馏塔的 T-H 图

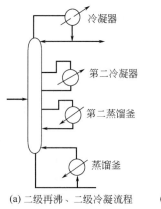

(a) 二级再沸、二级冷凝流程

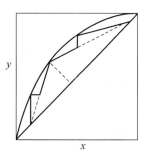

(b) 二级再沸、二级冷凝 y-x 图

图 3-43　二级再沸、二级冷凝精馏

　　这种流程，既然进料点处两条操作线斜率保持不变，则总冷凝量和总加热量就没有变，即两个蒸馏釜的热负荷之和与原来一个蒸馏釜相同，两个冷凝器的热负荷之和与原来一个冷凝器相同。比较图 3-41 和图 3-42 也可看出这一点。但是，与原蒸馏釜相比，第二蒸馏釜可使用较低温度的热源；与原冷凝器相比，第二冷凝器可以在较高温度下排出热量，从而降低了能量的降级损失。

　　如果在精馏段的每一层都设置冷凝器，提馏段的每一层都设置再沸器，以便根据平衡线的要求保持各处都处于气液平衡，就可以使精馏过程完全可逆而把能耗降至理论最小分离功。当然，这只是理论上的极限。

　　增设中间再沸器和中间冷凝器是有条件的。增设中间再沸器的条件是有不同温度的热源供用；增设中间冷凝器的条件是中间回收的热能有适当的用户，或者是可以用冷却水冷却，以减少塔顶所需制冷量负荷。如果中间再沸器与塔底再沸器使用同样热源，中间冷凝器与塔顶冷凝器使用同样冷源，则这种流程毫无意义，只不过是把一部分㶲损失从塔内移到中间再沸器和中间冷凝器（相对原再沸器和原冷凝器，其传热温差加大），没有任何节能效果，而且还浪费了投资。

　　这种配置的另一个优点是，由于进料处上升气体流量大于塔顶，进料处下降液体流量大于塔底，与常规塔相比，塔两端气液流量减小，可以缩小相应段塔径，在设计新设备时，可以收到节省设备费用的效果。

3.4.8 多股进料和侧线出料

3.4.8.1 多股进料

当两种或多种成分相同但浓度不同的料液进行分离，例如，低沸点组分浓度分别为 x_{F_1}、x_{F_2} 的 A、B 二组分体系混合液，以 F_1（kmol/h）、F_2（kmol/h）流量从两个工艺中排出时，要把这两种原料液精馏分离成 A、B 单一组分，可考虑如下三种方式，如图 3-44 所示。

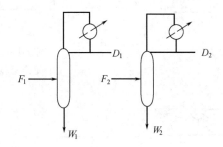

两塔式

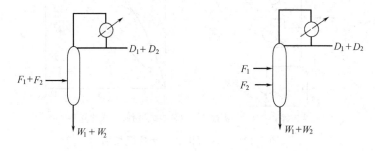

进料液混合一塔式　　　　　　　二段进料一塔式

图 3-44　两种浓度进料液的精馏法

（1）两塔方式　用两个常规精馏塔分别处理两股原料液。

（2）原料液混合进料一塔式　把浓度不同的 F_1、F_2 两种原料液混合，形成 x_{F_m} 的 F_m（$F_m = F_1 + F_2$）进料液，用一个常规精馏塔处理。

（3）二段进料一塔方式　采用具有两个进料板的一个复杂塔，两股原料液分别在适当的位置加入塔内，即多股进料，进行精馏。

从理论上讲方式（1）虽然所需热量未必比其他方式多，但由于需要两个塔，考虑到设备费用就不如方式（3）优越了。

方式（2）与方式（3）均采用一个塔，图 3-45 为这两种方式在 y-x 图上的比较。图中(2)-a 和(2)-b 表示原料液混合一塔方式精馏段和提馏段的操作线；（3）-a、（3）-b、（3）-c 分别是二段进料一塔方式的精馏段、中间段和提馏段的操作线。可见，采用二段进料复杂塔时，操

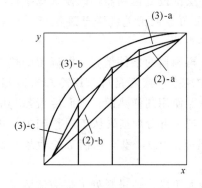

图 3-45　二段进料 y-x 图

作线较接近平衡线,不可逆损失降低,因而热能消耗降低。这是因为精馏分离是以能耗为代价的,而混合是分离的逆过程。在分离过程中的任何具有势差的混合过程,都意味着能耗的增加。采用二段进料复杂塔,由于精馏段操作线斜率减小,回流比减小,所需塔板数要增加。

现以两种浓度的甲醇-水二组分体系原料液精馏为例,其进料和塔底、塔顶产品的浓度和流量如下

$x_{F_1} = 0.8$ 摩尔分数 CH_3OH　　$x_{F_2} = 0.2$ 摩尔分数 CH_3OH

$F_1 = 15 kmol/h$　　　　　　　　$F_2 = 15 kmol/h$

$x_{F_m} = 0.5$ 摩尔分数 CH_3OH　　$F_m = 30 kmol/h$

$x_d = 0.98$ 摩尔分数 CH_3OH　　$x_w = 0.9995$ 摩尔分数 H_2O

$q_1 = 1$　　　　$q_2 = 1$　　　　$q_m = 1$

三种精馏方式所需热能如表 3-6 所示。

表 3-6　三种精馏方式所需热能

指　　标	方式(1)	方式(2)	方式(3)
最小回流比	F_1:0.5652	0.7629	0.5652
	F_2:1.0580		
操作回流比	F_1:0.75	1.00	0.75
	F_2:1.40		
再沸器加热量	F_1:182500		
	F_2:65540		
	共计:248040	266013	232287
热量比/%	100	107.2	93.62

二段进料的复杂塔计算时可分为三段:精馏段、中间段和提馏段。每段均可用物料衡算求出其操作线方程。

对精馏段,设塔顶为泡点回流,进料均为泡点进料,则精馏段操作线方程为

$$y_{n+1} = Rx_n/(R+1) + x_D/(R+1) \tag{3-29}$$

中间段操作线

$$V'y_{n+1} + F_1 x_{F_1} = L'x_n + Dx_D$$

因为　　　　　　　　　　　　$q_1 = 1$

所以　　　　　　　　　$V' = V = (R+1)D$

$$L' = L + qF_1 = L + F_1 = RD + F_1$$

所以　　$y_{n+1} = (L'x_n + Dx_D - F_1 x_{F_1})/V'$

$$= [(RD+F_1)x_n + Dx_D - F_1 x_{F_1}]/[(R+1)D] \tag{3-30}$$

提馏段操作线

$$V''y_{n+1} + F_1 x_{F_1} + F_2 x_{F_2} = L''x_n + Dx_D$$

因为　　　　　　　　　　　　$q_2 = 1$

所以　　　　　　　$V'' = V' = V = (R+1)D$

$$L'' = L + q_1 F_1 + q_2 F_2 = L + F_1 + F_2 = RD + F_1 + F_2$$

所以　　　　$y_{n+1} = [(RD+F_1+F_2)x_n + Dx_D - F_1 x_{F_1} -$

$$F_2 x_{F_2}]/[(R+1)D] \tag{3-31}$$

无论加料热状态如何，塔中精馏段操作线的斜率必小于中间段，中间段的斜率必小于提馏段。各股加料的 q 线方程仍与单股进料时相同。

减小回流比时，三段操作线均向平衡线靠拢，所需的理论塔板数将增加。当回流比减小到某一极限即最小回流比时，夹点可能出现在精馏线与中间线的交点，也可能出现在中间线与提馏线的交点。对非理想性很强的物系，夹点也可能出现在某个中间位置。

3.4.8.2 侧线出料

当需要组成不同的两种或多种产品时，可在塔内相应组成的塔板上安装侧线，抽出产品，即用一个复杂塔代替多个常规塔联立方式。侧线抽出的产品可为塔板上的泡点液体或饱和蒸汽。这种方式既减少了塔数，也减少了所需热量，是一种节能的方法。

具有一股侧线出料的系统如图 3-46(a) 所示，图 3-46(b) 为侧线产物为组成 x_D 的饱和液体，图 3-46(c) 为侧线产物为 $y_{D'}$ 的蒸气。但无论哪种情况，中间段操作线斜率必小于精馏段。在最小回流比下，恒浓区一般出现在 q 线与平衡线的交点处。

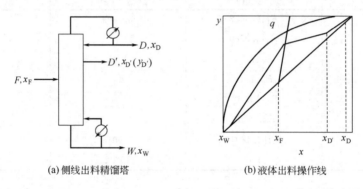

(a) 侧线出料精馏塔　　　　(b) 液体出料操作线

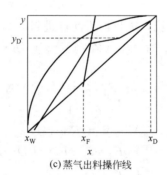

(c) 蒸气出料操作线

图 3-46　具有侧线出料的精馏塔

若塔顶为泡点回流，精馏段操作线方程仍为式（3-29）。对中间段有

$$V'y = L'x + Dx_D + D'x_{D'} \tag{3-32}$$

若 D' 为液相，则

$$V' = V = (R+1)D \tag{3-33}$$

$$L' = L - D' = RD - D' \tag{3-34}$$

若 D' 为气相，则

$$V' = V + D' \tag{3-35}$$

$$L' = L = RD \tag{3-36}$$

对提馏段有

$$V''y = L''x + Dx_D + D'x_{D'} - Fx_F \tag{3-37}$$

$$V'' = V' - (1-q)F \tag{3-38}$$

$$L'' = L' + qF \tag{3-39}$$

把侧线出料的方式再发展一步，可用来进行多组分精馏。

在采用一个常规塔将 F_1（A，B）分离成 A、B 二组分，另一个常规塔将 F_2（B，C）分离成 B、C 二组分的情况下，如果两个精馏塔的处理量和内部回流比差别不大，就可以采用如图 3-47(a) 所示精馏工艺取而代之。不过这种情况是以塔内相对挥发度顺序不变为前提的，并应按沸点由低到高的次序自上而下进料。

在该工艺中，当原料液量 $F_1 \approx F_2$，进料组成 $x_{F_{1B}} \approx 0.5$、$x_{F_{2B}} \approx 0.5$ 时，与采用两个常规塔分离相比，所需热量只有两个常规塔的一半，而且设备投资也减少了（塔减少了一个）。当进料量 F_1 和 F_2 有很大差别时，如 $F_1 \gg F_2$ 时，应设置中间再沸器；如 $F_1 \ll F_2$，则把侧线馏分 S 以气态引出，一部分作为回流。

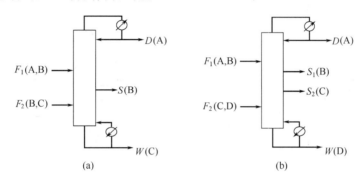

图 3-47　用侧线出料进行多组分精馏

再进一步，如果分离 A、B 和 C、D 的两个精馏塔的内部回流比大致相同，而 B～C 间的相对挥发度比 A～B 及 C～D 间的相对挥发度大的话，也可考虑图 3-47(b) 所示工艺。

但是侧线出料也存在下述问题。

① 由于难以设定与原料组成变动等外部因素相对应的最宜侧线出料量，故保持侧线出料量一定，这样，精馏塔的分离机能就不能得到充分利用。

② 尽管增加了侧线出料功能，但操作变量没有增加，故只能对几个组分中的一个组分进行质量控制。

这种方式的灵活性小，所以必须严密地设定设计条件。另外，当侧线馏分要求的纯度高时，因为系统的自由度少，因而要进行详细的设计计算。借助计算机，可以容易地进行此项工作。

3.4.9　热偶精馏

在单塔中，塔内两相流动要靠冷凝器提供液相回流和再沸器提供气相回流来实现。但在设计多个塔时，如果从某个塔内引出一股液相物流直接作为另一塔的塔顶回流，或引出气相物流直接作为另一塔的气相回流，则在某些塔中可避免使用冷凝器或再沸器，从而直接实现热量的偶合。所谓的热偶精馏就是这样一种通过气、液互逆流动接触来直接进行物料输送和能量传递的流程结构。图 3-48 给出了五种三产品的热偶精馏结构。

图 3-48(a) 和 (b) 分别是含有侧线精馏（在进料位置以下）和侧线汽提塔（在进料位

置以上）的热偶精馏结构，这两种结构仅有三个换热器。

图 3-48(c) 是著名的 Petlyuk 塔，也称之为完全热偶塔。该系统用一个主塔和一个副塔组成，从主塔内引出一股液相物流直接作为副塔塔顶的液相回流，引出一股气相物流直接作为副塔塔底的气相回流，使副塔避免使用冷凝器和再沸器，并有一个中间产品直接从主塔的某个板采出，这使得整个系统只用一个冷凝器和一个再沸器。

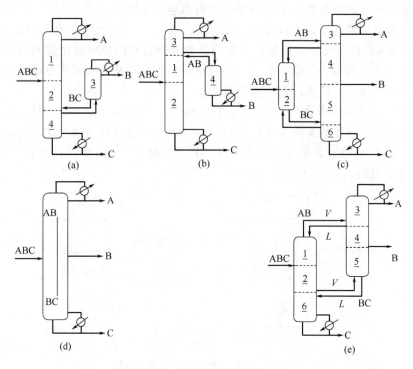

图 3-48　热偶精馏结构

在工程实际应用中，常常将 Petlyuk 结构中的两个塔并在一个塔壳里，用一个隔板分开，从而形成如图 3-48(d) 所示的隔板塔。从分离原理看，如果忽略隔板的传热，这两种塔在热力学上是等价的，但后者能节省投资费用。

图 3-48(e) 所示流程是在 Petlyuk 塔基础上改进的流程。虽然两者在热力学上是等价的，但后者由于可以提高输送气相物流的塔（第一塔）的压力，因而更容易控制。

热偶精馏在热力学上是最理想的系统结构，既可节省设备投资，又可节省能耗。计算表明，热偶精馏比两个常规塔精馏可节能 20%～40%。所以，这种方式自 20 世纪 60 年代提出以来，受到广泛注意和大量研究。

但是，几十年来热偶精馏并未在工业中获得广泛应用，这是由于主、副塔之间气液分配难以在操作中保持设计值；分离难度越大，其对气液分配偏离的灵敏度越大，则操作越难以稳定。因此，只有易分离体系，推荐采用这种精馏，但也要注意精心设计，以保证主、副塔中的气液流量达到要求。

除了以上介绍的途径外，在精馏操作中还可以通过以下方法节能：①进料板、出料板的最佳化；②在线最佳控制；③通过使用高效塔板或高效填料提高塔效率；④与其他分离法及其他装置组合使用，例如精馏-萃取、精馏-吸附、膜精馏等混合系统。

3.5　干燥

工业干燥操作多是用热空气或其他高温气体作为介质，使之掠过待干燥物料表面，介质向物料供热并带走汽化的水分。典型的干燥流程如图 3-49 所示，空气经预热器加热至适当温度后，进入干燥器，在干燥器内，气流与湿物料直接接触，沿其行程气体温度降低，湿含量增加，废气自干燥器另一端排出。

干燥过程是传热过程与传质过程的综合。使物料温度上升以及水分蒸发，需要外界供给大量热能。干燥速度是以被干燥体和干燥体的温差和含水浓度差为推动力的，㶲损失随推动力的增大而增大。所谓干燥器的节能，就是在保证有一定干燥速度下尽可能减少加热。

下面介绍干燥过程的几种节能方法。

3.5.1　排气的再循环

如果干燥器排气温度相当高而且比较干燥，则可通过循环利用一部分排气而回收一部分热量，如图 3-50 所示。这在间歇干燥时特别具有吸引力，因为在接近干燥终了时，排出空气的温度上升而湿度下降。

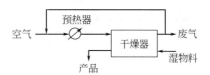

图 3-49　典型的干燥流程　　　　　　图 3-50　干燥过程排气的再循环

限制空气循环量的变量是湿度。干燥器入口空气湿度的变化使产品含湿量和空气温度之间的关系有重大变化，因此必须加以适当的控制。

采用排气再循环后，进入干燥器的空气湿度增加，干燥速率减慢，干燥时间延长，装置也相应变大。因此，在循环使用一部分排气时，应认真研究节能与投资的关系，求取最低成本下的操作条件。

3.5.2　采用换热器的余热回收

如图 3-51 所示，在送入空气与排气之间设置换热器，回收排气中的热量，是通常采用的方式。由于这种气-气换热的传热系数很小，近年来采用热管换热器取得了很好效果。

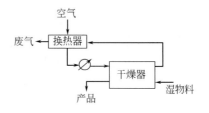

图 3-51　采用换热器的余热回收

3.5.3　热泵的应用

在完全使用新风的干燥工艺中，热泵起着热回收系统的功用。其蒸发器置于排风中，吸取排风中的热能；冷凝器置于送风中，向送风提供热能，如图 3-52 所示。图中 φ 为相对湿度，Q_C 为冷凝热，Q_E 为蒸发热。

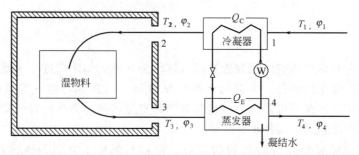

图 3-52　热泵干燥

热泵也可用于回风再循环，此时热泵起着脱去水分和加热空气的作用，如图 3-53 所示。由干燥器排出的湿空气流过热泵蒸发器将其热能传给热泵环路中的工质，空气本身则得到冷却。空气中的水分凝结后排去。蒸发器中受热蒸发的热泵工质，被压缩机加压升温后到冷凝器，在冷凝器中放热来加热脱水后的干燥空气。此空气提高温度后回到干燥室内。用这种方法，可以显著提高再循环的排风量，大大提高干燥器的效率。

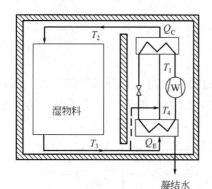

图 3-53　回风再循环热泵干燥

3.5.4　其他

当原料含水分较多时，应先用机械分离的方法，即用过滤、离心分离等方法将原料的水分降低，然后再进入干燥工序。这是因为在各种脱水方式中，用加热使水分蒸发的方式是最耗能的。

由于生产中存在各种干扰，为了避免产品不合格，无在线分析的情况下，目前大多数干燥器是以使产品过度干燥的方式在运行的。这带来了一系列的弊端，如产品的损失、燃料的消耗、生产能力的降低、环境的污染等。

干燥器的输入热中通常只有很少一部分用来汽化水分。如果产品过度干燥，则不仅增加了供汽化的热量，而且更多的热量用于提高湿球温度和温差。为了克服降低了的干燥速率，要继续减少产品的含湿量，就必须增大空气的温升。因此，热耗与产品含湿量的关系是高度非线性的。

因此，在用户允许的产品含湿量下操作具有重大的节能效果。英国塞拉研究所设立了一个"湿度测定和控制中心"，推广在线测量湿度的仪器。他们的结论是：若避免过度干燥，大多数情况下至少降低能耗 10%。在纺织工业和医药工业中曾达到 20%；在某些场合，达到一半。

干燥所用的空气量也直接影响燃料的消耗。多数干燥器是在空气流量基本恒定的条件下工作的，实际上除流化床干燥器外，空气流量往往根本不加控制。当空气入口温度达到给定的热源所能达到的最高温度时，空气流量是最佳的。但为了避免产品降级，许多干燥器限制空气入口温度。此时，在入口温度不变下控制出口温度，使空气流量最小，也可节省能量。

3.6　反应

反应过程是化工生产的核心，其反应路线及反应进行的程度在很大程度上决定着整个过程的能耗水平。

在反应过程中，应尽量提高产品产率，这样将大大节省后序分离等操作的能耗并降低原料消耗。

3.6.1　化学反应热的有效利用和提供

化学反应进行时，大多数情况下都伴有热能的吸入或放出。化学反应热是反应系统所固有的，与反应途径和反应条件无关，一旦化学反应的反应物和生成物一定，反应热也就决定了。如何有效地利用反应过程放出的反应热，或者如何有效地供给反应过程所需的反应热是化学反应过程节能的重要方面。

对于吸热反应，应合理供热。吸热反应的温度应尽可能低，以便采用过程余热或汽轮机抽汽供热，而节省高品质的燃料。

吸热反应可以有不同的供热方案，如合成氨生产中的甲烷蒸气转化过程，就有如图 3-54 所示的 Kellogg 平行转化器流程和如图 3-55 所示的 Montedison 三段转化炉流程。在 Kellogg 平行转化器流程中，经预热与脱硫的原料与蒸汽混合后分为三股，进一步加热后分别进入辐射段的转化管、对流段的转化管和平行转化器，进行一段转化，然后汇合去二段转化。在 Montedison 流程中，三段转化炉利用二段转化气的高温热进行一段转化。

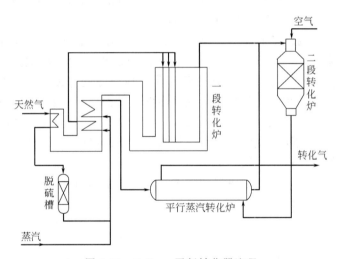

图 3-54　Kellogg 平行转化器流程

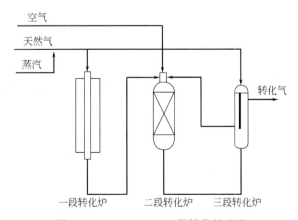

图 3-55　Montedison 三段转化炉流程

对于放热反应，应合理利用反应热。放热反应的温度应尽可能高，这样，所回收的热量就具有较高的品质，便于能量的更合理的利用。但在利用反应热时，一定要注意反应过程的特点。

例如甲醇氧化生产甲醛的过程是一强放热反应，根据热平衡计算，生产 1t 甲醛大约产生 $2.2×10^6 kJ$ 的余热，而生产 1t 甲醛需要的热量约为 $1.5×10^6 kJ$，因此完全可以做到自热有余。甲醛氧化反应后，生成气温度高达 650℃，需急冷到 80℃ 左右，过去一直用水冷器，每吨甲醛需用 20t 冷却水带走反应热。而生产 1t 甲醛需用 700～800kg 蒸汽去蒸发甲醛、过热原料气和作为原料的配汽。因此可以采用余热锅炉用反应余热生产蒸汽。

对于这种反应过程，所用余热锅炉的关键是要控制甲醛反应生成气在余热锅炉中的停留时间，以防止产生 CO 和甲酸的副反应而使原料单耗增加和产品质量下降。如果把余热锅炉出口反应生成气温度过分降低，以求多产蒸汽，则由于传热温差减小，传热面积增加，这不但使设备的造价提高，而且使生成气在锅炉中停留时间增加而副反应增加。因此，余热锅炉分为蒸发段和热水段两段，蒸发段中将反应生成气从 650℃ 冷却到 215℃，热水段再将生成气从 215℃ 冷却到 80℃。

根据实测数据，对于年产 2.5 万吨甲醛的装置，余热锅炉能产生 0.4MPa 蒸汽 1.8t/h 以及 68℃ 热水 47.5t/h，总计回收热量 $6.3×10^6 kJ/h$，而气体在锅炉内的停留时间仅 0.11s，比原水冷器还短，因而使产品质量提高，原料单耗下降。

在合成氨生产的甲烷化流程中，一氧化碳或二氧化碳与氢反应生成甲烷的甲烷化反应是一强放热反应，工业上均在高于 300℃ 下进行。传统流程为"自热维持"流程，如图 3-56 (a) 所示，甲烷化炉出气用来将进气预热到催化反应所需的温度，然后被冷却水冷却至常温。由于传热温差太大，引起能量品位大幅度降低。考虑到合成氨生产中有其他品位比甲烷化反应热更低的余热，如合成气压缩机一段气、变换废热锅炉出口的变换气，如果利用这些余热将甲烷化进气预热到所需温度，就可以将品位更高的甲烷化出气的能量，用于需要较高品位能量的地方。因此，提出如图 3-56(b) 所示"他热维持"改进流程，用反应生成气加热高压锅炉给水。该改进流程比起原来的传统流程，能量利用更为合理。

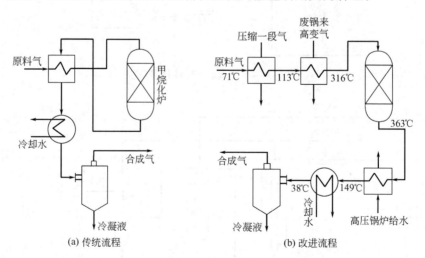

图 3-56　两种甲烷化流程

当回收反应热的余热锅炉产生的蒸汽温度、压力足够高时，可以用该蒸汽发电或驱动汽轮机。例如乙烯装置裂解气急冷余热锅炉产生 8～14MPa 的蒸汽，用来驱动汽轮机作为压缩机的动力。这项措施使每吨乙烯消耗的电力由 $2000 \sim 3000 \mathrm{kW \cdot h}$ 降到 $50 \sim 100 \mathrm{kW \cdot h}$，大大提高了乙烯装置的经济性。

不论是吸热反应还是放热反应，均应尽量减少惰性稀释组分。因为对吸热反应，惰性组分要多吸收外加热量；而对放热反应，要多消耗反应热。

3.6.2 反应装置的改进

反应装置是反应过程的核心。绝大多数反应过程都伴随有流体流动、传热和传质等过程，每种过程都有阻力，为了克服阻力推动过程进行，需要消耗能量。如果能改进反应装置，减少阻力，就可降低能耗。因此，应考虑改进反应装置内流体的流道、改善保温、选择高效搅拌形式及减少电解槽电阻等措施。

凯洛格（Kellogg）公司 1967 年以来对合成氨装置进行改进，以降低单位产量合成氨所需催化剂体积、减少催化剂床层压力降、提高单程转化率以及简化设备结构为目标，开发了新型卧式反应器。新反应器是激冷式，催化剂呈水平板状，反应气体垂直通过催化剂床层。表 3-7 比较了日产 1500t 装置采用传统轴向立式反应器和新的径向卧式反应器两种情况，可见，新型反应器的压力损失明显下降。

表 3-7 氨合成反应器

参　数	轴向立式	径向卧式
反应器直径/mm	2100	2100
催化剂粒径/mm		
第一段	3～6	3～6
第二段	1.5～3	1.5～3
第三段	1.5～3	1.5～3
催化剂体积/m³	46.1	46.1
压力损失/kPa	4100	62

托普索（Topsøe）公司 1976 年开发了反应气径向流过圆柱形催化剂层的 S-200 型反应器，1979 年投入运转。该公司旧式的 S-100 型反应器也是径向流动，但采用激冷式，高温高浓度气体与低温低浓度气体直接混合，㶲损失大。而 S-200 型反应器内设有热交换器，㶲损失小。

丙烯腈电解还原二聚生成己二腈反应中，为防止阴极液中丙烯腈、己二腈以及电解质季铵盐在阳极氧化分解，故采用隔膜式电解槽用阳离子交换膜把两极分开。但最近发现，把丙烯腈放在高导电性的碱金属硫酸盐或磷酸盐的中性溶液中进行乳化时，没有必要使用隔膜。因此孟山都公司开发了新式无隔膜电解槽。如表 3-8 所示，新电解槽的极间电压损失大幅度下降，耗电量比过去降低大约 2/3。

表 3-8 丙烯腈电解槽

项　目	隔膜法	无隔膜法
阴极	Pb	Cd
阳极	Pb(1%Ag)	碳钢
隔膜	离子交换膜 CR-61	无
板间距/mm	7.1	1.8
温度/℃	50	55
电流密度/(A/dm²)	45	20
耗电量/(kW·h/kg)	6.6	2.4

3.6.3 催化剂的开发

现有的化学工艺约有80%是采用催化剂的，所以，催化剂是化学工艺中的关键物质。一种新的催化剂研究开发成功，往往引起一场工艺改革。新型催化剂，或者可以缓和反应条件，使反应在较低的温度和压力下进行，就可以节省把反应物加热和压缩到反应条件所需的能量；或者选择性提高，使副产物减少、生成物纯度提高，因此，后序精制过程的能耗减少；或者活性提高，降低了反应过程的推动力，减少了反应能耗。

ICI公司1966年用低压（5MPa）、低温（270℃）操作的铜基催化剂代替了高压（35MPa）、高温（375℃）的锌-铬催化剂合成甲醇，不仅使合成气压缩机的动力消耗减少60%，整个工艺的总动力消耗减少30%，而且在较低温度下副产物大大减少，节省了原料气消耗和甲醇精馏的能耗，结果使每吨甲醇的总能耗从$41.9×10^6$ kJ降低到$36×10^6$ kJ。

瑞士Casale公司研制出一种氨合成的球形催化剂，可使流体阻力减少50%，因而节省了克服阻力的动力消耗。

意大利蒙特爱迪生公司与日本三井石油化学公司共同开发的丙烯聚合反应高效催化剂，与以前采用的齐格勒（Ziegler）型催化剂相比，采用新的催化剂时生产强度要高7~10倍，而且还省掉了从聚合物中脱除残存催化剂的脱灰工序。表3-9比较了两者的原料和能量消耗，可见，采用新型催化剂，原料、蒸汽、电力等消耗均显著下降。

表3-9 丙烯聚合工艺

项　　目	旧工艺	新工艺
原料丙烯/（t/t）	1.10~1.12	1.04
水蒸气/（t/t）	3.6	0.5
电/（kW·h/t）	650~700	470~550
冷却水/（m³/t）	280~300	70~100

3.6.4 反应与其他过程的组合

将所要进行的反应与其他过程（也包括其他反应过程）组合起来，可望改变反应过程进行的条件，或提高反应转化率，而达到节能的目的。

3.6.4.1 反应与反应的组合

如果能使所希望的反应在接近常温下进行，则可省加热反应物所需的热量，同时接近常温时热损失小，进一步增大了节能的效果。为了使化学反应在尽可能接近常温下进行，可考虑把所希望的反应和促成该反应的其他反应组合起来，使低温下化学平衡向理想方向移动。此时，虽然有时就所希望的化学反应来说标准自由焓变化为正值，但组合起来的总反应的标准自由焓变化为负值。

例如由食盐和石灰石制造碳酸钠的反应为

$$2NaCl + CaCO_3 \longrightarrow CaCl_2 + Na_2CO_3$$

但是该反应在25℃时标准自由焓变化为+40kJ/mol，反应不能进行。于是，把该反应与如下反应组合起来，各反应可在比较低的温度下进行，同时可以循环利用各反应的生成物。

$$CaCO_3 \longrightarrow CaO + CO_2 \qquad\qquad\qquad 1000℃$$

$$CaO + H_2O \longrightarrow Ca(OH)_2 \qquad\qquad 100℃$$

$$Ca(OH)_2 + 2NH_4Cl \longrightarrow CaCl_2 + 2NH_3 + 2H_2O \qquad\qquad 120℃$$

$$NaCl + H_2O + CO_2 + NH_3 \longrightarrow NaHCO_3 + HN_4Cl \qquad\qquad 60℃$$

$$2NaHCO_3 \longrightarrow Na_2CO_3 + H_2O + CO_2 \qquad\qquad 200℃$$

这就是氨碱法制碱原理。因此，从节能和节省资源两方面来看，该工艺都是非常好的。

3.6.4.2　反应精馏

化工生产中反应和分离两种操作通常分别在两类单独的设备中进行。若能将两者结合起来，在一个设备中同时进行，将反应生成的产物或中间产物及时分离，则可以提高产品的收率，同时又可利用反应热供产品分离，达到节能的目的。

反应精馏就是在进行反应的同时用精馏方法分离出产物的过程。依照其侧重点的不同，反应精馏可分为两种类型：利用精馏促进反应的反应精馏和利用反应促进精馏的反应精馏。

利用精馏促进反应的反应精馏的原理是：对于可逆反应，当某一产物的挥发度大于反应物时，如果将该产物从液相中蒸出，则可破坏原有的平衡，使反应继续向生成物的方向进行，因而可提高单程转化率，在一定程度上变可逆反应为不可逆。

例如乙醇与醋酸的酯化反应

$$CH_3COOH + C_2H_5OH \xrightarrow[110℃]{H_2SO_4} CH_3COOC_2H_5 + H_2O$$

此反应是可逆的。由于酯或（酯、水、醇）三元恒沸物的沸点低于乙醇和醋酸的沸点，在反应过程中将反应产物乙酯不断蒸出，可以使反应不断向右进行，加大了反应的转化率。

图 3-57 为醋酸-乙醇酯化反应精馏示意。乙醇 A（过量）蒸气上升，醋酸 A.A 淋下，反应生成酯 E，塔顶馏出三元共沸物，冷凝后分为两层即酯相和水相。

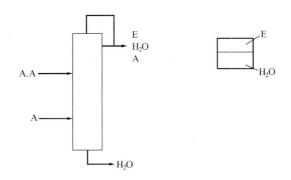

图 3-57　醋酸-乙醇酯化反应精馏示意

又如连串反应。在甲醛的生产中，生成的甲醛发生连串反应，甲醛在水溶液中易形成其单分子水合物。

$$HCHO + H_2O \longrightarrow CH_2(OH)_2$$

而后再脱水生成多聚甲醛

$$HOCH_2OH + n\,HOCH_2OH \longrightarrow HOCH_2(OCH_2)_nOH + n\,H_2O$$

在液相中甲醛的水合速率较快，而单分子水合物脱水速率较慢，因此将甲醛的水溶液蒸馏，蒸出沸点较低的甲醛，使平衡左移，从而提高甲醛的收率。

一般情况下，对于 A ⇌ R → S 的平行连串反应（其中 R 为目标产物，且 R 比 A 易挥发），采用反应精馏尽快移去 R，使可逆反应的平衡右移，同时避免了连串反应将 R 破坏，使 R 的收率比单纯的反应过程有较大幅度的提高。

利用精馏促进反应的例子很多，表 3-10 是其中的一部分。

表 3-10　利用精馏促进反应的反应精馏

反应类型	化学反应举例	反应类型	化学反应举例
酯化	醋酸与乙醇合成醋酸乙酯	水解	醋酸酐水解生成醋酸
	醋酸与丙醇酯化反应	异构化	β-甲代烯丙基异构成 β,β'-二甲基氯乙烯
	醋酸与丁醇酯化反应		
	醋酸与甲醇酯化反应	卤化	溴化钠与硫酸及乙醇反应生成溴乙烷
	醋酸与乙二醇酯化反应	胺化	甲酸甲酯与二甲胺合成二甲基甲酰胺
	丙烯酸与乙醇酯化反应	乙酰化	苯胺的乙酰化
	硼酸与甲醇酯化反应	硝化	苯与硝酸制造硝基苯
酯交换	醋酸丁酯与乙醇反应	脱水	三甲基甲醇脱水生成异丁烯
	苯二甲酸二甲酯与乙二醇反应	氯化	达依赛尔法合成甘油
皂化	二氯丙醇皂化生成环氧氯丙烷	醚化	异丁烯与甲醇合成甲基叔丁基醚（MTBE）
	氯丙醇皂化生成环氧丙烷		
	甲酸甲酯皂化生成甲酸		

利用反应促进精馏的反应精馏例子有清华大学化工系所研究的酮与水的分离，该过程称为反应萃取精馏过程。该过程依据如下可逆反应来进行

乙二醇＋氢氧化钠 ⟶ 乙二醇钠＋水

其中乙二醇钠与被分离体系中的水反应生成乙二醇和氢氧化钠，而在溶剂回收过程中，乙二醇又与氢氧化钠作用生成乙二醇钠和水，相当于乙二醇钠将体系中的水不断载出，而其本身不发生变化。具体过程是首先利用精馏方法不断除去沸点较低的水分，使可逆反应向生成乙二醇钠的方向进行，在乙二醇钠过量的情况下，可以得到含水很少的乙二醇钠溶液，然后用乙二醇钠溶液作萃取剂分离有机溶液中的水，生成乙二醇和氢氧化钠，从而除去水。

作为一个新型的过程，反应精馏有如下优点：

① 破坏可逆反应平衡，可以增加反应的转化率及选择性，反应速度提高，因而生产能力提高；

② 精馏过程可以利用反应热，节省能量；

③ 反应器和精馏塔合成一个设备，可节省投资；

④ 对于某些难以分离的物系，可以获得较纯的产品。

但是，由于反应和精馏之间存在着很复杂的相互影响，进料位置、板数、传热、速率、停留时间、催化剂、副产物浓度以及反应物进料配比等参数值即使有很小的变化，都会对过程产生难以预料的强烈影响。因此，反应精馏过程的工艺设计和操作比普通的反应和精馏要复杂得多。

3.6.4.3　膜反应器

把反应与分离结合在一起的膜反应器的结构如图 3-58 所示。膜反应器可分类如下

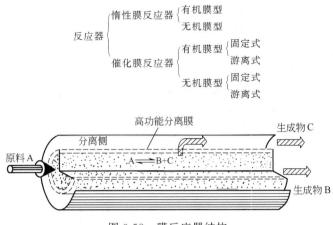

图 3-58　膜反应器结构

惰性膜反应器所用的膜本身是惰性的，只起分离作用。惰性膜大多为微孔陶瓷、微孔玻璃或高分子膜，利用膜在反应过程中对产物的选择透过性，不断从反应区移走产物，从而达到移动化学平衡和分离产物的目的。而催化膜反应器所用的膜同时具有催化和分离的双重功能，反应物从膜一侧进入（如脱氢反应）或从膜两侧进入（如加氢反应、部分氧化反应）。

从目前国内外发展的趋势看，主要是研究催化膜反应器，其中有机膜催化反应器的典型代表是酶膜反应器，无机膜催化反应器的典型代表是钯膜反应器。

酶膜生物反应器的主要应用对象是生物工程中的酶反应过程。它将酶固定在高分子膜上，分离过程和反应过程同时进行。在反应过程中，反应生成物借助膜的半透作用，不断向体系外排放；而高分子原料、酶或产生酶的细菌则保留在体系内继续反应。因此，既保持了较高的菌体浓度，强化了原料转化效率，缩短了反应时间，又大大简化了生产流程。

酶膜反应器有以下特点：

① 无需特别处理就可使酶固定化；

② 有利于进行无菌操作；

③ 不必对酶进行化学修饰，即可在游离状态使用；

④ 当酶以游离状态使用时，如果酶是稳定的，则不必进行再生处理，如果酶不太稳定，则需添加稳定剂。

酶膜反应器的应用实例正在日益增多。将酶固定到藻朊酸钙等中进行乙醇的连续生产，既不需要间歇法制造乙醇发酵所用的种酶，而且乙醇的产率也大为提高。由蔗糖连续制造转化糖（基质是低分子化合物）时，蔗糖水溶液通过固定有转化酶的高分子复合膜，几乎百分之百地被加水分解为葡萄糖和果糖，特别是当料液中混有高分子溶质而需使蔗糖进行连续加水分解时，高分子溶质将被膜截留，而蔗糖被加水分解。德国 Dequssa 公司开发了一种可使酶 NAD 与聚乙二醇相结合而高分子化，然后同酶（脱氢酶）一起包埋进超滤膜的方法，从而实现了由 α-酮酸与氨制取相应的 L-氨基酸，该公司已建成年产 200t 的厂，并已运行了五年。

钯是一种金属，其最大特点是在常温下能溶解大量的氢（相当于其本身体积的 700 倍左右），而在真空中加热至 100℃时，它又能把溶解的氢释放出来。如果钯膜两边存在氢的分压差，则氢就会从压力较高的一侧向低的一侧渗透。钯对氢的透过选择性极高，采用钯膜法精制出来的氢纯度可达九个 9 以上。

凡是化学反应中的反应物或生成物中含有氢，都可采用钯膜反应器。它具有以下特点：

① 适于催化加氢反应而无需设置精制工序；

② 当反应生成物为氢时，可免去提纯工序；

③ 有利于反应过程的强化；

④ 具有耐热性，可直接用于高达 500℃ 的高温操作。

钯膜反应器的应用有造氢反应和环乙烷的脱氢以及低级石蜡族烷烃的芳构化。在甲烷蒸气转化反应造氢中，可取得接近 100％ 的转化率。

符号表

A	换热面积，m^2			热量，kJ
D	生蒸汽量，塔顶产品，kg/h	q		单位面积的散热量，kJ/m^2
d	直径，m			进料热状态
E	㶲，kJ	R		回流比
e	比㶲，kJ/kg	r		汽化潜热，kJ/kg
EN	能量，kJ	S		熵，$kJ/(kg \cdot K)$
F	进料，kg/h	T		温度，K
g	重力加速度	t		温度，℃
H	压头，m	u		喷射系数
	焓，kJ	V		容积，m^3
h	比焓，kJ/kg	v		比容，m^3/kg
h_1	管路损失，m	W		水量，塔底产品，kg/h
h_v	阀门损失，m	W'		注水量，kg/h
K	总传热系数，$kW/(m^2 \cdot ℃)$	x		液相浓度
k	单位面积传热系数，$kJ/(m^2 \cdot h \cdot ℃)$	y		气相浓度
L	塔顶回流量，kg/h	α		对流放热系数，$kW/(m^2 \cdot ℃)$
m	加热蒸汽量，kg/h	Δt		传热温差，℃
m_1	被引射的二次蒸汽量，kg/h	δ		厚度，m
N	功率，kW	η		效率
n	转速，r/min	λ		热导率，$kW/(m \cdot ℃)$
	效数	ρ		密度，kg/m^3
p	压力，Pa	ϕ		相对湿度
PER	一次能源利用系数	ω		空气流动速度，m/s
Q	流量，m^3/s			

下角标

C	压缩机，冷凝器	m	混合
D	塔顶产品	min	最小
E	蒸发器	P	平面壁
e	平衡	S	再沸器
F	进料	T	总传热
H	热	W	塔底产品
L	冷	0	环境
l	损失		

参考文献

［1］ 平田光穗等. 实用化工节能技术. 北京：化学工业出版社，1988.

［2］ 陈铭诤. 工业节能. 北京：国防工业出版社，1989.

［3］ 何潮洪，冯霄. 化工原理. 北京：科学出版社，2001.

［4］ 冯霄. 压缩式热泵蒸发系统的热经济学分析. 中国工程热物理学会第八届年会论文集. 1992.

［5］ 冯霄. 压缩式热泵蒸发系统的热经济学优化设计//热力学分析与节能论文集. 北京：科学出版社，1993.

［6］ 朱克雄等. 多效蒸发系统优化设计——热经济学合成法的应用//热力学分析与节能论文集. 北京：科学出版社，1991.

［7］ Feng Xiao，et al. Analysis and Design of Thermal Vapour Recompression Evaporator. Proc. 6th International Energy Conference，Beijing，1996，185-188.

［8］ 冯霄等. 多效蒸发与热泵蒸发的分析与比较. 化工机械，1995，22（1）.

［9］ 张武平，秦玉尧，浦伟光. 烧碱溶液并列组合式热泵蒸发工艺研究. 现代化工，2002，22（11）：56-58.

［10］ Kline E. Chem Eng Prog，1974，2.

［11］ Fleming. Chem Eng，1974，1.

［12］ Tyreus R L，Luyben W L. Hydro Process，1975，6.

［13］ Mix T W，Dweck J，S. Conserving Energy in Distillation，Industrial Energy-Conservation Manual 13. The MIT Press，1982.

［14］ Shinskey F G. Energy Conservation through Control. Academic Press，1978.

［15］ Saviano F，et al. Hydro Process，1981，60（7）：99.

［16］ Smith R. Chemical Process Design. New York：McGraw-Hill Inc.，1995.

［17］ 朱平，冯霄，李珊. 分割式热泵精馏及其分割点的确定. 西安交通大学学报，1998，32（1）.

［18］ 陆敏菲，冯霄. 丙烯精馏塔热泵流程的优化. 中化技术与应用，2007，25（5）：420-424.

［19］ 安维中. 基于随机优化的复杂精馏系统综合研究. 天津：天津大学，2003.

［20］ 赵艳微. 二甲苯装置精馏系统优化与热集成. 西安：西安交通大学，2006.

［21］ 陈听宽. 节能原理与技术. 北京：机械工业出版社，1988.

［22］ 蒋维钧. 新型传质分离技术. 北京：化学工业出版社，1992.

［23］ 王学松. 膜分离技术及其应用. 北京：科学出版社，1994.

［24］ Itoh N，et al. Combined Oxidation and Dehydrogenation in a Palladium Membrane Reactor. Ind Eng Chem Res，1989，（28）：1557.

［25］ Bungy P M，et al. Synthetic Membranes：Science，Engineering and Applications. D. Reidel Publishing Co.，1990.

第 **4** 章

过程系统节能——夹点技术

4.1 绪论

4.1.1 过程系统节能的意义

　　能源危机以来，各国政府和企业开始重视节能工作。节能技术的发展经历了这样几个过程：第一阶段，属于"捡浮财"的阶段，主要表现在回收余热，但在此阶段所着眼的只是单个的余热流，而不是整个的热回收系统；第二阶段，考虑单个设备的节能，例如将蒸发设备从双效改为三效、采用热泵装置、减少精馏塔的回流比、强化换热器的传热等；第三阶段，也就是现在所处的阶段，考虑过程系统节能，这是由于 20 世纪 80 年代以来过程系统工程学的发展使人们认识到，要把一个过程工业的工厂设计得能耗最小、费用最小和环境污染最少，就必须把整个系统集成起来作为一个有机结合的整体来看待，达到整体设计最优化。

　　因此，现在已进入过程系统节能的时代，过程集成成为热点话题。过程集成方法中目前最实用的是夹点技术。夹点技术已成功地在世界范围内取得了显著的节能效果。采用这种技术对新厂设计而言，比传统方法可节能 30％～50％，节省投资 10％左右；对老厂改造而言，通常可节能 20％～35％，改造投资的回收年限一般只有 0.5～3 年。表 4-1 为英国 ICI 公司应用夹点技术取得的成果，表 4-2 为美国联碳公司应用夹点技术取得的效益。

表 4-1　英国 ICI 公司应用夹点技术取得的效益

工艺过程	项目类型	节能效果/(美元/年)	投资费用/美元
有机化工	新设计	800000	同等
专用化学品	新设计	1600000	节约投资
原油炼制	改造	1200000	节约投资
无机化工	新设计	320000	节约投资
专用化学品	改造	200000	160000
	新设计	200000	节约投资
一般化工	新设计	2600000	不详
无机化工	新设计	200000～360000	不详
未来工厂	新设计	30％～40％	节约 30％
一般化工	新设计	100000	150000
石油化工	改造	一期 1200000	600000
		二期 1200000	1200000

表 4-2　美国联碳公司应用夹点技术取得的效益

工艺过程	项目类型	节能效果/(美元/年)	投资费用/美元	回收期/月
石油化工	改造	1050000	500000	6
专用化学品	改造	139000	57000	5
专用化学品	改造	82000	6000	1
特许成套设备	新设计	1300000	节约投资	—
石油化工	改造	630000	不详	不详
有机化工	改造	1000000	600000	7
有机化工	改造	1243000	1835000	18
专用化学品	改造	570000	200000	4
有机化工	改造	2000000	800000	5

　　由于夹点技术能取得明显的节能和降低成本的效果，在各国正日益受到重视。如赫斯特、拜耳、联碳、孟山都、杜邦、ICI 等都早已采用夹点技术，有名的大工程设计公司如凯洛格、鲁姆斯、千代田、东洋等都设立了夹点技术组。现在国际上一些大公司在投标时，先进行夹点技术分析已成为必要条件。

　　可见，由于夹点技术以整个系统为出发点，同以前只着眼于局部、只考虑某几股热流的回收、某个设备或车间的改造的节能技术相比，节能效果和经济效益要显著得多。

　　只考虑局部而没有考虑整个系统的节能方案是有其弊病的，轻则节能方案没有达到最好，随着节能技术的发展，还需要进一步改造；重则可能会出现从全系统考虑，该节能方案不仅不节能，反而耗能，同时还增加了投资。下面我们用两个例子说明这一点。

　　第一个例子是一个简单生产过程的余热回收方案，如图 4-1 所示。在该生产过程中，原料物流从 5℃加热至 200℃进入反应器进行反应，反应的产物由 200℃冷却至 35℃进入分离器，分离塔底产品由 200℃冷却至 125℃出装置，而塔顶轻组分则返回，与反应进料混合。

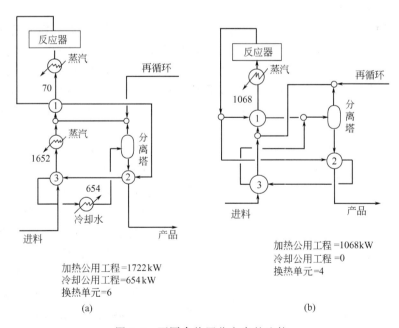

图 4-1　不同余热回收方案的比较

　　为了回收反应产物和塔底产品的热量，使其与进料冷物流进行换热，按温位的高低设置了三台换热器，如图 4-1(a) 所示，换热过程最小传热温差取 10℃。进料预热不足部分由蒸汽来补充，而反应产物冷却不足部分由冷却水进一步冷却。这样设计后，系统所需的加热公用工程量为 1722kW，冷却公用工程量为 654kW。该方案初看起来是合理的，但是否还有进一步改造的余地？

应用夹点技术进行设计，得到了更优的方案，如图 4-1（b）所示，该方案可使加热公用工程减至 1068kW，减少了 40%；冷却公用工程减为 0；而且换热单元数目（包括蒸汽加热器、冷却器、换热器）由 6 台降为 4 台。其结果是既大大降低了生产过程的能量消耗，又降低了换热网络的设备投资。

图 4-1（a）所示的节能方案虽然没有达到最好，但还能取得一些节能效果。这里要举的第二个例子则不但不节能，反而耗能耗资。某企业为了回收利用一个蒸发器的二次蒸汽，采用了热泵系统。但经夹点技术分析，发现该蒸发器位于夹点之下，这意味着整个系统中有足够多的余热可以提供给该蒸发器作为热源。而在这种情况下采用热泵装置，其总效果是将外加的功转化成了废热排给了冷却公用工程，造成了能量浪费，更不要提还要花费热泵本身的设备投资了。

所以，当站在整个系统的角度采用夹点技术考虑节能时，所得的结论有时是很不同于仅考虑单个热流、单独设备时的情形。由于以前过程系统的设计和节能改造没有采用夹点技术这样的过程系统节能技术，因此夹点技术无论是指导现有系统的改造还是指导设计新过程，均会取得很大的节能和经济效益。

4.1.2 夹点技术的应用范围及其发展

夹点技术适用于过程系统的设计和节能改造。过程系统就是过程工业中的生产系统。所谓过程工业是指以处理物料流和能量流为目的的行业，如化工、冶金、炼油、造纸、水泥、食品、医药、电力等行业。

在过程工业的生产系统中，从原料到产品的整个生产过程，始终伴随着能量的供应、转换、利用、回收、生产、排弃等环节。例如，进料需要加热，产品需要冷却，冷、热流体之间换热构成了热回收换热系统，加热不足的部分就必须消耗加热公用工程提供的燃料或蒸汽，冷却不足的部分就必须消耗冷却公用工程所提供的冷却水、冷却空气或冷量；泵和压缩机的运行需要消耗电力或由蒸汽透平直接驱动；等等。

从系统工程的角度来看，过程工业的生产系统可以分为以下三个子系统：工艺过程子系统、热回收换热网络子系统和蒸汽动力公用工程子系统，如图 4-2 所示。

工艺过程子系统是指由反应器、分离器等单元设备组成的由原料到产品的生产流程，是过程工业生产系统中的主体。热回收换热网络子系统是指在生产过程中由换热器、加热器、冷却器组成的系统，其目的在于把冷物流加热到所需温度，把热物流冷却至所需温度，并回收利用热物流的热量。蒸汽动力公用工程子系统是指为生产过程提供各种级别的蒸汽和动力的子系统，它包括锅炉、透平、废热锅炉、制冷系统、循环冷却水系统、给水

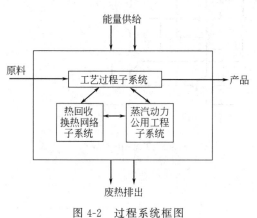

图 4-2 过程系统框图

泵、压缩机、给水泵、蒸汽管网等设备。

从能量利用的角度看，这三个子系统相互影响、密切相关。例如工艺条件或路线的改变将影响对换热网络和蒸汽动力系统的要求；换热网络回收率的提高将减少加热公用工程量和冷却公用工程量；蒸汽压力级别的确定影响回收工艺热量发生蒸汽的数量。因此，严格地讲，要想获得能量的最优利用，应当进行系统整体优化，即三个子系统的联合优化，而这无疑是十分困难的，需要有一个发展过程。

夹点技术最初源于热回收换热网络的优化集成。在成功地应用于热回收换热网络的基础上，夹点技术的应用范围扩展到蒸汽动力公用工程子系统，而后又进一步发展成为包括热回收换热网络子系统和蒸汽动力公用工程子系统的总能系统。另一方面，应用夹点技术在工艺过程子系统中的分离设备的节能取得了初步的成功，在此基础上，开始考虑分离设备在过程系统中的集成。

夹点技术既可用于新厂设计，又可用于已有系统的节能改造，但两者无论在目标上还是在方法上都是有区别的。

在优化的目标方面，夹点技术最初是以能量为系统的目标，然后发展为以总费用为目标，又进一步考虑过程系统的安全性、可操作性、对不同工况的适应性和对环境的影响等非定量的工程目标。

因此，夹点技术现在不仅可用于热回收换热网络的优化集成，而且可用于合理设置热机和热泵，确定公用工程的等级和用量，去除"瓶颈"、提高生产能力，分离设备的集成，减少生产用水（即节水），减少废气污染排放等。

4.2　夹点的形成及其意义

4.2.1　温-焓图和复合曲线

物流的热特性可以用温-焓图（$T\text{-}H$ 图）很好地表示。温-焓图以温度 T 为纵轴，以焓 H 为横轴。热物流（需要被冷却的物流）线的走向是从高温向低温。冷物流（需要被加热的物流）线的走向是从低温向高温。物流的热量用横坐标两点之间的距离（即焓差 ΔH）表示，因此物流线左右平移，并不影响其物流的温位和热量。

当一股物流吸入或放出 $\mathrm{d}Q$ 热量时，其温度发生 $\mathrm{d}T$ 的变化，则

$$\mathrm{d}Q = \mathrm{CP}\mathrm{d}T \tag{4-1}$$

式中　CP——热容流率，即质量流率与比定压热容的乘积，kW/℃。

如果把一股物流从供给温度 T_S 加热或冷却至目标温度 T_T，则所传的总热量为

$$Q = \int \mathrm{CP} \cdot \mathrm{d}T \tag{4-2}$$

若热容流率 CP 可作为常数，则

$$Q = \mathrm{CP}(T_T - T_S) = \Delta H \tag{4-3}$$

这样就可以用温-焓图上的一条直线表示一股冷流被加热[图 4-3(a)]或一股热流被冷却[图 4-3(b)]的过程。CP 值越大，$T\text{-}H$ 图上的线越平缓。

在过程工业的生产系统中，通常总是有若干冷物流需要被加热，而又有另外若干热物流需要被冷却。对于多股热流，我们可将它们合并成一根热复合曲线；对于多股冷流，我们也可将它们合并成一根冷复合曲线。图 4-4 表示了如何在温-焓图上把三股热流合并成一根复

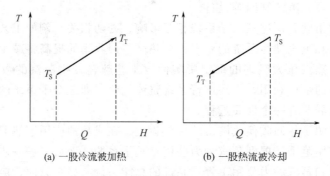

(a) 一股冷流被加热　　　　(b) 一股热流被冷却

图 4-3　T-H 图上的一股物流

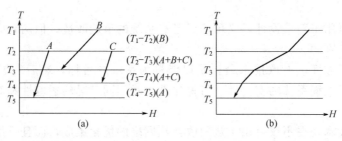

图 4-4　复合温-焓线

合曲线。

设有三股热流，其热容流率分别为 A、B、C（kW/℃），其温位分别为（$T_1 \rightarrow T_3$）、（$T_2 \rightarrow T_4$）、（$T_2 \rightarrow T_5$），如图 4-4(a) 所示。在 T_1 到 T_2 温度区间，只有一股热流提供热量，热量值为（T_1-T_2）（B）=ΔH_1，所以这段曲线的斜率等于曲线 B 的斜率；在 T_2 到 T_3 的温区内，有三股热流提供热量，总热量值为（T_2-T_3）（$A+B+C$）=ΔH_2，于是这段复合曲线要改变斜率，即两个端点的纵坐标不变。而在横轴上的距离等于原来三股流在横轴上的距离的叠加，即在每一个温区的总热量可表示为

$$\Delta H_i = \sum_j \mathrm{CP}_j (T_i - T_{i+1}) \tag{4-4}$$

式中　j——第 i 温区的物流数。

照此方法，就可形成每个温区的线段，使原来的三条曲线合成一条复合曲线，如图 4-4(b) 所示。

以同样的方法，也可将多股冷流在温-焓图上合并成一根冷复合曲线。

4.2.2　夹点的形成

当有多股热流和多股冷流进行换热时，可将所有的热流合并成一根热复合曲线，所有的冷流合并成一根冷复合曲线，然后将两者一起表示在温-焓图上。在温-焓图上，冷、热复合曲线的相对位置有三种不同的情况，如图 4-5 所示。

① 如图 4-5(a) 所示，此时热复合曲线与冷复合曲线在 H 轴上的投影完全没有重叠部分，表示过程中的热量全部没有回收，全部冷流由加热公用工程加热，全部热流由冷却公用工程冷却。此时，加热公用工程所提供的热量 Q_H 和冷却公用工程所提供的冷却量 Q_C 为最大。

② 如果如图 4-5(b) 所示，将冷复合曲线Ⅱ平行左移，则热复合曲线与冷复合曲线在 H 轴上的投影有 Q_R 部分重叠，表示热物流所放出的一部分热量 Q_R 可以用来加热冷流，所以加热公用工程所提供的热量 Q_H 和冷却公用工程所提供的冷却量 Q_C 均相应减少，回收利用的余热为 Q_R。但此时由于是以最高温度的热流加热最低温度的冷流，传热温差很大，可回收利用的余热 Q_R 也有限。

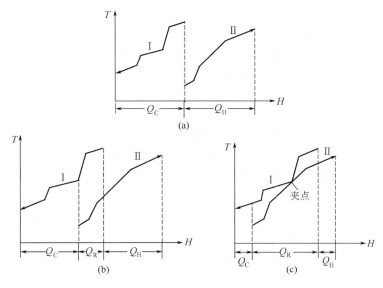

图 4-5　换热系统的集成

③ 如果继续将冷复合曲线Ⅱ向左推移至如图 4-5(c) 所示，使热复合曲线Ⅰ和冷复合曲线Ⅱ在某点恰恰重合，此时，所回收的热量 Q_R 达到最大，加热公用工程所提供的热量 Q_H 和冷却公用工程所提供的冷却量 Q_C 均达到最小。冷、热复合曲线在某点重合时该系统内部换热达到极限，重合点的传热温差为零，该点即为夹点。

但是，在夹点温差为零时操作需要无限大的传热面积，是不现实的。不过，可以通过技术经济评价而确定一个系统最小的传热温差——夹点温差。因此，夹点可定义为冷热复合温-焓线上传热温差最小的地方。夹点温差的确定将在后面介绍。确定了夹点温差之后的冷热复合曲线图如图 4-6 所示。图中，冷、热曲线的重叠部分 $ABCEFG$，即阴影部分，为过程内部冷、热流体的换热区，包括多股热流和多股冷流，物流的焓变全部通过换热器来实现；冷复合曲线上端剩余部分 GH，已没有合适的

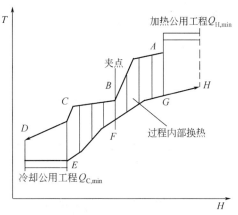

图 4-6　冷热复合温-焓线

热流与之换热，需用公用工程加热器使这部分冷流升高到目标温度，GH 为在该夹点温差下所需的最小加热公用工程量 $Q_{H,min}$；热复合曲线下端剩余部分 CD，已没有合适的冷流与之换热，需用公用工程冷却器使这部分热流降低到目标温度，CD 为在该夹点温差下所需的最小冷却公用工程量 $Q_{C,min}$。

4.2.3 问题表法

当物流较多时，采用复合温-焓线很烦琐，且不够准确，此时常采用问题表来精确计算。问题表法的步骤如下。

① 以冷、热流体的平均温度为标尺，划分温度区间。冷、热流体的平均温度相对热流体，下降 1/2 个夹点温差（$\Delta T_{min}/2$）；相对冷流体，上升 1/2 个夹点温差（$\Delta T_{min}/2$）。这样可保证在每个温区内热物流比冷物流高 ΔT_{min}，而满足了传热的需要。

② 计算每个温区内的热平衡，以确定各温区所需的加热量和冷却量，计算式为

$$\Delta H_i = (\sum CP_C - \sum CP_H)(T_i - T_{i+1}) \tag{4-5}$$

式中　　ΔH_i——第 i 区间所需外加热量，kW；

$\sum CP_C$，$\sum CP_H$——该温区内冷、热物流热容流率之和，kW/℃；

T_i，T_{i+1}——该温区的进、出口温度，℃。

③ 进行热级联计算。第一步，计算外界无热量输入时各温区之间的热通量。此时，各温区之间可有自上而下的热流流通，但不能有逆向热流流通。第二步，为保证各温区之间的热通量≥0，根据第一步级联计算结果，取绝对值最大的为负的热通量的绝对值为所需外界加入的最小热量，即最小加热公用工程用量，由第一个温区输入；然后计算外界输入最小加热公用工程量时各温区之间的热通量；而由最后一个温区流出的热量，就是最小冷却公用工程用量。

④ 温区之间热通量为零处，即为夹点。

下面通过一个例子，说明问题表法的计算。

某一换热系统的工艺物流为两股热流和两股冷流，其物流参数如表 4-3 所示。取冷、热流体之间最小传热温差为 10℃。现用问题表法确定该换热系统的夹点位置以及最小加热公用工程量和最小冷却公用工程量。

表 4-3　物流参数

物流编号和类型	热容流率 CP/(kW/℃)	供应温度/℃	目标温度/℃
1　热流	3.0	170	60
2　热流	1.5	150	30
3　冷流	2.0	20	135
4　冷流	4.0	80	140

步骤一　把系统划分温区。

① 分别将所有热流和所有冷流的进、出口温度（℃）从小到大排列起来。

热流体：30，60，150，170

冷流体：20，80，135，140

② 计算冷热流体的平均温度（℃），即将热流体温度下降 $\Delta T_{min}/2$，将冷流体温度上升 $\Delta T_{min}/2$。

热流体：25，55，145，165

冷流体：25，85，140，145

③ 将所有冷热流体的平均温度（℃）从小到大排列起来。

冷热流体：25，55，85，140，145，165

④ 整个系统可以划分为五个温区，如图 4-7 所示，它们分别为

第一温区　　　165→145　　　　第二温区　145→140

第三温区　　　　140→85　　　　　第四温区　　85→55

第五温区　　　　55→25

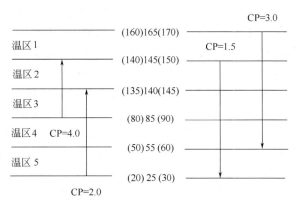

图 4-7　温区划分

步骤二　温区内热平衡计算，用式（4-5），计算结果命名为"亏缺热量"列于表 4-4 第三列。

第一温区：$\Delta H_1 = -3.0(165-145) = -60\,(kW)$

第二温区：$\Delta H_2 = (4.0-3.0-1.5)(145-140) = -2.5\,(kW)$

第三温区：$\Delta H_3 = (4.0+2.0-3.0-1.5)(140-85) = 82.5\,(kW)$

第四温区：$\Delta H_4 = (2.0-3.0-1.5)(85-55) = -75\,(kW)$

第五温区：$\Delta H_5 = (2.0-1.5)(55-25) = 15\,(kW)$

ΔH_i 为负值表示该温区有剩余热量。

步骤三　计算外界无热量输入时各温区之间的热通量，命名为"累积热量"，此时，第一温区的输入热量为零，其余各温区的输入热量等于上一温区的输出热量，每一温区的输出热量等于本温区的输入热量减去本温区的亏缺热量 ΔH_i，计算结果列于表 4-4 第四列。

表 4-4　问题表

温度和温区	物　流	亏缺热量 /kW	累积热量 /kW		热通量 /kW	
			输入	输出	输入	输出
165℃						
温区 1		−60	0	60	20	80
145℃						
温区 2		−2.5	60	62.5	80	82.5
140℃						
温区 3		82.5	62.5	−20	82.5	0
85℃						
温区 4		−75	−20	55	0	75
55℃						
温区 5		15	55	40	75	60
25℃						

第一温区：输入热量＝0（因外界无热量输入）（kW），输出热量＝0＋60＝60（kW）

第二温区：输入热量＝60（kW），输出热量＝60＋2.5＝62.5（kW）

第三温区：输入热量＝62.5（kW），输出热量＝62.5−82.5＝−20（kW）

第四温区：输入热量＝−20（kW），输出热量＝−20＋75＝55（kW）

第五温区：输入热量＝55（kW），输出热量＝55−15＝40（kW）

步骤四　确定最小加热公用工程用量。从步骤三的计算中可以看到，当外界无热量输入时，温区 3 向温区 4 输出的热量为负值，这意味着温区 4 向温区 3 提供热量，在热力学上是不合理的。为消除这种不合理现象，使各温区之间的热通量≥0，就必须从外界输入热量，使原来的负值至少变为零，因此得到最小加热公用工程量为 20kW。

步骤五　计算外界输入最小加热公用工程量时各温区之间的热通量。换热网络所需的最小加热量可从第三温区以上的任何温区中输入。为方便起见，本例假定该热量从温区 1 输入。计算方法同步骤三的完全相同计算结果形成问题表的最后一列——热通量。

第一温区：输入热量＝20（kW），输出热量＝20＋60＝80（kW）

第二温区：输入热量＝80（kW），输出热量＝80＋2.5＝82.5（kW）

第三温区：输入热量＝82.5（kW），输出热量＝82.5－82.5＝0（kW）

第四温区：输入热量＝0（kW），输出热量＝0＋75＝75（kW）

第五温区：输入热量＝75（kW），输出热量＝75－15＝60（kW）

由最后温区输出的热量 60kW 即为最小冷却公用工程用量。

步骤六　确定夹点位置。温区 3 和温区 4 之间热通量为零，此处就是夹点，即夹点在平均温度 85℃（热流温度 90℃，冷流温度 80℃）处。

4.2.4　夹点的意义

由上面的分析可知，夹点是冷热复合温-焓线中传热温差最小的地方，此处热通量为零。

夹点的出现将整个换热网络分成了两部分：夹点之上和夹点之下。夹点之上是热端，只有换热和加热公用工程，没有任何热量流出，可看成是一个净热阱；夹点之下是冷端；只有换热和冷却公用工程；没有任何热量流入；可看成是一个净热源；在夹点处，热流量为零，如图 4-8(a) 所示。

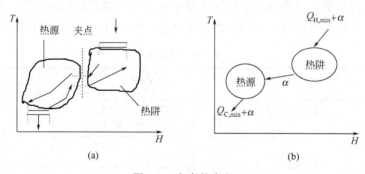

(a)　　　　　　　　　　　　　(b)

图 4-8　夹点的意义

如果在夹点之上热阱子系统中设置冷却器，用冷却公用工程移走部分热量，其量为 β，根据夹点之上子系统热平衡可知，β 这部分热量必然要由加热公用工程额外输入，结果加热和冷却公用工程量均增加了 β。

同理，如果在夹点之下热源子系统中设置加热器，加热和冷却公用工程用量也均相应需增加。

如果发生跨越夹点的热量传递 α，即夹点之上热物流与夹点之下冷物流进行换热匹配，则根据夹点上下子系统的热平衡可知，夹点之上的加热公用工程量和夹点之下的冷却公用工程量均相应增加 α，如图 4-8(b) 所示。

因此，为达到最小加热和冷却公用工程量，夹点方法的设计原则是：

① 夹点之上不应设置任何公用工程冷却器；

② 夹点之下不应设置任何公用工程加热器；

③ 不应有跨越夹点的传热。

此外，夹点是制约整个系统能量性能的"瓶颈"，它的存在限制了进一步回收能量的可能。如果有可能通过调整工艺改变夹点处物流的热特性，例如使夹点处热物流温度升高或使夹点处冷物流温度降低，就有可能把冷复合曲线进一步左移，从而增加回收的热量。

4.3　换热网络设计目标

4.3.1　能量目标

能量目标就是指最小加热公用工程量和最小冷却公用工程量。在上一节中我们已经分析了怎样在温-焓图或问题表上确定这些能量目标。

能量目标随夹点温差而变，夹点温差一定，所分析系统的能量目标一定；若夹点温差增大，加热公用工程和冷却公用工程的用量均增大，且增大的数量相等。

如果我们发现一个系统的夹点温差大大地超过最经济的夹点温差 ΔT_{min} 时，则可知通过缩小夹点温差就可挖掘出节省公用工程的潜力。

4.3.2　换热单元数目目标

一般说来，换热单元数目的增加将导致投资费用的增加，而且相对换热面积而言，单元数目对设备投资费用的影响更大。因为每台换热器的费用中封头、外壳、土建基础等占很大比例，而管束面积只是费用中的一部分，这一点也可从换热器费用计算公式中看出。换热器费用与面积成指数关系，一般可表示为

$$C = a + bA^c \tag{4-6}$$

式中，A 为换热面积；a、b、c 为价格系数，一般 $c = 0.6$。

可见面积对费用的影响不如换热器台数的影响大。因此在换热网络设计中，通常把能量目标和换热单元数目目标看作是比换热面积目标更重要的目标。

一个换热网络的最小单元数目可由欧拉通用网络定理来描述

$$U_{min} = N + L - S \tag{4-7}$$

式中，U_{min} 为换热网络最小单元数目，包括换热器、加热器和冷却器；N 为流股数目，包括工艺物流以及加热和冷却公用工程；L 为独立的热负荷回路数目，如图 4-9 中的 2 号和 4 号换热器所组成的回路（将在下一节中详细介绍）；S 为可能分离成不相关子系统的数目。

当系统中某一热物流的热负荷和某一冷物流的热负荷恰好相等，且其间各处传热温差均不小于规定的最小传热温差（即夹点温差）ΔT_{min} 时，则该两物流一次匹配换热就完成了各自所要求的换热负荷。此时，该两物流与其他物流没有关系，可以分离出作为独立的子系统。当系统中存在这样一个独立的子系统时，整个系统就可以分离成两个不相关的子系统。

通常，系统往往没有可能分离成不相关子系统，故 $S = 1$；一般希望避免多余的换热单元，因此尽量消除回路，使 $L = 0$，于是式（4-7）变成

$$U_{min} = N - 1 \tag{4-8}$$

另外，在设计之前，通常认为加热公用工程物流为 1，冷却公用工程也为 1。

但是，最大能量回收网络设计把整个网络分解成为夹点之上和夹点之下两个独立的网

络。在这样的设计之下，整个网络的最小换热单元数目成为夹点之上和夹点之下两子系统最小换热单元数目之和。例如 4.2.3 节中所举的例子，经夹点设计可初步综合为图 4-9 所示网络，在夹点之上 $N=5$（包括加热蒸汽），$L=0$，但 2—3 流股匹配与 2—4—H 匹配无关，$S=2$；夹点之下 $N=4$（包括冷却水），$L=0$，$S=1$，于是

$$U_{\min}=(5-2)+(4-1)=6$$

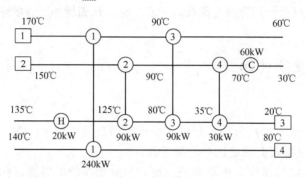

图 4-9 换热网络综合结果

而如果有 α 热量穿过夹点传递，则会使加热和冷却公用工程量均增加 α，但此时夹点上、下就不再是独立的网络了，只能把整个换热网络作为一体对待，于是 $N=6$（包括加热蒸汽和冷却水），$S=1$，故

$$U_{\min}=6-1=5$$

也就是说，可以少用一个换热单元。

这样，就发生一个权衡问题，少用换热单元，可使设备投资减少，但又引起能量费用增加；按照最大能量回收设计换热网络，可使能量消耗降到最少，但投资大一些。

通常所说的换热单元数目目标，是指把整个换热网络作为一体对待时的最小换热单元数目，即上例中所求出的 5。

4.3.3 换热网络面积目标

在进行换热网络设计之前，无法精确计算换热网络的面积，因此，换热网络的面积目标是物流按纯逆流垂直换热时的近似面积目标，即在冷热复合温-焓图上计算各区间垂直传热所需传热面积，然后加和而得。所谓垂直换热是指各区间的冷（或热）流只与本区间的热（或冷）流换热，而不与其他区间的热（或冷）流换热。

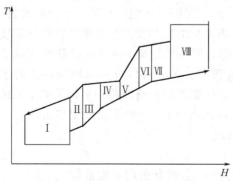

图 4-10 换热面积分区计算图

在冷热复合温-焓图上的分区如图 4-10 所示，在复合温-焓线的每个折点处做垂线进行分区。各区内冷、热物流的数目和热容流率维持不变，区内的换热按纯逆流换热，所以物流间的传热温差可按逆流对数平均传热温差计算。只考虑冷、热流体的对流传热热阻，忽略其他热阻。

第 i 区段的换热面积为

$$A_i=\frac{1}{\Delta T_{\text{lm}i}}\sum_j\frac{q_j}{h_j} \tag{4-9}$$

式中，A_i 为第 i 区段的换热面积，m^2；ΔT_{lmi} 为第 i 区段的对数平均温差，℃；q_j 为区段内第 j 股物流的热负荷，kW；h_j 为第 j 股物流的传热膜系数，kW/(m·℃)。

换热网络的总面积为

$$\Sigma A_i = \sum_i \frac{1}{\Delta T_{lmi}} \sum_j \frac{q_j}{h_j} \tag{4-10}$$

这样分区后且垂直换热，就能保证具有最高输入温度的热物流与具有最高输出温度的冷物流匹配换热，具有中等输入温度的热物流与具有中等输出温度的冷物流匹配换热，具有最低输入温度的热物流与具有最低输出温度的冷物流匹配换热，获得最小换热网络面积。

4.3.4　经济目标

在换热网络设计中，经济目标有能量费用目标、设备投资费用目标和总年度费用目标。

能量费用目标是在能量目标的基础上求取，为

$$C_E = C_H Q_H + C_C Q_C \tag{4-11}$$

式中，Q_H 为加热公用工程用量，kW/h；Q_C 为冷却公用工程用量，kW/h；C_H 为单位加热公用工程费用，元/kW；C_C 为单位冷却公用工程费用，元/kW。

设备投资费用目标是在换热网络面积目标和换热单元数目目标的基础上求取。在网络设计之前，先获得各项设计目标，是夹点技术的一个显著特点。但在网络综合前无法确定网络的换热单元数以及各单元的换热面积，因而假定换热单元数目为 U_{min}，并假定换热面积平均分配在各单元中。这样，可求得换热设备投资费用为

$$C_N = U_{min}\left[a + b(\Sigma A / U_{min})^c\right] \tag{4-12}$$

总费用目标为

$$C_T = C_E B + C_N / R \tag{4-13}$$

式中，C_T 为费用，元/年；B 为年运行时间，h/年；R 为设备折旧年限，年。

4.3.5　最优夹点温差的确定

在换热网络的综合中，夹点温差的大小是一个关键的因素。夹点温差越小，热回收量越多，则所需的加热和冷却公用工程量越少，即运行中能量费用越少。但夹点温差越小，整个换热网络各处的传热温差均相应减小，使换热面积加大，造成网络投资费用的增大。夹点温差与费用的关系见图 4-11。因此，当系统物流和经济环境一定时，存在一个使总费用目标最小的夹点温差，换热网络的综合，应在此最优夹点温差下进行。

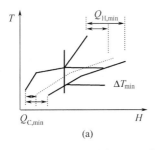
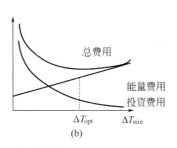

图 4-11　夹点温差与费用的关系

最优夹点温差的确定方法，大致有这样几类。

① 根据经验确定，此时需要考虑公用工程和换热器设备的价格、换热工质、传热系数、操作弹性等因素的影响。

当换热器材质价格较高而能源价格较低时，可取较高的夹点温差以减少换热面积，例如对钛材或不锈钢换热系统，材质昂贵，可取 $\Delta T_{min} = 50℃$ 左右。反之，当能源价格较高时，则应取较低的夹点温差，以减少对公用工程的需求，例如对冷冻换热系统，因冷冻公用工程的费用很高，此时取 $\Delta T_{min} = 5 \sim 10℃$。

换热工质及传热系数对 ΔT_{min} 也有较大影响。当传热系数较大时，可取较低的 ΔT_{min}，因为在相同负荷下，换热面积反比于传热系数与传热温差的乘积。

另外，企业出于操作弹性的考虑，往往希望传热温差不小于某个值，此时也可取该值作为夹点温差。

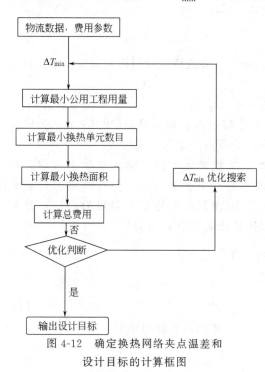

图 4-12　确定换热网络夹点温差和设计目标的计算框图

② 在不同的夹点温差下，综合出不同的换热网络，然后比较各网络的总费用，选取总费用最低的网络所对应的夹点温差。

用这个方法所求得的最优夹点温差是实际的最优夹点温差，但该方法的缺点是工作量太大。

③ 在网络综合之前，依据冷热复合温-焓线，通过数学优化估算最优夹点温差。

a. 输入物流和费用等数据，指定一个 ΔT_{min}。

b. 做出冷热复合曲线。

c. 求出能量目标 Q_H 和 Q_C（能量目标也可用问题表法求取）、换热单元数目目标 U_{min} 和面积目标 $\sum A$。

d. 计算总费用目标。

e. 判断是否达到最优，若是，则输出结果；若否，则改变 ΔT_{min}，再转到步骤 b，重新计算下一组数值。

图 4-12 为用数学优化法确定换热网络夹点温差及设计目标的计算框图。

4.4　换热网络优化设计

4.4.1　夹点技术设计准则

在设计换热网络时，首先设计具有最大热回收（也就是达到能量目标）的换热网络，然后再根据经济性进行调优。

在夹点处，冷、热流体之间的传热温差最小。为了达到最大的热回收，必须保证没有热量穿过夹点。这些使夹点成为设计中约束最多的地方，因而要先从夹点着手，将换热网络分成夹点上、下两部分分别向两头进行物流间的匹配换热。在夹点设计中，物流的匹配应遵循以下准则。

（1）物流数目准则

由于在夹点之上不应有任何冷却器，这就意味所有的热物流均要靠同冷物流换热达到夹点温度，而冷物流可以用公用工程加热器加热到目标温度，因此每股热流均要有冷流匹配，即夹点以上的热流数目 N_H 应小于或等于冷流数目 N_C，即

$$夹点之上　N_H \leqslant N_C$$

同理，在夹点之下，为保证每股冷流都被匹配，应

$$夹点之下　N_H \geqslant N_C$$

要指出的是，这样的准则，不是对实际系统的要求，而是对设计者设计工作的指导。如果实际系统中物流数目不能满足上述准则，则应通过将物流人为地分流来满足该准则。例如若实际系统夹点之上有三股热流，两股冷流，如图 4-13（a）所示，不满足物流数目准则。这时通过将一股冷流进行分支，就可增加冷流数目，使该准则得到满足，如图 4-13（b）所示。

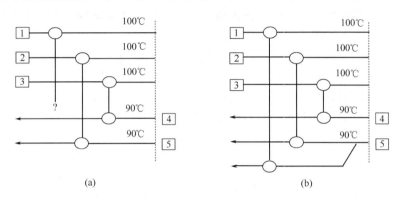

图 4-13　用流股分支来满足物流数目准则

还要指出的是，该准则主要针对夹点处的物流，夹点处的物流必须遵守该准则；而在远离夹点处，只要温差许可，物流可逐次进行匹配，不必遵守该准则。例如图 4-14 所示夹点之上系统，虽然不满足物流数目准则，却不必分流，因为其换热器 2 的匹配已远离夹点，其冷热流体之间有足够的温差。

（2）热容流率准则

本准则适用于夹点处的匹配。夹点处的温差 ΔT_{min} 是网络中的最小温差，为保证各换热匹配的温差始终不小于 ΔT_{min}，要求夹点处匹配的物流的热容流率满足以下准则

$$夹点之上　CP_H \leqslant CP_C$$
$$夹点之下　CP_H \geqslant CP_C$$

该准则可用图 4-15 来解释。在夹点之下，换热器中热流进口和冷流出口处的温差等于 ΔT_{min}，若 $CP_H \leqslant CP_C$，则热流线比冷流线陡，在换热的过程中就会出现 $\Delta T < T_{min}$；反之，若 $CP_H \geqslant CP_C$，则匹配各处的传热温差将不小于 ΔT_{min}，如图 4-15（a）所示。同样，在夹点之

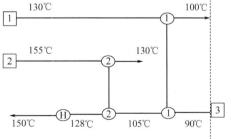

图 4-14　远离夹点处的匹配

上，换热器中冷流进口和热流出口处的温差等于 ΔT_{min}，若 $CP_H \geqslant CP_C$，则冷流进入换热器后升温很快，热流降温较慢，换热的过程中就会出现 $\Delta T < T_{min}$；反之，$CP_H \leqslant CP_C$，就可以保证匹配各处的传热温差不小于 ΔT_{min}，图 4-15（b）所示。

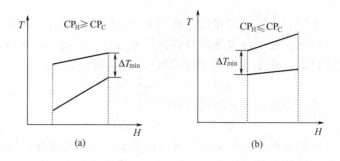

图 4-15　夹点处匹配的热容流率准则

同物流数目准则一样，这个准则，不是对实际系统的要求，而是对设计者设计工作的指导。如果夹点处的实际物流不能满足该准则，就应通过分流来减少夹点之上所需匹配的热流的热容流率或夹点之下所需匹配的冷流的热容流率。

例如在图 4-16(a) 所示的情形中，有一股热流，两股冷流，满足物流数目准则，但热流 1 的热容流率 CP=4.0，无法与冷流 2 和 3 相匹配。为了满足热容流率准则，将热流股 1 分支成两股，其热容流率各为 CP=2.0，然后分别与冷流股 2 和 3 匹配，如图 4-16(b) 所示，这样就同时满足了物流数目准则和热容流率准则。

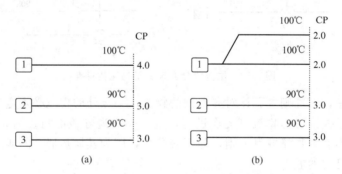

图 4-16　用流股分支来满足热容流率准则

离开夹点后，由于物流间的传热温差都增大了，就不必一定遵循该准则，但仍应保证匹配中各处温差均不小于 $\Delta T_{\min}$。

（3）最大换热负荷准则

为保证最小数目的换热单元，每一次匹配应换完两股物流中的一股。

4.4.2　初始网络的生成

换热网络的初始网络应是最大热回收网络，即具有最小公用工程。为达此目的，就要求没有跨越夹点的传热，因此，要将换热网络从夹点处分为夹点之上和夹点之下两个子系统分别进行设计。现以 4.2.3 节中所举的物流系统为例说明采用夹点设计法生成换热网络初始网络的设计过程。

夹点以上：热流两股，冷流两股，满足物流数目准则。根据热容流率准则，应使流股 2 与流股 3 匹配，流股 4 与流股 1 匹配，满足 $CP_H \leqslant CP_C$。为满足最大换热负荷准则，每次匹配应换完两股物流中的一股，在流股 2 与流股 3 的匹配中，两股物流都被换完，说明该匹配在夹点之上为一独立的子系统；在流股 4 与流股 1 的匹配中，换完热负荷较小的物流，即流股 4；流股 1 所剩加热需求，由公用工程加热器提供。这样所设计的夹点之上的换热网络子系统如图 4-17 所示。

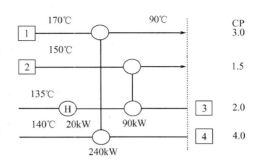

图 4-17　夹点之上换热网络子系统

夹点以下：热流两股，冷流一股，满足物流数目准则。根据热容流率准则，冷流 3 只能与热流 1 在夹点处进行换热，再根据最大热负荷准则，将热负荷较小的热流 1 换完。然后，由于此时匹配已离开夹点，只要匹配的最小温差大于 ΔT_{min}，就不必再遵守热容流率准则，而让冷流 3 再与热流 2 进行换热，并根据最大热负荷准则，将热负荷较小的冷流 3 换完；流股 2 所剩冷却需求，由公用工程冷却器提供。这样所设计的夹点之下换热网络子系统如图 4-18 所示。

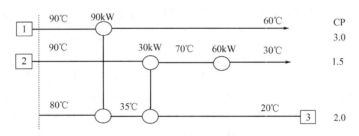

图 4-18　夹点之下换热网络子系统

最后得到的整个网络见图 4-9。从图 4-9 可以看出，该网络共有 6 个换热单元，而该系统的换热单元数目目标是 5，这就意味着该换热初始网络有一个热负荷回路，即由换热器 2 和换热器 4 组成一热负荷回路。换热单元数目较多意味着投资费较高，因此，初始网络还需进行调优以获得最佳经济性能。

下面再看一个需要分流的实例。该实例的物流参数见表 4-5，取夹点温差为 20℃，经计算知夹点位置在平均温度 80℃（即热流温度 90℃，冷流温度 70℃）处，最小加热公用工程量 107.5kW，最小冷却公用工程量 40kW。

表 4-5　物流参数

物流编号和类型	热容流率 CP/(kW/℃)	供应温度/℃	目标温度/℃
1　热流	2.0	150	60
2　热流	8.0	90	60
3　冷流	2.5	20	125
4　冷流	3.0	25	100

夹点之上：热流一股，冷流两股，满足物流数目准则。用该热流与任何一股冷流匹配，均满足热容流率准则，因而可构成两种匹配，如图 4-19 所示。不同的方案给了设计者更多的选择。这两种匹配均能实现最小加热公用工程目标和换热单元数目目标，但总换热面积不同，可操作性也不同。究竟哪个方案较优，可以有不同的考虑的角度。例如可以从投资费上考虑，由于总换热面积不同，换热器投资费用不同；而管道的投资是方案（b）较高些。也可以从可操作性的角度考虑，方案（a）的可操作性要优于方案（b），因为其在两股冷流上均设有加热器。

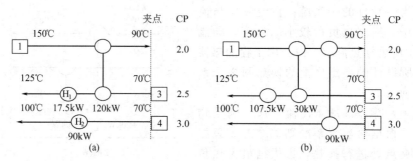

图 4-19　夹点之上的不同匹配

夹点之下：热流两股，冷流两股，满足物流数目准则。但热流 1 的热容流率小于任一冷流，不满足热容流率准则，为此需要将流股分支。

流股分支的方案常常不是唯一的，而是有多种选择。最容易想到的是将一股冷流分支，使其中一股支流的热容流率小于或等于热流 1 的热容流率，但这样做后相当于冷流增加为三股，又违反了物流数目准则，又需要将一股热流分支，使得流程过于复杂。考虑到热流 2 的热容流率大于冷流 3 和冷流 4 的热容流率之和，因此比较简单的流程是将热流 2 分支，将其两支流分别与两股冷流匹配。

但是，如何将热流 2 分支呢，即其两支流的热容流率各为多少合适呢？为了使换热单元数目较少，流股分支的分配原则是：其中一个匹配能恰好完成与之匹配的冷流的热负荷。这样热流 2 就有两种不同的分支分配：一次匹配换完冷流 3 的匹配，和一次匹配换完冷流 4 的匹配。在热流 2 分支匹配之后，再使热流 1 与未换完的冷流匹配，因此时已离开夹点，故不必遵守热容流率准则。热流 2 不同分配分支下所综合的网络如图 4-20 所示。

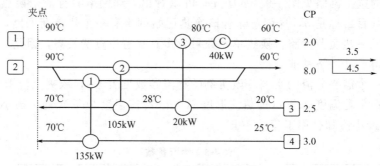

(a) 热流 2 分支一次换完冷流 4 的网络

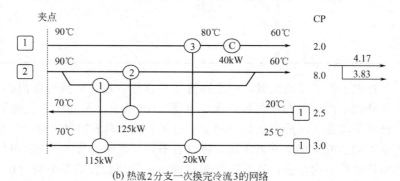

(b) 热流 2 分支一次换完冷流 3 的网络

图 4-20　夹点之下的不同匹配

同样，这些不同匹配均能实现最小冷却公用工程目标和换热单元数目目标，但总换热面积不同。取图 4-19(a) 和图 4-20(a) 所组成的换热系统如图 4-21 所示。

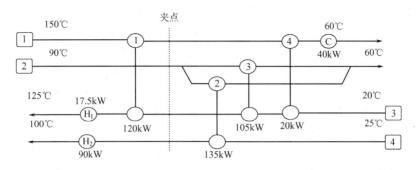

图 4-21　换热系统整体方案

从图 4-21 可以看出，该网络共有 7 个换热单元，而该系统的换热单元数目目标是 5，这就意味着该换热初始网络有两个热负荷回路，还要进行调优处理，以尽量减少换热单元数目，同时尽量维持能量目标，以使系统的总费用最小。

4.4.3　热负荷回路的断开与换热单元的合并

由于最大能量回收网络的设计是分夹点上、下分别进行匹配，有些物流在夹点上、下重复计算，这就不可避免地使网络换热单元总数大于将整个系统作为一体对待时的最小换热单元数目。另外，用其他方法综合的换热网络，其换热单元数目也常常大于最小单元数目。而换热单元数目对设备投资的影响很大，因此有必要通过合并换热单元对换热网络进行调优。

4.4.3.1　热负荷回路

当网络的换热单元数目超过将整个系统作为一体对待时的最小换热单元数目时，根据欧拉通用网络定理，即式(4-7)，可知，网络中必然构成了热负荷回路。

热负荷回路的定义是：在网络中从一股物流出发，沿与其匹配的物流找下去，又回到此物流，则称在这些匹配的单元之间构成热负荷回路，如图 4-22 所示。这里所说的物流也包括公用工程物流，如图 4-22(b) 所示。

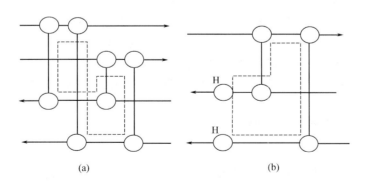

(a)　　　　　　　　　　　　　(b)

图 4-22　热负荷回路

一个系统中独立的热负荷回路数可以按下式确定

独立的热负荷回路数＝实际换热单元数－最小换热单元数

所谓独立的热负荷回路，是指热负荷回路相互独立，不会由其中几个的加减而得到另一

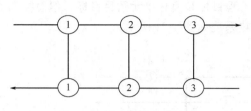

图 4-23　独立的热负荷回路

个。例如如图 4-23 所示简单网络，本来一个换热单元就可完成的换热，却由三个换热单元来完成，故有两个独立的热负荷回路。但在辨认热负荷回路时，却可找出三个，分别是：1—2、1—3、2—3。可见这三个热负荷回路相互不独立，独立的只有两个。

要确定热负荷回路是否独立，一个简单的办法是每找出的新的热负荷回路中，有一个前面所找到的回路中没有包括的换热单元。

在识别热负荷回路时，要注意以下两点。

① 如果在确定最小换热单元数目时，取加热公用工程数目为 1，则不同的加热器用的是同一股公用工程物流，可以连起来，如图 4-22（b）的情形。同理，如果在确定最小换热单元数目时，取冷却公用工程数目为 1，则不同的冷却器用的是同一股公用工程物流，可以连起来，如图 4-24 中的 $C_1 \to 6 \to 7 \to C_2$ 回路。

② 有分流的工艺物流，实际上是一股物流，故可将不同支流上的换热器直接连起来，如图 4-21 中的 $H_2 \to 2 \to 3 \to H_1$ 回路。

下面用一个有较多热负荷回路的换热网络为例，说明识别回路的方法。在图 4-24 所示网络中（该网络不是用夹点设计法综合的），共有物流 6 股（包括一股加热和一股冷却公用工程），换热单元 10 个。

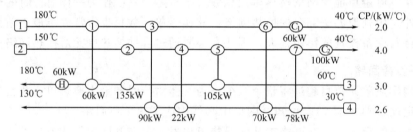

图 4-24　有热负荷回路的换热网络

如果将所有物流作为一个系统，在没有热负荷回路的条件下，用式（4-8）可求得最小换热单元数目为 5，而该网络中用了 10 个换热单元，说明回路数目 $L=5$。

识别回路的方法就是依据回路的定义，从一股物流出发，经几个换热单元，看是否又回到该物流。在图 4-24 所示网络中，可以找到 5 个独立的热负荷回路，分别是：从第一股热流经换热单元 1→2→4→3 回到第一股热流，第二股热流经换热单元 2→5 回到第二股热流，第一股热流经换热单元 3→6 回到第一股热流，第一股热流经换热单元 3→4→7→6 回到第一股热流，冷却公用工程经换热单元 $C_1 \to 6 \to 7 \to C_2$ 回到冷却公用工程。

当然还可以写出若干热负荷回路，但独立回路只有 5 个。

4.4.3.2　合并换热器

为使换热单元数目为最小，就应使热负荷回路数 $L=0$，即需要把网络中的热负荷回路断开。

热负荷回路的一个重要特点是，回路中各单元的热负荷可以相互转移，而不影响回路之外其他单元的热负荷。根据回路的这一特点，可以通过热负荷转移而使回路中一个换热单元的负荷为零（即将该换热单元合并），从而断开回路达到合并换热器的目的。

在打破回路、合并换热器的过程中，并非所有的换热器都可简单地合并，还要考虑一些因素，采取相应的措施，才能得到合理且费用较少的网络。

4.4.3.2.1　保证各换热单元热负荷不小于零

在图 4-24 的 1→2→4→3 的热负荷回路中[图 4-25（a）]，分别将各换热单元合并一次，其结果如图 4-25（b）～（e）所示。

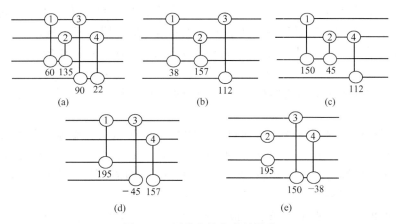

图 4-25　回路中热负荷的转移

合并的过程如下：从要合并的单元开始，按回路所经的顺序排出换热单元次序，然后从各奇数位置的单元设备的热负荷中减去所要合并的单元（位置 1）的热负荷，在各偶数位置的单元中加上所要合并的单元的热负荷。

例如，要合并单元 4 时，从单元 4 开始，将回路中各单元按回路所经顺序排列，为：4（1）→3（2）→1（3）→2（4）或 4（1）→2（2）→1（3）→3（4），括号外为换热单元号，括号内为单元次序位置号。单元 4 的热负荷为 22kW。从各奇数单元中减去 22kW，则有，单元 4 热负荷为零（等于零即为合并了的换热单元），单元 1 为 $60-22=38$（kW），单元 2 为 $135+22=177$（kW），单元 3 为 $90+22=112$（kW）。其结果如图 4-25（b）所示。

用同样的方法，合并换热单元 3、2、1，所得结果分别如图 4-25（c）～（e）所示。从图中可以发现，当合并单元 2 和单元 1 时，其他单元产生了负的热负荷，说明这是不可行的合并方案，应该放弃。

实际上可行的合并方案最多有两个。从回路中任一个单元开始，可以把所有的单元分成两组：奇数组和偶数组。可以合并的单元是两组中热负荷最小的单元。

有一条设计经验是：总是合并回路中热负荷最小的换热器。这样可以保证合并后回路各单元的热负荷不小于零，同时也使合并换热单元对系统的影响最小。如上例中单元 4 的合并。

4.4.3.2.2　传热温差的考虑与适当增加公用工程用量

分析图 4-21 可知，该换热网络有两个热负荷回路，1→4 和 H₁→3→2→H₂。为打破 1→4 回路，较好的方案是合并换热器 4，因为它的热负荷最小。这样，就

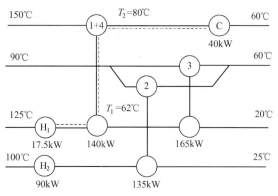

图 4-26　图 4-21 系统合并换热器

将换热器 4 的 20kW 热负荷全部加到换热器 1 上，使换热器 1 的热负荷增加到 140kW。合并换热器后的网络如图 4-26 所示。

通常，合并换热器后，会使局部传热温差减小，因此，在合并换热器后，应检验传热温差，看是否满足最小传热温差的限制。

在上例中，合并后有一端的传热温差为 $T_2-T_1=80-62=18$（℃），而夹点温差值为 20℃。温差 18℃，虽然小于夹点温差，但技术上是允许的，只是换热面积要增加。如果要维持最小温差 20℃不变，就要采取一些措施，如适当增加公用工程用量，物流分支等。

当采用适当增加公用工程用量来维持最小传热温差时，首先要定义一个概念，就是路径。

路径：网络中连接一个加热器和一个冷却器的一条热流路线。它包括沿此路线的所有换热器。

热负荷可以这样沿路径转移，给加热器中增加热负荷 X，则该加热器所在物流的另一换热器中减少热负荷 X，以维持该物流的总热负荷不变；而在负荷减少的换热器中与该物流匹配的另一股物流同时减少了热负荷 X，必须在这股物流的另一个换热器或冷却器中再加上热负荷 X；当冷却器增加了热负荷 X 后，热负荷的转移结束，整个路径的热负荷平衡。

当要通过增加公用工程用量来维持最小传热温差时，首先要找到需恢复传热温差的换热器所在的路径，例如在上例中，可找到该路径为 $H_1 \rightarrow (1+4) \rightarrow C$，如图 4-26 中虚线所示；然后以最小传热温差为约束条件，求出所要转移的热负荷量，然后沿路径转移该热负荷量，使传热温差恢复到允许的最小值。

当热负荷沿路径 $H_1 \rightarrow (1+4) \rightarrow C$ 转移时，加热器 H_1 负荷增加 X，换热器（1+4）负荷减少 X，冷却器负荷增加 X，T_1 温度不变，欲使 T_2 达到 82℃，有

$$T_2 = 150 - (140-X)/2.0 = 82(℃)$$
$$X = 4(kW)$$

此时，虽然温差得到恢复，但以付出 4kW 的加热公用工程和 4kW 的冷却公用工程为代价。因此，在本例的情况下，存在增加公用工程与增加换热面积之间的权衡。

采用适当增加公用工程用量来维持最小传热温差的方法又称为"能量松弛法"，就是把换热网络从最大能量回收的紧张状态下"松弛"下来，调整参数，使能量回收减少，公用工程消耗加大，传热温差也加大。

4.4.3.2.3　采用分支维持最小传热温差

为打破图 4-24 中的 2→5 回路，将两台换热器合并成一台，放在换热器 4 的上游，如图 4-27 所示。检验温差时发现换热器 4 一端的温差为 $90-95.38 = -5.38$（℃），这在热力学上显然是不可行的。如果将换热器 2 和 5 合并后放在换热器 4 之后，（2+5）号换热器的传热温差也会出现类似情况。传热温差变为负值的原因，主要是在热流上有换热器 4 插在换热器 2 和 5 之间。为保证合并后的（2+5）号和 4 号换热器均有较高的热流温度，需将 2 号热物流分支，如图 4-28 所示。

分支时分流率的分配应使每股流的传热温差均得到保证。分流率的分配不是唯一的，通常其中一股按最小分流率计算，即

$$CP_{分支} = 热负荷/最大允许温降(或温升) \tag{4-14}$$

同时检验另一股分支是否满足传热温差的要求。在本例中，（2+5）号换热器的热负荷为 240kW，2 号热物流的最大允许温降为 $[150-(60+10)]=80$（℃），因此求得 2 号热物流在 （2+5）号换热器上分支的热容流率为 3.0。再检验 4 号换热器的温差，其热流温度降至

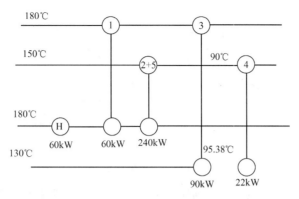

图 4-27 简单合并换热器

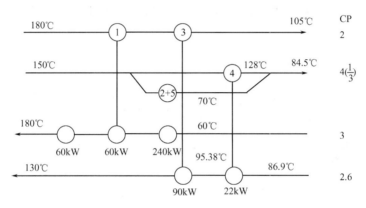

图 4-28 分支合并换热器

$150-22/1.0=128$（℃），大于冷流 4 的进口温度 86.9℃加上最小传热温差，说明物流的分支是合理的。

按最小分流率方法所得的物流分支，可最大限度地保证换热匹配传热温差的要求，但不能保证是最小换热面积的匹配，所以不一定是最优的分流率。

虽然合并换热器使得换热单元数目减少，进一步降低了换热网络的投资费用，但要付出代价。或者是换热温差减小，使换热面积增加；或者是增加公用工程用量，使能量费用增加；或者是采用分支等方式，使网络结构复杂化。在具体设计过程中，要以总费用为目标并全面考虑实际情况，来确定如何调优合并换热器。

4.4.4 阈值问题

并非所有的换热网络问题都存在夹点，只有那些既需要加热公用工程、又需要冷却公用工程的换热网络问题才存在夹点。只需要一种公用工程的问题，称为阈值问题。如图 4-29 所示，图 4-29（a）为只需加热公用工程的阈值问题；图 4-29（b）为只需冷却公用工程的阈值问题。

有些系统，当冷、热复合曲线距离较远时，既需要加热公用工程又需要冷却公用工程，是夹点问题，如图 4-30（a）所示；向左平移冷复合曲线；到图 4-30（b）所示情形时，冷却公用工程消失，只剩下加热公用工程，成为阈值问题，此时的最小传热温差称为阈值温差，记作 ΔT_{THR}。因此，这样的系统属于阈值问题还是属于夹点问题，取决于夹点温差和阈值

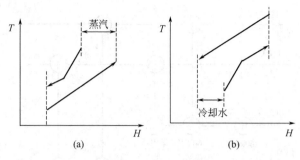

图 4-29　阈值问题

温差谁大谁小。若 $\Delta T_{THR} < \Delta T_{min}$，则属于夹点问题，因为系统不允许温差小于夹点温差；反之，若 $\Delta T_{THR} \geqslant \Delta T_{min}$，属于阈值问题。对于阈值问题，若继续左移冷复合曲线，使最小温差小于阈值温差但大于夹点温差，如图 4-30(c) 所示，此时加热公用工程总量不再变化，但温位有所变化。

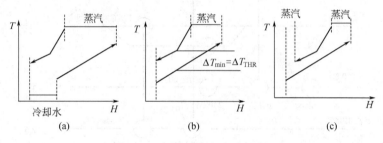

图 4-30　阈值问题与夹点问题

夹点问题的公用工程用量随最小传热温差的减小而减少，如图 4-31（a）所示。而阈值问题则不同，当最小传热温差大于阈值温差时，公用工程用量随最小传热温差的减小而减少；但当最小传热温差小于阈值温差时，公用工程用量将保持不变，如图 4-31（b）所示。

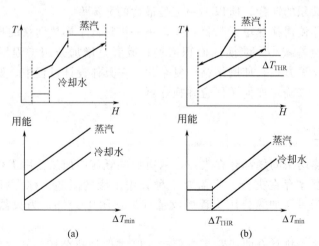

图 4-31　夹点与阈值问题的公用工程量

对于阈值问题，虽然继续减小传热温差，公用工程用量不变，但这并不意味就不存在能源费用与投资费用之间的权衡。因为传热温差的进一步降低，对于只需要加热公用工程的阈值问题，使一部分加热公用工程的需求温度降低，加热公用工程量的数量不变、温度降低，整个换热过程㶲损失降低，加热公用工程费用降低。对于只需要冷却公用工程的阈值问题，因为传热温差的降低，使一部分冷却公用工程的需求温度升高，这样，或者可以利用较高的余热产生蒸汽，或者可以减少较低温度冷量的需求，使整个换热过程㶲损失降低，冷却公用工程费用降低。但此时由于传热温差的降低，使换热面积增加，投资费用增加。所以，仍然存在一个优化的问题。

例如合成氨的变换工序就是只需要冷却公用工程的阈值问题。虽然有外界补充蒸汽进入系统，但这些蒸汽是作为工艺用而不是作为换热用的。将冷复合曲线向左平移，用热流体高温段的那部分热量来发生蒸汽，可以减少外界补充蒸汽量和冷却公用工程量，从而改进系统。采取这样的措施后，补充蒸汽量比原流程减少了 57%，冷却水用量比原流程减少了 68%。

但相对夹点问题，阈值问题换热网络的匹配有更大的灵活性，各换热匹配不受所谓夹点温差的限制，可根据实际情况安排。

夹点问题与阈值问题是两种不同类型的换热网络问题，应当采取不同的设计方法。因此，当设计换热网络时，首先要判断其是夹点问题还是阈值问题。如果公用工程用量一直随最小温差的减小而减少，该问题为夹点问题。如果最小温差减小到一定程度后，一种公用工程消失，另一种公用工程不再变化，也不能肯定这就是阈值问题，还要进一步判断。这次的判断是根据最优夹点温差的计算来确定。若最优夹点温差大于阈值温差，则表示系统既需要加热公用工程也需要冷却公用工程，为夹点问题；若最优夹点温差小于或等于阈值温差，则表示一种公用工程消失，为阈值问题。

在阈值问题的换热网络设计中，为了确保只用一种公用工程，应该如下进行设计：对于只需要加热公用工程的阈值问题，可以将其视为只有夹点之上部分，应从低温侧开始设计，以保证较低温度下的热流体的热量能传给冷流体；而对于只需要冷却公用工程的阈值问题，可以将其视为只有夹点之下部分，应从高温侧开始设计，以保证较高温度下的冷流体能从热流体获取热量。

4.5　换热网络改造综合

换热网络的综合有两种类型：一种是新换热网络的设计综合，另一种是原有换热网络的改造综合。前面几节所介绍的均是新换热网络的综合方法。

一般说来，换热网络的改造综合比新换热网络的设计更为复杂，受到的约束更多，要考虑的因素也更多。首先，希望尽量保持原有的系统结构，主要的工艺设备例如反应器、精馏塔等尽量不动；其次，希望尽可能地利用原有的换热器，例如，工艺设备的位置已定，某些流股会因为距离太远而不便进行换热；再次，为了不更换流体输送泵，有时需要限制换热器中的流速或新增换热器的数目，以免流体压降过大。因此，在改造综合中，各种因素都要综合考虑。

4.5.1　现行换热网络的分析

当考虑对一个现行的换热网络进行节能改造时，通常要分析以下几个问题：①现行的换热网络是否合理？②若不合理，哪些用能环节不合理？③系统有多大的节能潜力？④应如何进行节能改造？

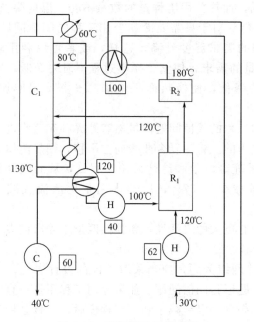

图 4-32　现行换热网络分析

要回答这几个问题，可以根据夹点技术及其 4.2.4 节中所给出的三条原则：

① 夹点之上不应设置任何公用工程冷却器；

② 夹点之下不应设置任何公用工程加热器；

③ 不应有跨越夹点的传热。

下面通过一个简单的例子来分析一个已有的系统，并回答上述四个问题。

图 4-32 给出了一个简单的化工过程系统，仅由两个反应器、一个精馏塔和几个换热器组成。该系统中的所有余热都已进行了回收，最后排给冷却公用工程的废热的温度只有 70℃。此时，系统换热网络部分需要加热公用工程共 102 个单位，冷却公用工程共 60 个单位。这是一个看起来能量利用已经非常合理的系统。

提取该过程的物流数据，如表 4-6 所示。

表 4-6　图 4-32 的物流参数

物流编号和类型	热容流率 CP/(kW/℃)	供应温度/℃	目标温度/℃
1　热流	1.0	180	80
2　热流	2.0	130	40
3　冷流	1.8	30	120
4　冷流	4.0	60	100

现行换热网络的最小温差为 10℃，出现在热流 2 与冷流 4 换热的换热器中。因此，取夹点温差为 10℃，对该物流数据用问题表法求解，求得夹点位置在热流温度 70℃、冷流温度 60℃ 处，能量目标为：最小加热公用工程为 48 个单位，最小冷却公用工程为 6 个单位。

现在可以回答前面提出的第一个问题和第三个问题。首先，图 4-32 所示的能量系统是不合理的，其节能潜力可用下式计算

$$节能潜力＝实际加热公用工程量－最小加热公用工程量 \tag{4-15}$$

故其节能潜力为 102－48＝54 个单位，高达 53%。

第二个问题和第四个问题的回答就要依赖于前面所提的三条原则。

首先检查有无夹点之上的冷却器。系统中只有一个冷却器，把热流 2 从 70℃ 冷却到 40℃，全部在夹点之下。故不存在夹点之上的冷却器。

然后检查有无夹点之下的加热器。系统中有两个加热器，一个把冷流 3 从 85.5℃ 加热到 120℃，另一个把冷流 4 从 90℃ 加热到 100℃。可见，这两个加热器均在夹点之上。故不存在夹点之下的加热器。

最后检查有无跨越夹点的传热。系统中有两个换热器，一个是热流 2 与冷流 4 的换热，热流 2 从 130℃ 降温到 70℃，把冷流 4 从 60℃ 加热到 90℃；另一个是热流 1 与冷流 3 的换热，热流 1 从 180℃ 降温到 80℃，把冷流 3 从 30℃ 加热到 85.5℃。可见，在热流 1 与冷流 3 的换热中发生了跨越夹点的传热，该跨越夹点的传热量为 (60－30)×1.8＝54 个单位，正是

本系统的节能潜力。

这样，就回答了第二个问题，系统用能不合理的环节出现在热流 1 与冷流 3 的换热中，发生了 54 个单位的跨越夹点的传热。

最后一个问题仍然依赖前面所提的三条原则来回答。即冷流 3 在夹点之下部分（从 30℃ 到 60℃）的加热不能用夹点之上的热流，只能用夹点之下的热流，即只能用 70℃ 以下的热流 2。

最后得到优化改造后的系统，如图 4-33 所示，只增加一个换热器，就回收了 53% 的热量，使系统换热网络达到了能量目标。

实际的化工系统要比图 4-32 中的系统复杂得多，但分析的方法和步骤完全一样，只是最后能量回收方案的确定不是这样简单。

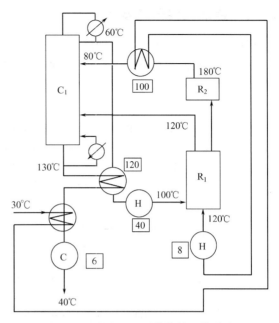

图 4-33　对图 4-32 系统换热网络改造

4.5.2　换热网络改造综合的设计目标

现有网络的改造和新网络的设计，除了能量目标的确定是相同的外，其他设计目标均有所不同。

由于在现有网络的改造中要求尽量利用现有换热器，故面积目标变为新增面积目标，为所需的总换热面积减去原有的换热面积。

在经济目标方面，为能量费用节省目标、新增换热面积投资目标和投资回收年限目标。

能量费用节省目标为现有的能量费用减去用能量目标所确定的能量费用所得的差值。

在求新增面积投资目标时，首先用所需面积减去已有面积而得到新增面积，然后假定所有面积都在一个换热器上而求得新增面积投资目标。

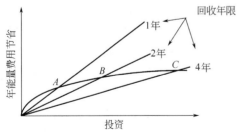

图 4-34　投资与节能关系曲线

用新增面积投资目标除以年能量费用节省目标，就得到投资回收年限目标。

在确定夹点温差时，是取所要求的投资回收年限所对应的夹点温差。其具体做法是：首先作出能量费用节省与新增投资费用的曲线，其上每一个点对应一个特定的夹点温差，一般说来，能量费用节省越多，所需新增投资也越多，其曲线如图 4-34 所示；然后在能量费用节省与新增投资费用曲线图上作出所指定的投资回收年限曲线，由于投资回收年限等于新增投资费用除以能量费用节省，所以对指定的投资年限而言，该曲线为一直线，如图 4-34 所示。一旦确定了投资回收年限，则可求得该直线与曲线的交点，该交点所对应的夹点温差就是最优夹点温差。

4.5.3　换热网络改造步骤

现用一个例子，说明换热网络的改造步骤。

现有的换热网络如图 4-35 所示，有三股热物流，两股冷物流，所有物流数据均列于图中。

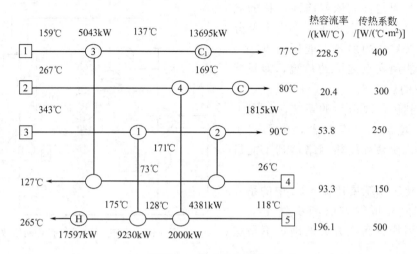

图 4-35　现有换热网络

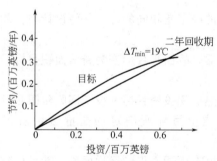

图 4-36　网络改造新增面积投资与能量
节约关系

给定费用参数如下：

燃料费用＝63360 英镑/（MW·a）

换热器费用　$C_E = 8600 + 670A^{0.83}$（英镑）

式中，A 为换热面积，m^2。

第一步，按给定物流数据及费用参数计算不同 ΔT_{min} 下的能量目标和面积目标。

第二步，绘出新增面积投资费用与能量节省费用的关系，如图 4-36。以投资回收年限为两年计，确定 $\Delta T_{min} = 19℃$，新增换热面积投资费用为 65 万英镑，年能量节省费用 32.5 万英镑。

第三步，分析现有网络中违反夹点原则的匹配，如图 4-37 所示。从图 4-37 中可见，换热器 4 发生跨越夹点的传热；同时冷却器 C_2 将热物流 2 从 169℃冷却到 80℃；在 169℃→159℃ 这段冷却是在夹点之上用了冷却器；违反了夹点技术的基本原则。这些都造成了能量的浪费；应当加以纠正。

第四步，去掉夹点之上的冷却器和夹点之下的加热器，消除跨越夹点的匹配。在本例中，只有夹点之上的冷却器和跨越夹点的匹配。在改造中，原有换热器都应利用。在此例中，仅增加一台新换热器 A，改造后的初步设计如图 4-38 所示。

第五步，换热网络的进一步调优。为恰当地使用原换热器，需要对一些换热器的热负荷进行调整；或为保留原换热网络流程结构不变，尽量减少物流的分支。在此例中，1、A、3、2 四台换热器构成了热负荷回路，通过负荷转移及减少分支，最后确定的换热网络改造方案如图 4-39 所示，其中 1、2、4 换热器需新增部分面积，A 为新添置的换热器，改造结果是新增换热面积费用 63 万英镑，投资回收年限 1.9 年。

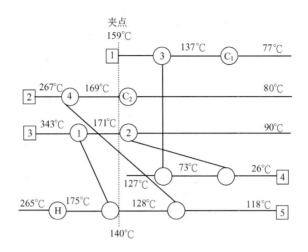

图 4-37　分析违反夹点原则的匹配

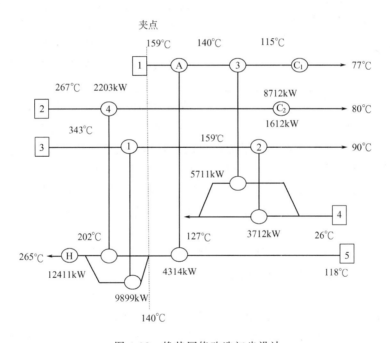

图 4-38　换热网络改造初步设计

这是比较理想化的换热网络改造步骤，可以针对比较简单的系统。对于复杂系统，虽然原理上仍适用，但要考虑的实际问题要多得多。

4.5.4　受网络夹点控制装置的改造分析

装置改造一般将引起系统换热网络结构的变动，改造的基本原则是，在尽量保持原有流程的基础上取得尽可能大的热回收。根据结构变动的程度，可作如下定义：仅以增加换热器面积来回收热量而不改动换热网络结构的称为"零改动方案"；而在改造中引起换热网络结构的一次改动，则称为"一改动方案"；依次类推，有"二改动方案""三改动方案"等。

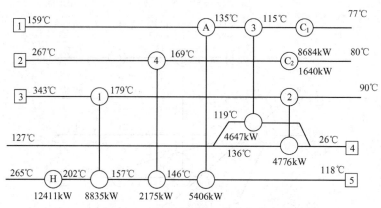

图 4-39　调整后换热网络改造方案

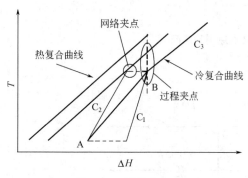

图 4-40　网络夹点

在实际的改造中，应尽可能选择较少的改动。

在对现行过程进行分析时，确定了夹点位置，这个夹点是过程的夹点。然而在改造过程中，由于换热网络已经存在，热回收的极限受多种因素的影响，以图 4-40 为例，如果冷复合曲线过程夹点之下 $T_A \sim T_B$ 段由两股（或多股）冷流 C_1、C_2 复合而成，其对应的位置如图 4-40 所示。当热复合曲线尚未与冷复合曲线接触，热流体 H 与冷流体 C_2 的热交换已经到达温差为 0℃ 的极限，如果此时不对换热网络作进一步的改造而仅增加换热面积则热回收已达到最大值。这种情况下单股冷、热流体传热温差到达规定的最小传热温差的点称为网络夹点。在实际的改造中网络夹点可能在多处出现，如果此时采用"零改动方案"，系统不能进一步提高节能效率。如图 4-40 中，系统节能受冷流体 C_2 与热流体 H 形成的网络夹点限制，尽管根据过程夹点分析显示出系统尚有节能潜力。

这一类装置，可以称之为受网络夹点控制的装置。要对其进行节能改造，就必须首先消除业已形成的网络夹点。这可以通过以下两种方法来达到。

（1）分流

将不满足物流数目准则的冷流体或热流体分流，分流以后的各流股必须遵循热容流率准则。在相同的换热负荷情况下，由于采用了分流，网络夹点之下的部分热量转移到网络夹点之上，传热温差增大，对应的网络夹点将得到解除。但在实际的生产中，由于受到控制水平等因素的影响，有些厂家在改造过程中不愿采用分流的手段。

（2）调整换热网络结构

通过调整换热顺序或增减换热器可以解除若干个甚至全部网络夹点的约束。这样将导致换热网络有较大的改动。显然，采用"零改动方案"的改造是无助于网络夹点的消除。因此，必须采用至少是"一改动方案"的调整才有可能进一步回收热能。

图 4-41 为某炼油厂润滑油加氢补充精制工艺流程。原料油经换热器加热后从加热炉顶部进入；H_2 在炉中部与原料油混合后进一步加热至预定温度，然后进入反应器 1。出反应器底部的高温流体经换热降温后（经换热器 3、换热器 1/2），进入油气分离容器 1、2，去

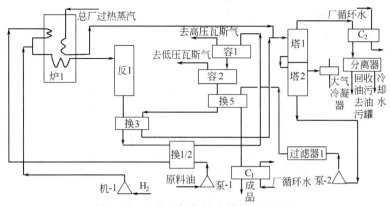

图 4-41 润滑油加氢补充精制工艺流程

除瓦斯气后经升温进入汽提塔 1。出塔 2 的油过滤降温后即成为成品油；塔 1 塔顶气经降温回收油污去油污罐。

由该装置提取的物流数据如表 4-7 所示。现有换热网络如图 4-42 所示。对现有换热网络进行夹点分析，取夹点温差 15℃。经计算，夹点处热流体温度为 264℃，冷流体温度为249℃，此时最小加热公用工程 1882.32MJ/h，最小冷却公用工程 699.93MJ/h。

表 4-7　物流参数

物流类型	编号	名　　称	供应温度/℃	目标温度/℃	热量/(MJ/h)	平均热容流率/[MJ/(h·℃)]
热流	H_1	反应生成物	260	188	7084	93.42
	H_2	成品油	228	70	5200.1	32.91
	H_3	塔顶气	98	35	454.7	7.22
冷流	C_1	原料油	65	295	9411.6	40.92
	C_2	去瓦斯油	160	243	4509.6	54.33

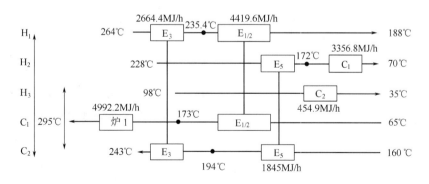

图 4-42　现有换热网络

由图 4-42 可知，现有换热网络中的加热公用工程量（4992.2MJ/h）和冷却公用工程量（3811.7MJ/h）均大于计算值，究其原因主要是由于换热网络出现了夹点之上的加热量炉1，使得一些换热器平均换热温差较大。如果对该网络进行"零改动方案"改造，通过增加换热面积（以换热器 5 为例）、减小传热温差，则可节约一定能量。当换热器 5 的传热温差达到极限 0℃，节约加热公用工程（4992.2－4602＝）390.2MJ/h，节约 7.8%。此时出现了网络夹点，如图 4-43 所示。当出现网络夹点时，在"零改动方案"中，以增加换热面积为代价的节能效果是有限的，即使某一个或几个换热器的面积为无穷大。

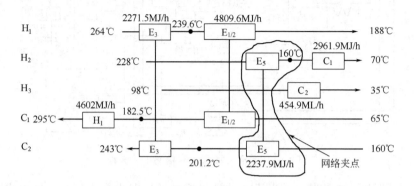

图 4-43 "零改动方案"换热网络

相对于"零改动方案"，如果在改造中通过增加换热器对原有换热网络进行"一改动方案"改造，如图 4-44 所示，则能回收热流体 H_2 被冷却的部分热量，其代价为增设一台换热器 E_1（流体 H_2—C_1 之间）。为了与"零改动方案"进行比较，分别对"零改动方案"和"一改动方案"进行计算，得到改造投资费用与加热公用工程的关系曲线如图 4-45 所示。由图 4-45 可知，"一改动方案"节约能源比"零改动方案"大得多，当然投资费用也要大。

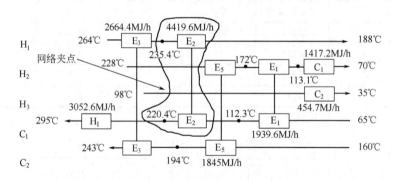

图 4-44 "一改动方案"换热网络

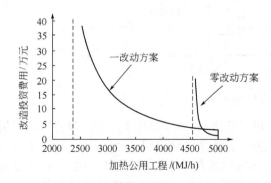

图 4-45 投资改造费用与加热公用工程的关系

4.5.5 换热网络改造综合实例

4.5.5.1 乙烯装置换热网络改造

此例为 Linnhoff 教授与美国联碳公司合作对乙烯装置换热网络的改造。该装置的流程图如图 4-46 所示，由其他分离过程来的物料进入塔 1，塔 1 塔顶产物为主要产品，经过加热后送往后续工段。塔 1 的塔底产物再经塔 2 分离，塔 2 塔顶产物循环至塔 1 进料处，塔 2 的塔底产物又经塔 3 分离，由塔 3 的塔顶得第二产品，塔 3 的塔底产物循环至塔 1 和塔 2 内。

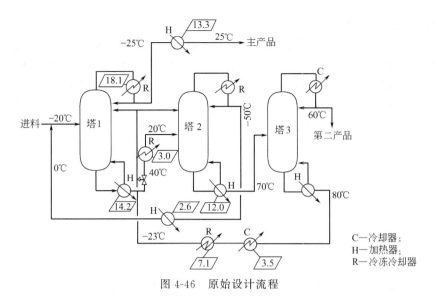

图 4-46　原始设计流程

除去通常所需的再沸器和冷凝器外，此流程还需要以下额外的加热和冷却负荷：

① 塔 1 塔顶主要产品需加热量 13.3 单位；

② 塔 3 塔底循环物料需冷冻量 7.1 单位；

③ 进入塔 2 的塔 1 塔底产物需冷冻量 3.0 单位；

④ 塔 2 塔顶循环物料需加热量 2.6 单位。

原始设计中，这些额外的加热和冷却负荷均由公用工程通过加热器和冷却器来完成。

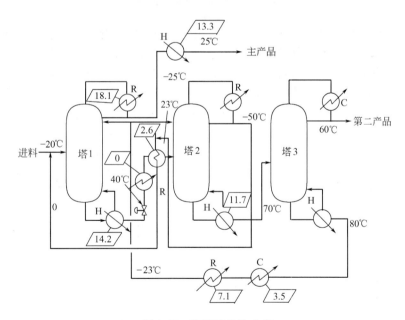

图 4-47　建厂时改造方案

　　为减少公用工程用量，自然会想到，应进一步利用这些冷、热流体换热以回收部分热量。在建厂时，曾按工程师的经验，提出了一种方案，即用塔 2 的进料来加热塔 2 塔顶的再循环物流，如图 4-47 所示。该方案只增加一台换热器即可回收 2.6 单位热量，从而减少了相当数量的加热和冷却公用工程用量。这一改造方案预计投资 15 万美元，节省公用工程费用 20 万美元/

年，投资回收期仅 9 个月。

后来又应用夹点技术对上述流程进行分析和改造，取得了更好的效果。原始设计的换热网络匹配及夹点位置如图 4-48 所示。在原始设计中，曾利用丙烯冷冻来冷却塔 2 的进料和塔 3 的再循环物料，均属穿越夹点的换热。而在建厂时的改造方案中，准备新增的塔 2 进料与塔顶再循环物料之间的换热，实际也是穿越夹点的换热，尽管回收了一些热量，但从夹点技术的观点来看，仍有节能潜力。

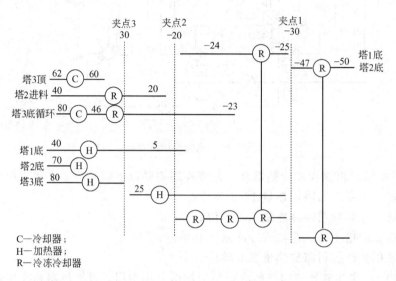

图 4-48　原始设计换热网络

利用夹点技术重新对原始设计进行改造，用塔 3 塔底的部分循环物料来加热塔 2 塔顶的再循环物料，塔 3 塔底其余部分循环物料用来加热塔 1 塔顶的主要产品，见图 4-49 中由 P 表示的匹配。此外还将塔 2 的进料温度适当提高，节省了塔 2 再沸器的蒸汽用量，仅稍许增加了塔顶冷凝器的冷量。夹点技术改造方案的流程如图 4-50 所示。该改造方案，与建厂时的改造方案相比，公用工程费用可节省 45 万美元/年，投资 30 万美元，投资回收年限仅为 8

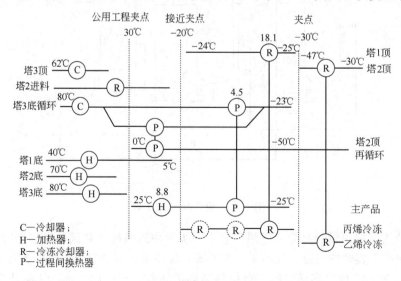

图 4-49　夹点技术改造的换热网络

个月。若应用夹点技术重新设计该换热网络，则相对于原始设计，投资可减少 70 万美元，公用工程费用可节省 65 万美元/年。

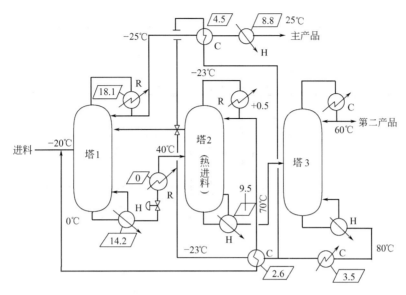

图 4-50　夹点技术改造方案的流程

4.5.5.2　柴油加氢装置的集成改造

石油加氢技术是石油产品精制、改质和重油加工的重要手段。催化裂化柴油加氢，可以提高其安定性和十六烷值，有效地提高产品质量。

催化裂化柴油加氢精制反应的反应温度一般在 300℃ 左右，而加氢精制反应为放热反应，最终产品又要被冷却到常温。因此，该装置的换热网络是否合理，对柴油加氢过程能耗和经济性，影响很大。

某柴油加氢装置以重催柴油为原料。其现行换热网络如图 4-51 所示，图中各物流参数如表 4-8 所示。

根据表 4-8 的物流数据进行计算，可以得到如图 4-52 所示的夹点温差与加热公用工程之间的关系。由图 4-52 可见，当夹点温差小于 12℃ 时，加热公用工程变为 0，即此时该过程为一阈值问题，只有冷却公用工程，没有加热公用工程。

表 4-8　物流数据

物流编号	物流名称	供应温度/℃	目标温度/℃	热负荷/(MJ/h)
H_1	产品蒸汽	140	40	1168
H_2	产品	190	50	16093.4
H_3	产品氢气	290	210	20232.8
H_4	循环氢	216	40	1550.6
C_1	原料氢气	158	274	22496.2
C_2	原料	30	161	14642
C_3	氢气	49	137	1129
C_4	汽油	40	70	59

原换热网络中的最小温差为 18℃（见图 4-51 换-4 温度端差）。若取夹点温差为 18℃，则此时最小加热公用工程为 637MJ/h。而实际换热网络的加热公用工程为 4085MJ/h，显然换热网络设计很不合理，即使在夹点温差为 18℃ 的条件下，节能潜力仍高达 84%。若夹点

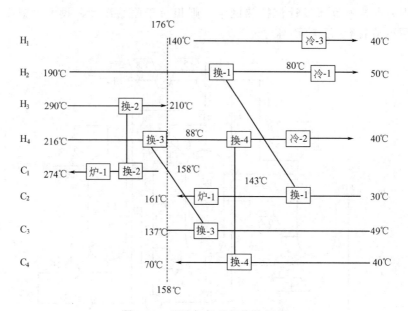

图 4-51　柴油加氢现行换热网络

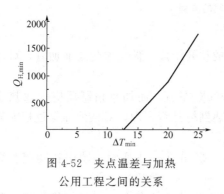

图 4-52　夹点温差与加热
公用工程之间的关系

温差进一步减小，其节能潜力将更大。

　　根据夹点分析原理，可以找出换热网络的不合理之处。当取夹点温差为 18℃ 时，夹点出现在热流温度 176℃、冷流温度 158℃ 处。因此现行换热网络存在以下不合理之处。

　　① 有夹点之下的加热器　原料（C_2）在炉-1 内从 143℃ 到 158℃ 的加热为夹点之下的加热，使公用工程增加 1677MJ/h。

　　② 有跨越夹点的传热　换-1 中产品（H_2）从 190℃→176℃ 以及换-3 中循环氢（H_4）从 216℃→

176℃ 均为用夹点之上的热流加热了夹点之下的冷流，两者分别使公用工程增大 1610MJ/h 和 352MJ/h。

　　对已有系统的改造不同于新设计，应充分考虑原换热网络已有的结构，做尽可能少的变动，以减少改造的投资费用。

　　考虑原换热网络改动不大的最大热回收初始换热网络如图 4-53 所示。图 4-53 的换热网络相对原换热网络，只增加了两处新的匹配，即 E_1 和 E_2，去掉了炉-1 和冷-1，其他部分网络维持不变。图 4-53 所示换热网络的热回收达到最大，全部冷流所需的热量均由热流提供，不需加热公用工程，因此节能量达 4085MJ/h。

　　考虑到由于原料（C_2）与氢气混合后形成冷流 C_1，所以 C_2 的目标温度并不是一固定值，且 C_2 终温的提高会使 C_1 的供应温度升高。所以若在换-1 中将 H_2 所有的热量均用于加热 C_2，其换热效果同图 4-53 网络一样，但减少了 E_1 这一新匹配，简化了网络系统的改造。因此，调优后的换热网络如图 4-54 所示。

　　在最大热回收换热网络 I（图 4-54）下，燃料用量从 4085MJ/h 降为 0。需新增换热器 E_2，换热器换-1 和换-2 面积不够，需增加换热面积。其余换热器仍采用原换热器。

　　考虑网络变动最小的换热网络，在本系统中，可以完全不动原管路系统。此时尽量

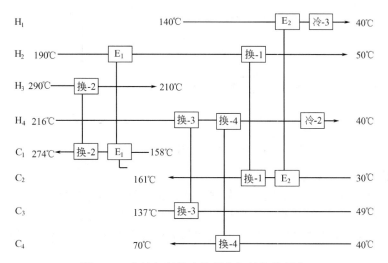

图 4-53　柴油加氢最大热回收初始换热网络

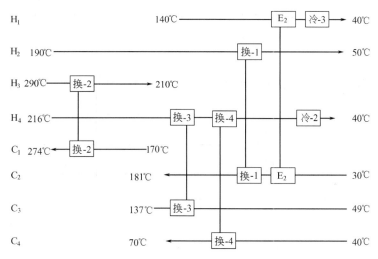

图 4-54　柴油加氢最大热回收调优换热网络

利用产品（H_2）热量将原料（C_2）加热到尽可能高的温度，以及用产品氢气（H_3）的热量将原料氢气（C_1）加热到尽可能高的温度，即减小换-1 和换-2 的温差并加大该两换热器的热负荷，以达到节能的目的。该方案中只对上述四股物流的换热情况做了调整，如图 4-55 所示。其余物流因其不变，不再画出。本方案中，换-1 和换-2 的传热面积将要增加，取掉了冷-1。

方案Ⅱ的改造，可以节省燃料 3273MJ/h，即使燃料用量从 4085MJ/h 降为 848MJ/h。

节能方案Ⅰ（图 4-54 方案）和节能方案Ⅱ（图 4-55 方案）在经济性方面的比较如表 4-9 所示。

表 4-9　方案比较

方案	节能效益/(万元/年)	投资/万元	回收期/年
方案Ⅰ	47.4	74	1.56
方案Ⅱ	38	36	0.95

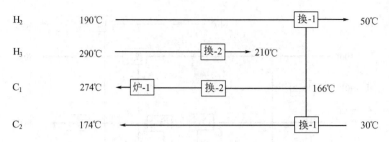

图 4-55　柴油加氢节能方案Ⅱ换热网络改变部分

4.5.5.3　小能耗装置的热集成改造

随着节能工作的深入，小能耗装置的热集成改造也逐渐提上议事日程。但小能耗装置能耗低，节能所带来的经济效益小，为保证投资回收期在一定年限之内，所能投入的资金就极为有限。因此，小能耗装置进行热集成改造的约束条件更苛刻，需要精心设计，并仔细进行经济核算。

某苯烃化装置现行换热网络如图 4-56 所示，图中各物流的参数如表 4-10 所示。现行系统的加热公用工程量为 222kW，即每小时用 3.5MPa 蒸汽 368kg，是一个典型的小能耗装置。

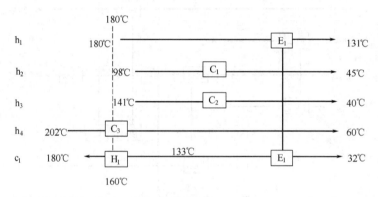

图 4-56　苯烃化装置现行换热网络

取夹点温差为 20℃，经计算可知，夹点位于热流温度 180℃、冷流温度 160℃处。此时最小加热公用工程量为 87.16kW，节能潜力约为 135kW。现行换热网络有如下不合理之处。

表 4-10　物流数据

物流编号	物流名称	供应温度/℃	目标温度/℃	热量/kW
h_1	反应产物	180	131	478
h_2	苯	98	45	814
h_3	异丙苯	141	40	586
h_4	重化物	202	60	48
c_1	丙烯-苯	32	180	700

① 存在夹点之上（202℃→180℃）的冷却器（C_3），多消耗公用工程 7.4kW。

② 存在夹点之下（133℃→160℃）的加热器（H_1），多消耗公用工程 127.7kW。

在该苯烃化装置中，只有一股冷流（c_1），而热流 h_1 的热量已全部回收用来加热 c_1，此时，若想不改变原换热网络结构而更多地回收热量已属不可能。

考虑采用新增一个换热匹配来对该苯烃化装置进行节能改造。此时，可能的选择有三：①增加 h_2 与 c_1 的换热匹配；②增加 h_3 与 c_1 的匹配；③增加 h_4 与 c_1 的匹配。

由于热流 h_4 的热容流率很小，且其全部热负荷只有 48kW，即使能全部回收，所能回收的热量也极为有限。因此，不考虑 h_4 余热的回收。

新增 h_3-c_1（图 4-57）匹配，与新增 h_2-c_1 匹配相比，在回收同样的热量情况下，由于温差较大，所需换热面积较小。因此，新增 h_3-c_1 匹配优于新增 h_2-c_1 匹配。

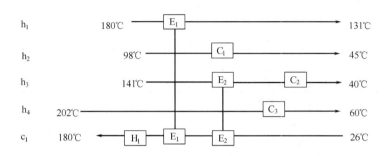

图 4-57　新增 h_3-c_1 匹配的换热网络

对图 4-57 所示新换热网络，当最小温差 $0 \leqslant \Delta T_{min} \leqslant 47℃$ 时，该新换热网络形式维持不变。该改造仅增加一次新的换热匹配（图中换热器 E_2），节能改造工程简单。但由于换热器 E_1 的传热温差减小，需增加换热面积。其余设备基本不动。

在本系统中，E_1 的负荷保持不变，而夹点温差的变化直接影响到 E_2、H_1 和 C_2 的热负荷和换热面积。所以在本系统中，换热网络的优化也就是夹点温差的优化。图 4-58 给出了节能量和节能改造投资费随夹点温差的变化关系。

在图 4-58 中，节能量是夹点温差的线性函数，随夹点温差的增大而下降，在夹点温差从 10℃ 增到 40℃ 时，其值从 175kW 下降到 33kW，下降 5 倍多；投资费用虽也随夹点温差的增大而单调下降，但由于夹点温差主要影响换热面积，而换热器的管束面积只是换热器投资中的一部分，因此，投资费用随夹点温差的下降为一平缓曲线，在夹点温差从 10℃ 增到 40℃ 时，其值从 23.4 万元降到 11.2 万元，仅下降 2 倍多。

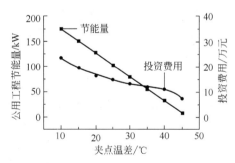

图 4-58　节能量和投资费用与夹点温差的关系

从图 4-58 可见，在换热网络结构一定的条件下，由于随夹点温差的减小，节能量相比投资费用增加幅度要大得多，因此该系统的最佳夹点温差为系统所许可的最小温差值 10℃。

4.5.5.4　加氢裂化装置的热集成

石油加氢裂化是石油产品精制、改质和重质馏分油深加工的主要工艺之一。某加氢裂化装置以直馏减压柴油（VOG）、轻柴油（LOG）和重柴油（HOG）的混合油为原料，设计生产能力为 179.4 万吨/年。根据该装置的流程和操作参数提取的物流数据如表 4-11 所示。

表 4-11　加氢裂化装置热物流数据

物流序号		物 流 名 称	供应温度/℃	目标温度/℃	热负荷/kW
热物流	H1	一系列加氢生成油	418	148	63230
	H2	再冷却一系列加氢生成油	137	43	22760
	H3	二系列加氢生成油	393	148	44820
	H4	再冷却二系列加氢生成油	137	43	15160
	H5	脱戊烷塔顶回流	87	45	10770
	H6	分馏塔顶回流	77	64	21250
	H7	重石脑油塔底出料	153	50	1420
	H8	第二分馏塔上部航煤（1）	171	60	12450
	H9	第二分馏塔上部航煤（2）	60	45	310
	H10	第二分馏塔塔底尾油产品	326	85	10550
	H11	脱戊烷塔塔底向重石脑油汽提塔供热	225	195	2170
	H12	分馏塔中部回流	179	119	2330
冷物流	C1	一系列原料进料	60	393	32270
	C2	一系列循环氢	58	393	30740
	C3	二系列原料进料	60	385	21570
	C4	二系列循环氢	58	385	16540
	C5	脱戊烷塔进料	43	174	30330
	C6	脱戊烷塔釜再沸	195	248	12210
	C7	脱戊烷塔底经加热炉再沸	265	294	8690
	C8	分馏塔塔底再沸	255	295	13320
	C9	汽提塔塔底再沸	147	156	2170
	C10	第二分馏塔塔底再沸	326	348	8360

原换热网络中的最小温差为8℃（见图4-59中换6）。仍取夹点温差为8℃，经计算，夹点出现在平均温度259℃（热物流263℃，冷物流255℃）处。现行的换热网络如图4-59所示。

对现行换热网络进行夹点分析，最小加热公用工程量为21147kW/h，最小冷却公用工程量为58957kW/h。实际换热网络中的加热公用工程量为52470kW，冷却公用工程量为90280kW，说明节能潜力为31323kW，占实际加热公用工程量的59.7%。

根据夹点分析三原则（即夹点之上不应有公用工程加热器、夹点之下不应有公用工程冷却器以及不应有跨越夹点的换热），分析现行换热网络。由此计算出现行换热网络存在以下不合理换热：①换1中的一系列原料（C1）从190℃升至393℃，其中190℃至255℃为跨越夹点换热，该不合理换热量为6371.95kW；②换2中的一系列循环氢（C2）从190℃升至298℃，其中190℃至255℃为跨越夹点换热，该不合理换热量为4794kW；③换3中的一系列加氢生成油（H1）从301℃降至249℃，其中301℃至263℃为跨越夹点换热，该不合理换热量为8922.78kW；④换7中的二系列加氢生成油（H3）从298℃降至253℃，其中298℃至263℃为跨越夹点换热，该不合理换热量为5825.4kW；⑤换11中的第二分馏塔尾油产品（H10）从326℃降至193℃，将二系列原料（C3）从110℃加热到260℃，其中跨越夹点换热4469.8kW；⑥炉2中的二系列循环氢（C4）从110℃升至

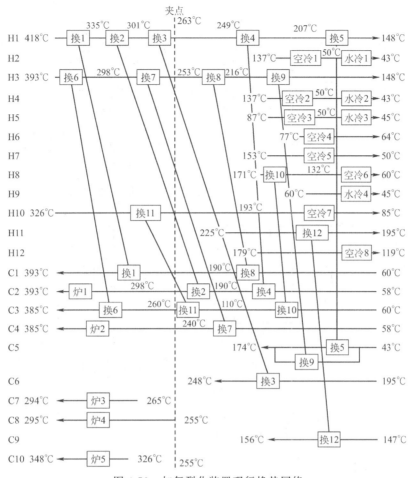

图 4-59　加氢裂化装置现行换热网络

385℃，其中从 110℃升至 255℃为夹点之下的加热公用工程量，为 936.2kW。这些不合理换热合计 31323kW。

对现行装置的改造不同于新设计，由于本装置大部分换热器在高压（16MPa 左右）下运行，所以在回收尽可能大的热量的前提下更应充分考虑已有结构，尽量少改动已有流程，以达到节能增效同时降低改造费用的目的。

方案Ⅰ：改动较小换热网络

在该方案中，尽量利用加氢裂化生成油（H1、H3）加热原料（C1、C3）及循环氢（C2、C4），这样需要将 H1、H2 分支，并增大换 2、换 5、换 6、换 7 的热负荷（换 7 的热负荷增大较多，由原来的 7490kW 增加到 11378kW，其中用于夹点之上的热负荷为 2952kW），使生成油（H3）的温度由 393℃降到 278℃，同时循环氢（C4）由 255℃升到 302.3℃；换 3 与换 4 互换位置，以减小因冷热物流的换热温差过大而引起能量的浪费；新增换热器增 3 使尾油产品（H10）与分馏塔再沸液在夹点之上换热，减小了换 10 的热负荷；在夹点下新增换热器增 1 和增 2，分别减小了空冷 1 和空冷 6 的热负荷。这样所生成的初始换热网络如图 4-60 所示。

由于空冷 7 的热负荷可以转移到换 11 上，取总传热系数为 256W/（m²·℃），使换热面积增加了 21m²，折合费用 3.5 万元，而节约能量 234kW，约合 9 万元/年，所以去掉空冷 7；换 2 和换 4 都是热物流加氢生成油（H1）与冷物流循环氢（C1）换热，这两个换热单元

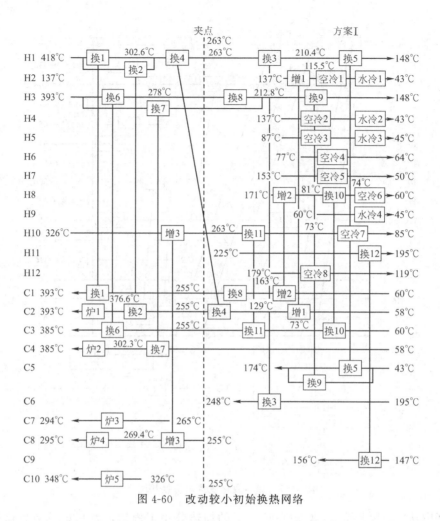

图 4-60　改动较小初始换热网络

构成了一个热负荷回路，可以将换 2 和换 4 合并；调低换 3 热物流（H1）的出口温度，使之与之匹配的冷物流（C6）的入口温度的温差恰好等于夹点温差，和形成的改动最小初始换热网络相比，需减小换 5、炉 1 和换 7 的热负荷，加大换 2、换 9 和炉 2 的热负荷。调优后的换热网络如图 4-61 所示。

调优后的方案节约加热公用工程 19449kW，占现行加热公用工程的 37.2%；需增加高压换热器的换热面积 6622m²，增加低压换热器换热面积 4508m²。

方案Ⅱ：热量回收较大换热网络

为达到最大节能效果，应尽量避免跨越夹点换热并减小冷热物流的换热温差。但这样会加大换热面积，加大改造费用，因此存在增加公用工程和增大换热面积之间的权衡。在热量回收最大方案中，将加氢裂化生成油（H1、H2）分支，以减小跨越夹点的换热，这样需增大换 2、换 6、换 7 和换 8 的热负荷（换 2 的热负荷由 7970kW 增大到 24973kW，其中用于夹点之上的热负荷为 16223kW），使生成油（H1）的温度由 393℃降到 203℃，同时循环氢（C2）由 58℃升到 393℃，可以去掉炉 1；换 7 的热负荷由原来的 7490kW 增加到 13914kW，其中用于夹点之上的热负荷为 5488kW，使生成油（H3）的温度由 393℃降到 182℃，同时循环氢（C4）由 58℃升到 343℃，可以节约炉 2 的加热公用工程 6424kW；换 9 的热负荷减小了 8450kW；将换 11 由原来的跨越夹点换热调整为夹点下换热，尾油产品（H10）夹点

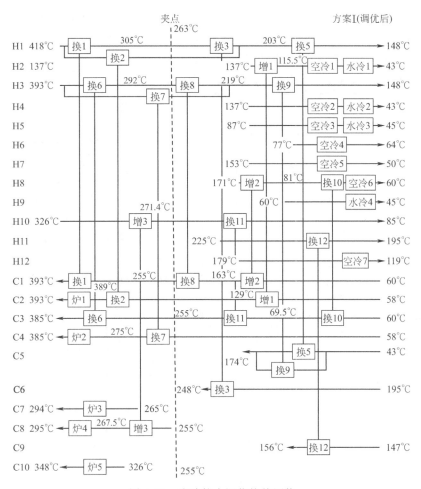

图 4-61　改动较小调优换热网络

上的换热由新增换热器增 3 完成，完全回收了空冷 7 的热负荷并节约炉 4 的公用工程 4808kW；在夹点下新增换热器增 1 和增 2，分别减小了空冷 1 和空冷 6 的热负荷。所生成的换热网络如图 4-62 所示。

该方案需要加热公用工程 28188kW，节约加热公用工程 24282kW，占现行加热公用工程的 46.3%；需增加高压换热器的换热面积 13917.4m²，增加低压换热器换热面积 4369m²。

若加热公用工程（燃料油）的价格按 1500 元/吨计算，燃料油的燃烧热取 40700MJ/t，年运行时间按 330 天计算；空冷器的电机效率取 0.97，工业用电按 0.64 元/度计算。

新增换热器投资计算采用拟合的估价方程为：

$$BC=0.55+0.31A^{0.6}$$

式中，A 为换热面积，m²；BC 为换热器价格，万元。

取改造费用系数为 0.43，高压换热器费用系数为 12，则改造总费用计算方程为：

$$BC=1.43\times[12\times(0.55+0.31A_{高}^{0.6})+(0.55+0.31A_{低}^{0.6})]$$

两个改造方案的比较如表 4-12 所示。

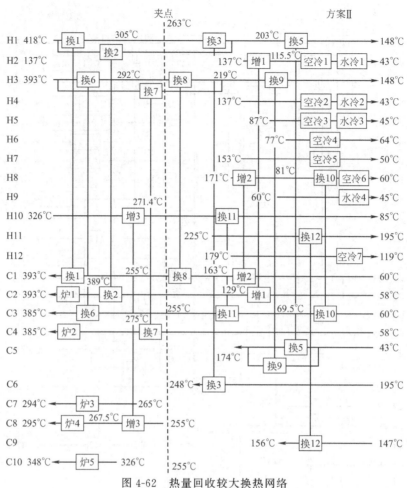

图 4-62 热量回收较大换热网络

表 4-12 两个改造方案的比较

方案	节约加热公用工程 /kW	节约空冷器耗电量 /（万度/年）	增加高压换热面积 /m²	增加低压换热面积 /m²	节省操作费用 /（万元/年）	改造投资 /万元	回收期 /年
方案Ⅰ	19499	196	6622	4508	2174.4	1122.7	0.52
方案Ⅱ	24282	244	13917.4	4369	2707.8	1707.4	0.63

4.5.5.5 具有不同操作工况的装置的热集成

为了适应市场需求或者采用不同原料，一些连续过程会有不同的操作工况，需要进行切换操作。例如，图 4-63 所示的精馏塔进料在 A、B 之间改变，当处理来料 A 时，塔顶塔底的产物为 C 和 D；当处理来料 B 时，塔顶塔底的产物为 E 和 F。在处理不同来料时这个精馏塔的操作工况是不相同的，这样精馏塔由处理来料 A 改到 B 或者 B 到 A 时就需要在不同工况之间进行切换操作。

为了简单起见，假设一套装置中只有一个设备进行切换操作，并且这个设备有一股热物流和一股冷物流需要换热。这样在换热网络中就有两对物流来回切换，也就是在工况一时，进行切换操作的设备对应的工况一下的冷热物流存在于换热网络中；在工况二时，进行切换操作的设备对应的工况二下的冷热物流存在于换热网络中，并且它们是不同时出现在换热网络中的。这样一般情况下，对于同一套装置的两个不同工况来说，会有两个不同的夹点位

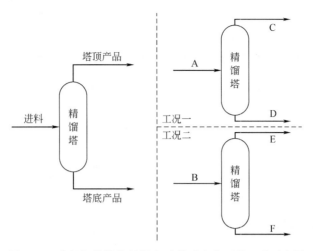

图 4-63　进行切换操作的设备及其对应的两种工况示意图

置，如图 4-64 所示。图 4-64 中实线代表固定不变的物流，点划线代表切换操作物流，C2^A 和 H3^A 分别代表工况一时的切换操作冷热物流，C2^B 和 H3^B 代表工况二时的切换操作冷热物流，并且 C2^A 和 H3^A 与 C2^B 和 H3^B 不同时存在于操作中。

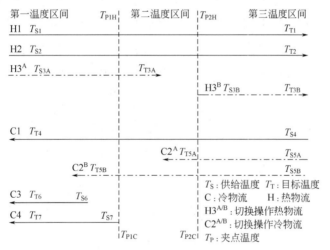

图 4-64　某装置切换操作情况下的夹点位置示意图

　　这样相对于固定不变的冷热物流就会出现图 4-64 中所示的两个夹点位置，图 4-64 中固定不变的冷热物流被两个夹点分成三个大的温度区间，为了便于理解，拿掉切换操作的 4 股冷热物流，剩下固定不变的物流如图 4-65 所示。

　　图 4-65 中，第一温度区间属于两个夹点以上部分，因此不能出现冷却公用工程；第三温度区间属于两个夹点以下部分，因此不能出现加热公用工程；第二温度区间内冷热物流处于两个夹点中间，相对于第一夹点来说是夹点以下部分，可以设置冷却器但不能设置加热器，而相对于第二夹点来说是夹点以上部分，不可以设置冷却器但可以设置加热器，因此可以得到"具有不同操作工况的装置的最大节能潜力换热网络设计原则"如下：

　　① 第一温度区间内（第一夹点以上部分）不能设置公用工程冷却器；

　　② 第三温度区间内（第二夹点以下部分）不能设置公用工程加热器；

　　③ 第二温度区间内（第一夹点和第二夹点中间部分）如果出现公用工程，那么公用工

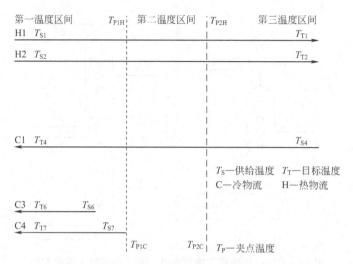

图 4-65　剔除切换操作冷热物流后的夹点位置示意图

程冷却器只能加在切换操作热物流上，公用工程加热器只能加在切换操作冷物流上。

只要满足上述"具有不同操作工况的装置的最大节能潜力换热网络设计原则"，就可以保证无论切换到哪种工况下，整个装置的换热网络均是最大节能潜力换热网络。该原则不但可以适用于具有两种不同工况的装置中，而且可以推广到具有更多工况的装置中。

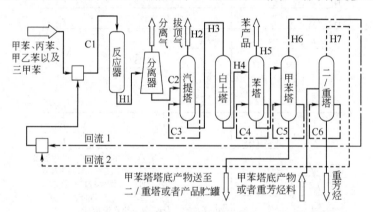

图 4-66　歧化及烷基转移装置的工艺流程

某化工厂的歧化及烷基转移装置，是以甲苯和 C_9A 芳烃为原料，在催化剂的作用下，生产苯和混二甲苯的装置，如图 4-66 所示，原料甲苯和 C_9A 进入到反应器内部，在反应器内部主要进行四种反应：①甲苯歧化生成苯和二甲苯；②三甲苯歧化生成二甲苯和 $C_{10}A$；③甲苯和三甲苯发生烷基转移反应生成二甲苯；④甲苯和甲乙苯发生烷基转移反应生成二甲苯和乙苯。

从歧化反应器出来的产物进入分离器，在分离器内部分离成气液两相，气相在分离器顶部送出，分离器底部液相送至汽提塔进料处，汽提塔塔顶拔顶气送去燃气系统，汽提塔塔底物流进入白土塔顶进行处理，白土塔底部出来的液体送至苯塔进料处，苯塔塔顶物流作为成品苯送至苯贮罐，苯塔塔底液送至甲苯塔进料处，甲苯塔塔顶物流返回到装置的进料处，甲苯塔塔底物流送去其他单元或者二甲苯塔/重芳烃塔进行处理，二甲苯塔/重芳烃塔的塔顶物流返回到装置的进料处，塔底物流送至其他装置处理，从其他装置来的重芳烃也可以作为二甲苯塔/重芳烃塔的进料，也就是说本装置出现切换操作的设备是二甲苯塔/重芳烃塔。

对歧化及烷基转移装置中的冷热物流的供给温度、目标温度和热容流率（CP）进行提取，共有固定不变热物流 6 股，固定不变冷物流 5 股，以及切换操作冷热物流各 2 股，整理后列于表 4-13 中。

表 4-13 歧化及烷基转移装置冷热物流数据表

热物流	温度/℃		CP /(kW·K^{-1})	Q /MW	冷物流	温度/℃		CP /(kW·K^{-1})	Q /MW
	T_S	T_T				T_S	T_T		
H1	495	38	222.63	101.74	C1	80	482	243.31	97.81
H2	132	40	137.83	12.68	C2	38	146	80.19	8.66
H3	235	199	123.89	4.46	C3	235	242	2584.29	18.09
H4	199	134	64.62	4.20	C4	152	158	2490	14.94
H5	93	84	1493.33	13.44	C5	175	180	3078	15.39
H6	126	115	1466.36	16.13	C6^1	234	245	972.73	10.70
H7^1	180	166	874.29	12.24	C6^2	281	282	14860	14.86
H7^2	121	120	14450	14.45					

取夹点温差为 20℃，对表 4-13 中的固定不变的冷热物流分别与两种工况下的物流 H7^1/C6^1 和 H7^2/C6^2 进行计算，得到了相对于固定不变冷热物流来说的第一夹点和第二夹点位置，分别为：

① 工况一（切换至 H7^1/C6^1）条件下，热物流 172℃、冷物流 152℃。

② 工况二（切换至 H7^2/C6^2）条件下，热物流 132℃、冷物流 112℃。

在进行具有不同操作工况的装置的换热网络设计过程中，首先选择第一夹点之上部分或者第二夹点之下部分开始，然后在参考第二夹点之下部分和第一夹点之上部分设计的情况下，分别进行第一夹点之下部分和第二夹点之上部分进行设计，这里以先设计第一夹点之上部分为例。

① 首先进行第一夹点之上部分冷热物流的匹配，然后进行第二夹点之下部分冷热物流的匹配。这一步骤的做法与常规夹点技术的方法相同。

② 进行工况一时的换热网络设计，即进行第一夹点以下部分冷热物流的匹配。这里要注意的是，第一夹点之下部分包括部分第二夹点之上部分和整个第二夹点之下部分，因此在匹配第一夹点之下部分的时候要参考第二夹点之下部分的匹配方式。

③ 进行工况二的换热网络设计。在上面换热网络设计的步骤①中已经完成了第一夹点之上部分和第二夹点之下部分的冷热物流换热匹配，进行工况二的换热网络设计时主要考虑的是第二夹点之上部分冷热物流的匹配，而第二夹点之上部分包括全部第一夹点之上部分和部分第一夹点之下部分，因此进行这个区间的冷热物流匹配时要参考第一夹点之上冷热物流匹配方式。

上述三个步骤可以使装置中固定不变的冷热物流换热网络结构相同，这样就达到了便于切换操作的目的。同时，只要按照"具有不同操作工况装置的最大节能潜力换热网络设计原则"进行上述两个换热网络设计步骤，就可以使整套装置无论切换到哪种工况下，装置的换热网络均是最大能量回收网络。

按照传统的夹点技术匹配规则和具有不同操作工况装置的换热网络设计方法，匹配完成后的歧化及烷基转移装置的两种工况下的换热网络如图 4-67、图 4-68 所示，对图 4-67 和图 4-68 进行分析可以看出，工况一时，第一夹点（也就是工况一的夹点）之上没有冷却器，第一夹点之下没有加热器，并且没有跨越第一夹点的传热；工况二时，第二夹点（也就是工况二的夹点）之上没有出现冷却器，第二夹点之下没有出现加热器，也没有跨越第二夹点的传热，所以图 4-67 和图 4-68 已经是两种工况下对应的最大能量回收换热网络图。除掉那些切换操作物流后，图 4-67 和图 4-68 中剩下固定不变的物流的换热网络结构是一致的。

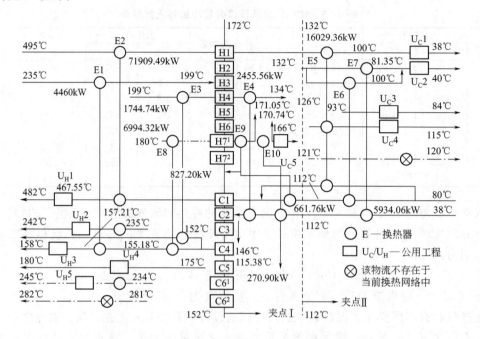

图 4-67　歧化及烷基转移装置换热网络（工况一）

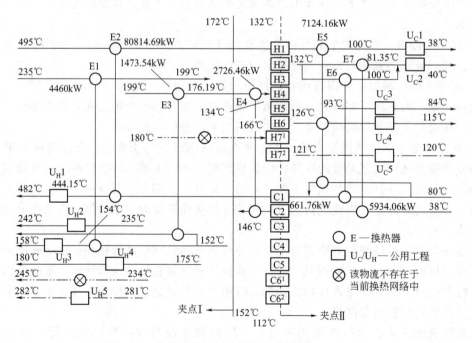

图 4-68　歧化及烷基转移装置换热网络（工况二）

4.6　蒸汽动力系统优化综合

蒸汽动力系统是石化企业的重要组成部分，消耗燃料，为整个生产过程提供蒸汽、电力、冷却水等公用工程。蒸汽动力系统是否合理，直接决定企业的能耗水平。

过程系统中的冷、热流体通过换热回收热量后，仍需蒸汽动力系统提供加热公用工程和冷却公用工程，这些加热公用工程和冷却公用工程往往都是多级的。此外，任何企业的生产还需要动力，因此许多企业都有自己的自备电站。此时，如何使动力的发生与热能的供应结合起来，而最有效地利用燃料，就是蒸汽动力系统优化综合的内容。另外，有时企业中还有热泵装置，它能将系统中的低温热能升级作为加热热源。如何正确应用热泵而获取节能和经济效益，也是蒸汽动力系统优化综合的内容。

因此，蒸汽动力系统优化综合可以叙述为：在有热机和热泵存在的条件下，将动力的产生与消耗与系统中的热能需求结合起来，以使对外界的燃料和动力总消耗量为最少。

4.6.1　总复合曲线

在蒸汽动力系统优化综合中，常用的不是冷热复合曲线图，而是总复合曲线图。总复合曲线图就是用曲线表示温位与热通量的关系，它以冷、热流体的平均温度为纵坐标，热通量为横坐标。总复合曲线可以从冷热复合曲线或者热通量级联图转化获得。

从冷热复合曲线获得总复合曲线时，将冷复合曲线上移半个夹点温差，将热复合曲线下移半个夹点温差，然后再由同温度下两曲线上的横坐标相减即得该温度下总复合曲线的横坐标值。

下面介绍从热通量级联图转化获得总复合曲线。

4.6.1.1　热通量级联图

热通量级联图可很容易地从问题表获得。如对表 4-4 所示的问题表，其热通量级联图如图 4-69 所示。

在热通量级联图中，每个温区用一个矩形表示，矩形内为该温区的亏缺热量。热通量级联图的左侧给出了经过每个温区的热通量情况，右侧给出了各温区边界的冷、热流体平均温度。热通量级联图中热通量为零处为夹点。

4.6.1.2　总复合曲线

总复合曲线以冷、热流体的平均温度为纵坐标，焓为横坐标。总复合曲线是这样构成的：热通量级联图中各温区边界的冷、热流体平均温度及其对应的热通量，构成总复合曲线图上的一个点（平均温度为其纵坐标，热通量为其横坐标），将相邻的点用直线连接，就构成了总复合曲线。

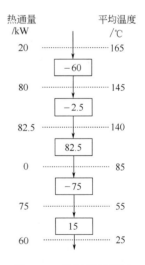

图 4-69　热通量级联图

下面以图 4-70 中左侧的热通量级联图为例，说明总复合曲线的构成。其构造是从夹点开始，分别向上和向下进行。

在本例中，夹点的平均温度为 100℃。从夹点（0，100）开始向上，温区 3（100℃→150℃）需热量 800kW，因此，从（0，100）向（800，150）画一条直线；然后，下一个温区为温区 2（150℃→180℃），可提供热量 200kW，使需热量从 800kW 减为 600kW，这就形成了从（800，150）到（600，180）的一段直线；最后是温区 1（180℃→210℃），需热量 400kW，使总需热量从 600kW 增加到 1000kW，构成（600，180）到（1000，210）最后的线段。如图 4-70 所示。

从夹点向下构造的方法是同样的，只是此时多余热量为正，需要热量为负，与夹点之上相反。在温区 4（100℃→80℃）多余 700kW 热量，因而形成（0，100）到（700，80）的一段直线；温区 5（80℃→60℃）又多余 100kW 热量，得到（700，80）至（800，60）的线段；温区 6（60℃→50℃）需热量 200kW，使线图从（800，60）向负方向至（600，50）得一线段；最后在温区 7（50℃→30℃）中多余 400kW 热量，构成从（600，50）到（1000，30）的最后一段。如图 4-70 所示。

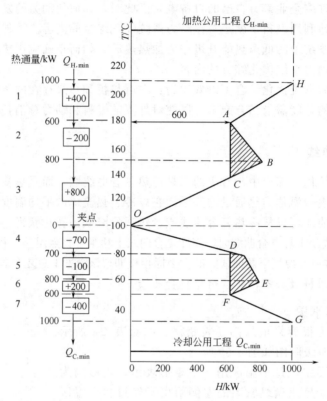

图 4-70　总复合曲线

至此，总复合曲线就构造完毕。

总复合曲线表达了温位与热通量的关系。夹点之上的总复合曲线表示需外界加热的热量与温位的关系，相当于冷、热物流以 ΔT_{min} 的温差互相换热后所剩余的"净"需被加热的冷流；同样，夹点之下总复合曲线表示需外界冷却的热量与温位的关系，它相当于冷、热流体在 ΔT_{min} 的温差下换热后所剩余的"净"过程热流。

夹点之上总复合曲线终点的焓值为最小加热公用工程用量；夹点之下总复合曲线终点的焓值代表了最小冷却公用工程用量。

总复合曲线总的趋势是朝正的方向延伸，但有时会出现一些折弯，而向负的方向延伸。例如夹点以上 ABC 阴影部分（该阴影部分称为"口袋"）。BA 线是朝负的方向延伸，意味着此温度区间内有多余的热量，即局部热源，可用来加热 B 点以下的净冷流，例如加热 CB 段。可见 ABC 折弯处表示的是过程中的物流换热，这部分热量不需外界加热公用工程提供。同样夹点之下也有一个折弯处 DEF，表示 EF 为一局部热阱，可用来冷却 E 点以上的净热流，如 DE 段，DEF 段（该阴影部分也称为"口袋"）也不需要外界冷却公用工程。因此，实际需要加

热公用工程的是 OC 和 AH 段；实际需要冷却公用工程的是 OD 和 FG 段。

4.6.2　多级公用工程的配置

由于温位高的加热蒸汽其㶲值和价格要比温位低的加热蒸汽高，而温位低的冷却介质其㶲值和价格要比冷却水贵得多，所以，在实际工程应用中合理采用不同温位的多级公用工程会提高能量利用效率且更经济。

总复合曲线表明了整个系统所需与外界交换的热量和温位，是分析多级公用工程配置的重要工具。

4.6.2.1　加热公用工程的选择

在夹点之上，为了减少加热公用工程的费用，根据总复合曲线应选择尽量接近净热阱的加热公用工程级别。

常用的加热公用工程有两种形态：一种是有相变的介质，常用蒸汽；另一种是无相变的介质，例如热油、烟道气等。

对于采用蒸汽作为加热公用工程的情形，由于通常利用其热量中的潜热部分，故在 T-H 图上表示出来为一条水平线。

例如图 4-71 所示总复合曲线，若可采用三种级别的加热蒸汽，则可按图示的方式选择（即图中的 a、b、c 三级）。图 4-71 中的 Ⅰ、Ⅱ、Ⅲ 三条线段，表示了三级不同温度的加热公用工程，其纵坐标表示了公用工程的温度（注意：图上是平均温度，真实温度应加上半个夹点温差），其长度表示了所需要的公用工程的热量。

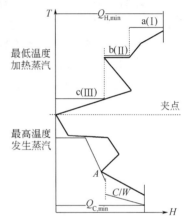

图 4-71　应用总复合曲线确定公用工程级别

通常在设计时，当夹点之上存在"口袋"时，由于在"口袋"所在的温度区间（例如图 4-70 中的 AC 段），所需加热公用工程量保持不变，而较低温度的加热公用工程意味着较低的能耗和运行费用，故常在"口袋"底部选择一级加热公用工程，例如图 4-71 中的 c 段加热公用工程。

这种分段加热的处理，实际上就是用温位较低的蒸汽加热夹点以上温位较低的物流。公用工程划分的级别越多，高温位的加热公用工程用量越少，可减少能耗和运行费用，但增加了换热网络的复杂性和投资费用，所以要结合工程实际全面考虑。

另一方面，给定加热公用工程温位后，各级加热公用工程用量也可由总复合曲线求出。如图 4-72 的情形，当有 220℃ 和 170℃ 两种级别的蒸汽时，则需要 220℃ 级别的热量 400kW，170℃ 级别热量 600kW（图 4-72 中 1 线）。这里要注意的是，当在总复合曲线图上画加热公用工程线时，要将加热公用工程的温度下降 $\Delta T_{min}/2$（此处的 ΔT_{min} 为公用工程夹点温差，它可以等于也可以不等于换热网络的夹点温差），这是因为总复合曲线以冷热流体平均温度而不是实际温度为纵坐标。若本例的公用工程夹点温差取为 20℃，则应在图上 210℃ 和 160℃ 处画加热公用工程线。若恰好有 220℃ 和

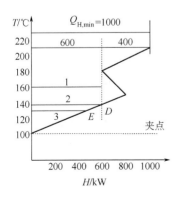

图 4-72　不同级别加热公用工程用量的确定

147.5℃的加热热源时，则需 220℃热量 400kW，147.5℃热量 600kW（图 4-72 中 2 线）。但如果只有 220℃和 140℃热源时，就需使用 220℃热量 520kW，140℃热量 480kW（图 4-72 中 3 线）。

当某温位热源恰好满足该温位净冷流所需热量时，就构成了公用工程夹点，如图 4-72 中对应 2 线的 D 点和对应 3 线的 E 点。

若采用变温的加热公用工程，如热油加热、烟道气加热等，则存在一个加热公用工程入口温度 T_S、出口温度 T_r 和流量 F 的选择，如图 4-73（a）所示。一般说来，入口温度 T_S 应尽可能高，这样既可减少加热公用工程的流量，又可提高加热器的传热温差，减少加热器面积，但 T_S 受工艺条件的限制。当 T_S 给定后，加热介质的流量越大，其出口温度 T_r 越高，加热公用工程直线斜率变小，从 AB 变为 AB′，如图 4-73（a）所示。加热介质流量大，则操作费用高，但加热器传热温差也相应提高，传热面积减少，投资费用减少。加热介质流量小，直线斜率变大，直线变陡，其出口温度 T_r 越低，排热损失减少，系统能量性能较好，但传热面积增大，投资费用增大。所以存在投资费用和操作费用之间的权衡。为了保证加热公用工程能提供过程所需的全部热量，加热公用工程直线必须处在净热阱线之上。

为了求取系统的最佳能量性能，常常需要求取加热介质最小流量。该最小流量或者受夹点的制约［如图 4-73（a）所示］，或者受净热阱线上"口袋"左端点［图 4-73（b）中的 A 点，此处被称为"鼻子"］的制约［如图 4-73（b）所示］。

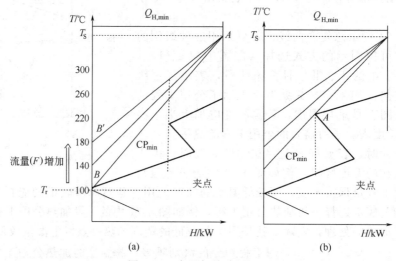

图 4-73　变温加热公用工程

4.6.2.2　冷却公用工程的选择

夹点之下冷却公用工程的选择，分两种情况考虑。

第一种，夹点温度较低。在这种情况下，低温段的冷却，要用到低温冷量。为减少操作费用，应尽量选择环境介质的冷却公用工程，以减少低温冷量的用量。

第二种，夹点温度较高。在这种情况下，净热源的温位足够高，应考虑用来发生蒸汽，以创造经济效益。图 4-71 夹点之下部分表示了用夹点之下净热源发生蒸汽以及用冷却水冷却的分配情况。发生蒸汽的过程由预热（斜线部分）和蒸发（水平线部分）组成，发生蒸汽的级别及流量可根据总复合曲线分析确定，如图 4-71 中的 A 点限制了发生蒸汽的量。

4.6.2.3　设置多级公用工程后的设计

第 4.4 节介绍换热网络的设计时，没有考虑多级公用工程的设置。在考虑设置多级公用工程后，当某温位热源恰好满足该温位净冷流所需热量，或当某温位热阱恰好满足该温位净热流所需放热量时，就构成了公用工程夹点。这就成了多夹点的设计。

对于多夹点的设计，仍应没有跨越各夹点的传热，以及没有不合理设置的公用工程。这就要求公用工程物流也不能跨越其相应的夹点。在设计时，可将各级公用工程物流同工艺物流一起在图上表示，进行设计。下面用一个例子来说明。

例如，对表 4-14 所示物流数据，可以得到如图 4-74 所示总复合曲线。由该总复合曲线确定设置两级加热公用工程，一级使用 7.5MW 的 240℃的高压蒸汽（HP），另一级使用 3MW 的 180℃的低压蒸汽（LP）。由于低压蒸汽线碰到总复合曲线，形成公用工程夹点。

表 4-14　设置多级加热公用工程时工艺物流数据

物　　流	类型	供应温度/℃	目标温度/℃	热容流率/(MW/℃)	热量/MW
1. 反应器 1 进料	冷	20	180	0.2	32
2. 反应器 1 产品	热	250	40	0.15	−31.5
3. 反应器 2 进料	冷	140	230	0.3	27
4. 反应器 2 产品	热	200	80	0.25	−30

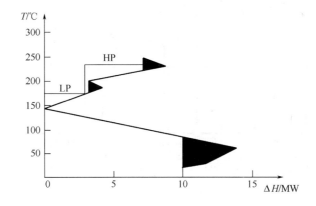

图 4-74　表 4-14 物流的总复合曲线

在进行设计时，将公用工程物流也画在图上，并标出公用工程夹点和过程夹点，如图 4-75（a）所示。为了遵守夹点设计的原则，在公用工程夹点之上，只能用高压蒸汽，不能用低压蒸汽或冷却水；在公用工程夹点和过程夹点之间，只能用低压蒸汽，不能用高压蒸汽或冷却水；在过程夹点之下，只能用冷却水，不能用任何蒸汽。工艺物流也不应跨越任何夹点传热。

在单夹点设计中，我们是从夹点开始向两边进行设计，并要遵守物流数目准则和热容流率准则。但在多夹点设计时，就出现这样的问题：从哪个夹点开始设计？两个夹点之间应遵守怎样的物流数目准则和热容流率准则？

审视图 4-75 会发现，两个夹点的约束的程度不同，公用工程夹点的约束没有过程夹点那样严。这是因为公用工程物流的热容流率为无限大（等温过程），很容易满足公用工程夹点之下的要求。因此，设计应从过程夹点开始。在进行两个夹点之间的匹配时，对工艺物流的匹配，按夹点之上考虑；对工艺物流与公用工程物流的匹配，按夹点之下考虑。

最后得到的换热网络如图 4-75（b）所示。

设置多级加热公用工程的换热网络，由于允许公用工程物流分流，比较容易设计一些。对于设置多级冷却公用工程的情形，就有些不同。

多级冷却公用工程的设置，分两种情况：一种是采用不同级别的公用工程，如冷却水和

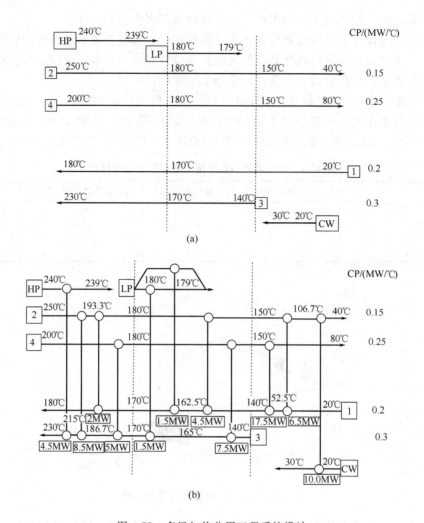

图 4-75 多级加热公用工程系统设计

冷冻介质，此时的设计同设置多级加热公用工程时的设计完全相同；另一种是要利用夹点之下余热发生蒸汽，故一级冷却公用工程是副产蒸汽，另一级是冷却水，此时的设计有些不同的考虑。

在副产蒸汽的情况下，由于蒸汽发生器的费用要大大高于一般的换热器，故这一股公用工程物流既不希望分流，也不希望与多股工艺物流换热，最好只采用一个蒸汽发生器，这需要在设计中通过调优得到。

以图 4-76(a) 中物流数据为例，其热通量级联图及总复合曲线如图 4-76(b)、(c) 所示。由于夹点以下余热温度较高，可用来发生低压蒸汽。拟发生 110℃ 的低压蒸汽，从总复合曲线上求得可发生 460kW 蒸汽。因此，在设计时，引入一股温度为 110℃、热负荷为 460kW 的冷流。如果完全按夹点设计方法设计，生成的初始网络如图 4-77(a) 所示。此时，共有 10 个换热单元，而最小换热单元数为 6（工艺物流 4，加热公用工程物流 1，冷却公用工程物流 2）。另外，低压蒸汽要与两股工艺物流换热，即需要两个蒸汽发生器。因此，该初始网络需要调优。

为了减少换热单元数目，同时为了减少一个蒸汽发生器，减少蒸汽的发生量，得到最终的换热网络如图 4-77(b) 所示。

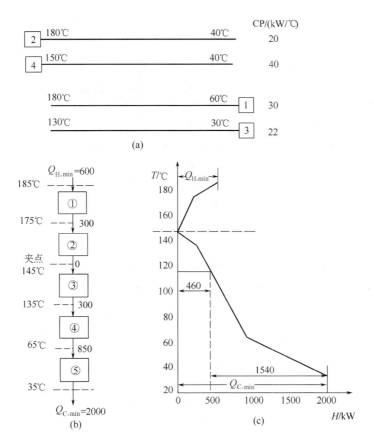

图 4-76 考虑副产蒸汽时的总复合曲线

4.6.2.4 公用工程夹点温差的合理确定

化工厂一般都存在着不同级别的公用工程，对于加热公用工程来说，温位高的加热蒸汽能量品质及其价格要比温位低的高；而对于冷却公用工程来说，温位低的冷却介质能量品质及其价格要比冷却水等环境介质的要高得多。所以在实际应用中应尽量多地使用品质较低的公用工程，减少高品位能量的消耗，从而提高整个系统的能量利用性。对某级公用工程而言，当公用工程的热负荷恰好能满足该温位下工艺物流的需求时，就形成了公用工程夹点。

公用工程给换热网络提供能量过程中的㶲损失，取决于公用工程夹点温差，以及公用工程物流与其换热的工艺物流温度的乘积。因此，要减少传热㶲损失，首先要设法减小传热温差；此外，不同温位下的传热应取不同的传热温差。

忽略流体压降时，传热微元过程中的㶲损失为：

$$dE = [T_0 (T_H - T_L) / (T_H T_L)] \delta Q = [T_0 \Delta T / (T_H T_L)] \delta Q \qquad (4-16)$$

式中，dE 为流体㶲损失，kW；T_0 为环境温度，K；T_L、T_H 分别为冷热物流的温度，K；ΔT 为热冷物流的传热温差，K；δQ 为流体微元换热量，kW。

由式（4-16）可见，在不同温度级别下，传热过程的㶲损失 dE 是不同的。对于相同的㶲损失，高温段的传热温差 ΔT 要比低温段的要大。因此，为了使高低温段的㶲损失大致相等，高温换热时温差一般取大一些，而在低温工程中，要求传热温差小一些。

式（4-16）可改写为：

$$\Delta T = dE \cdot (T_H T_L) / (T_0 \delta Q) \qquad (4-17)$$

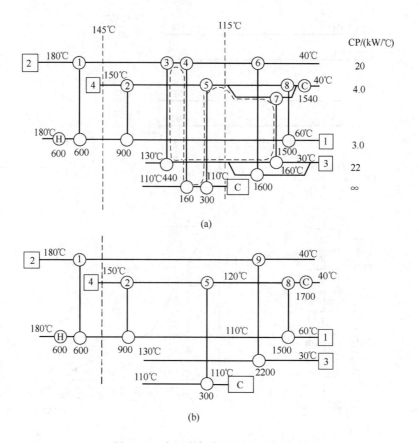

图 4-77　多级冷却公用工程系统设计

设 T 为公用工程夹点处公用工程物流与工艺物流温度的算术平均值，因为，$\Delta T \ll T$，所以 $T_H T_L \approx T^2$，则式（4-17）变为：

$$\Delta T = \mathrm{d}E \cdot T^2 / (T_0 \delta Q) \tag{4-18}$$

由式（4-18）可知，在给定了传热量 δQ 和㶲损失 $\mathrm{d}E$ 的情况下，传热温差 ΔT 应与 T^2 近似成正比。也就是说，在不同的温位下，为了保证相同的㶲损失，传热温差应该近似以温度的平方升降。因此，在公用工程设置及各级公用工程量的确定中，各级公用工程夹点温差的选取应充分考虑到温位的影响。所以，相对于原来采用单一公用工程夹点温差的方法，多温差法考虑到了温位对传热温差的影响，这样对系统的优化能更加准确。

为了更容易确定各级公用工程夹点温差，引入参考温度（T_Y）及在参考温度下的参考传热温差（ΔT_Y），在单位传热量和相同的㶲损失的情况下有：

$$\mathrm{d}E / (\delta Q) = (T_0 / T^2) \Delta T = (T_0 / T_Y{}^2) \Delta T_Y \tag{4-19}$$

因而可得

$$\Delta T = (T^2 / T_Y{}^2) \Delta T_Y \tag{4-20}$$

在常温下的最优传热温差一般是已知的，或者也有一些其他温位下的最优传热温差是已知的。所以可以把已知的最优传热温差作为参考值，来求得其他温度下各级公用工程的夹点温差 ΔT_{UP}。在求出公用工程夹点温差后，借助工艺物流的总复合曲线或问题表，便可以利用公用工程的温位和公用工程夹点温差的值来计算公用工程的用量。在加热公用工程中，为了尽量多地利用低品位的公用工程，先由低温位的公用工程算起。对于各级加热公用工程，先用公用工程的温位减去该公用工程夹点温差，可以求得刚好与之匹配的冷物流的温位，再用冷物流的温位加上工艺夹点温差 ΔT_P 的二分之一，就可从工艺物流的总复合曲线或问题表上得到该温位下冷物流的热通量，然后减去温位较之为低的加热公用工程总量即为该温位加热公用工程的用量。各级冷却公用工程用量的求法与加热公用工程类似。在冷却公用工程中，为了尽量多地利用低品位的公用工程，先由高温位的公用工程算起。对各级冷却公用工程，用公用工程的温位加上该公用工程夹点温差，可以求得刚好与之匹配的热物流的温位，再用热物流的温位减去工艺夹点温差的二分之一，就可从工艺物流的总复合曲线或问题表上得到该温位下热物流的热通量，然后减去温位较之为高的冷却公用工程总量即为该温位冷却公用工程的用量。用公式可以表示为：

$$Q_{HT} = Q_{T-} - \sum Q_{T-} \tag{4-21}$$

$$Q_{CT} = Q_{T+} - \sum Q_{T+} \tag{4-22}$$

式中，Q_{HT} 为 T 温度下加热公用工程用量，kW；Q_{T-} 为 $\left(T - \Delta T_{UP} + \dfrac{1}{2}\Delta T_P\right)$ 温度下的热通量，kW；ΔT_{UP} 是公用工程夹点温差，K；ΔT_P 为工艺夹点温差，K；$\sum Q_{T-}$ 为温位较 $\left(T - \Delta T_{UP} + \dfrac{1}{2}\Delta T_P\right)$ 为低的加热公用工程总用量，kW；Q_{CT} 为 T 温度下冷却公用工程用量，kW；Q_{T+} 为 $\left(T + \Delta T_{UP} - \dfrac{1}{2}\Delta T_P\right)$ 温度下的热通量，kW；$\sum Q_{T+}$ 为温位较 $\left(T + \Delta T_{UP} - \dfrac{1}{2}\Delta T_P\right)$ 为高的冷却公用工程总用量，kW。

在总复合曲线上有时会出现一些朝热通量负方向延伸的折弯处，这是过程内部物流换热的表现，其不需要外界公用工程，这个折弯处就叫口袋。因为口袋内部的公用工程用量为零，所以这段总复合曲线可以用一条垂直于热通量轴的直线表示。而加热公用工程口袋以下的总公用工程用量即为垂线所对应的热通量，冷却公用工程口袋以上的总公用工程用量即为垂线所对应的热通量。当公用工程的温度恰好在口袋所对应的温区内时，由于不存在公用工程夹点，所以就没有公用工程夹点温差问题。如果这时的公用工程用量与采用单一公用工程夹点温差方法得出的用量相同，则㶲损失也相同。

用多公用工程夹点温差的方法对某公司乙烯装置换热网络公用工程进行优化。该装置的总复合曲线见图 4-78，其夹点在 103℃。根据经验取 ΔT_P 值为 10℃，则加热公用工程用量为 70131.02kW，冷却公用工程用量为 385391.10kW。

根据该企业现有的公用工程等级，用式（4-19）分别计算各级公用工程夹点温差，结果见表 4-15。可以看出，用多公用工程夹点温差的方法所得公用工程夹点温差与单一公用工程夹点温差存在很大的差异，这主要体现在高温位和低温位的公用工程，高温位的夹点温差比单一公用工程的要大，而低温位的夹点温差比单一公用工程的小很多。根据所得的不同温位公用工程的夹点温差，计算出各个公用工程的用量，并与单一公用工程夹点所得的公用工程用量作比较，结果见表 4-16。

表 4-15　某公司乙烯装置现有公用工程概况

项　目	中压蒸汽	低压蒸汽	冷却剂	冷却剂	冷却剂	冷却剂	冷却剂	冷却剂	冷却剂	冷却剂
温度/℃	196	127	18	3	−24	−40	−55	−75	−101	−145
公用工程夹点温差/℃	15.60	11.30	5.59	5.39	4.39	3.84	3.36	2.77	2.09	1.16

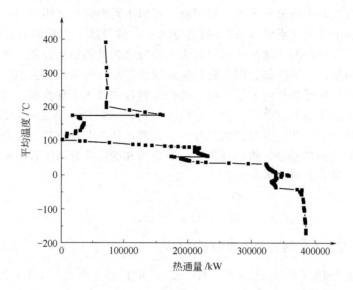

图 4-78　某公司乙烯装置换热网络公用工程的总复合曲线

表 4-16　计算出的某公司乙烯装置公用工程用量及㶲损失之差（ΔE_x）

公用工程	公用工程用量/kW		ΔE_x/kW
	单一公用工程夹点温差法	多公用工程夹点温差法	
196℃中压蒸汽	51351.8	51351.8	0
127℃低压蒸汽	18779.3	18779.3	0
18℃冷却剂	325105.2	327751.7	4528.1
3℃冷却剂	4823.2	2173.7	142.7
−24℃冷却剂	0	4303.3	−90.8
−40℃冷却剂	7414.1	37852.9	−391.7
−55℃冷却剂	39676.8	6372.1	21163.2
−75℃冷却剂	3744.4	3149.6	218.1
−101℃冷却剂	1639.4	1585.4	132.1
−145℃冷却剂	2525.1	1829.7	421
总㶲损失之差			26122.7

　　由表 4-16 可以看出，采用多公用工程夹点温差方法得出的高品位公用工程用量相对较少，而采用单一公用工程夹点方法得出的高品位公用工程用量相对较多。由于两级加热公用工程的温位都正好在公用工程口袋的温区内，所以两种方法得出的这两个加热公用工程用量相同。由于两种方法算出的各级公用工程用量在各级的分配上大小不一，若要明确比较两种方法，则可以根据㶲损失的多少来比较。先由式（4-16）算出单位传热量下不同温位的 dE，再根据各级公用工程用量计算出各级㶲损失之差 ΔE_x，如表 4-16 所示。可以看出，总㶲损失之差为 26122.7kW，可见采用单一公用工程夹点温差方法得出的系统㶲损失远远高于采用多公用工程夹点温差方法得出的，特别是在低温区，这一差异尤为明显。这是因为多公用工程夹点温差方法考虑了热力学方面的因素，设计出来的系统更加合理。

4.6.3　热机的设置

4.6.3.1　热机循环

　　利用热能产生动力的装置称为热机。工程上最常用的热机有蒸汽透平和燃气透平。蒸汽透平的朗肯循环的基本过程如图 4-79 所示，其工质为水蒸气。水在锅炉中吸收由燃料燃烧产生的热量而生成蒸汽，蒸汽通过蒸汽透平膨胀做功。做功后的蒸汽若温位足够，可直接以蒸汽形式输出，用于加热或工艺过程，这种透平称为背压透平；蒸汽在透平中也可一直膨胀到接近环境温度，然后在冷凝器中向低温热源排热，冷凝水经泵返回锅炉，这种透平称为凝汽透平。另外在进、排汽之间还可设有抽汽口，将抽汽用于加热或工艺用汽，组成抽汽背压透平或抽汽凝汽透平。

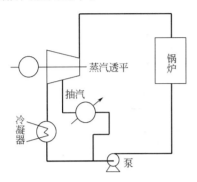

图 4-79　蒸汽透平朗肯循环

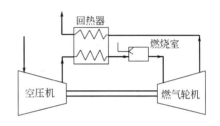

图 4-80　燃气透平循环

燃气透平循环的流程如图 4-80 所示。空气经压缩机（简称空压机）升压，并与做功后的燃气换热升温后进入燃烧室，在燃烧室内燃料燃烧产生高温高压燃气，进入透平膨胀做功，膨胀后的燃气经与空气换热后排出。由于大气压力限制了燃气透平膨胀的终点，其排气温度可高达 450℃ 左右，因此该排气热量也可作为加热热源，构成热能和动力的联合生产。

不管是蒸汽透平还是燃气透平，其基本能量转换关系都是相同的：由高温热源吸收热量 Q_1 而做功 W，并将一部分热量 Q_2 排向低温热源，如图 4-81 所示。其热功转换关系为

$$W = Q_1 - Q_2 \qquad (4\text{-}23)$$

4.6.3.2　热机设置的基本原则

在过程系统中，热机有三种可能的设置方式：在夹点之上、跨越夹点、在夹点之下，如图 4-82 所示。

图 4-82(a) 表示了热机的第一种可能的设置方式，即其吸、排热均在夹点之上。此时，只要热机排热的温位足够高，就可以全部为过程所用。也就是说，总需热量 Q_H 等于热机所做的功量加上换热网络所需最小加热公用工程量，$Q_H = Q_{H,min} + W$。这样，若不计各类损失，从整个系统的角度来看，热源以 100% 的效率做功，能量利用率大大提高。此时，对夹点之下的冷却公用工程没有影响。所以，在夹点之上，将热机与热回收系统适当结合，可以发挥最好的效益。

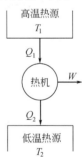

图 4-81　热机系统的基本能量转换关系

图 4-82(b) 表示了热机跨越夹点的设置，即吸热在夹点之上，排热在夹点之下。这样，由于过程在夹点之上为净热阱，需要 $Q_{H,min}$ 的热量，而热机也需要 Q_1 的热量，加热公用工程将总共提供 $(Q_{H,min} + Q_1)$ 的热量。在夹点之下，过程为净热源，多余 $Q_{C,min}$ 的热量要排出，而热机又排出 Q_2 的热量，使冷却公用工程量增至 $(Q_{C,min} + Q_2)$。可见，此种设置做功所消耗的热量与单独放置的热机将排热直接排给冷源的效果一样，不能改善能量利用率。

热机设置在夹点之下，从过程吸热，排热也在夹点之下，如图 4-82(c) 所示，此为为余

热动力回收的情形。此时，对夹点之上的加热公用工程没有影响。而在夹点之下，热机利用过程的余热做功，不仅额外获得了功，还使冷却公用工程用量减少到 $(Q_{C,min}-W)$，同夹点之上的设置一样，大大提高了能量利用率。

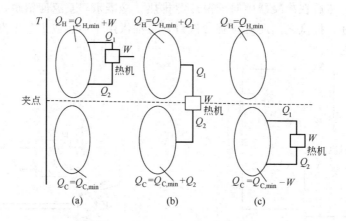

图 4-82　热机在过程中的设置

结论：热机的设置原则是不跨越夹点。

4.6.3.3　夹点之上热机与过程的匹配

夹点之上设置热机，就是热功联产，过程所需的全部或部分热量，要由热机提供。热机的设计或选型，要以总复合曲线为依据。

最常用的热机是蒸汽透平。为了充分利用热机做功后的排热，可以采用抽汽或背压透平，利用抽汽或背压蒸汽的热量作为热源加热工艺过程物流。有时工艺余热或蒸汽透平的中间抽汽用来预热锅炉给水，以提高朗肯循环的总效率。朗肯循环抽汽或背压蒸汽的放热过程基本上是在蒸汽压力饱和温度下的冷凝过程。

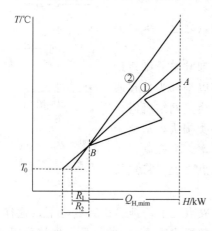

图 4-83　用燃气透平排气向过程供热

热机与过程的匹配原则是：使热机抽汽或背压蒸汽的放热线与过程总复合曲线的热阱线部分（即夹点以上部分）尽可能吻合，且尽可能使用温位较低的蒸汽加热，这样使蒸汽在抽出之前尽可能多做功。现以图 4-71 为例说明朗肯循环与过程的匹配关系。由于蒸汽冷凝的放热过程是一条温度不变的水平直线，为使蒸汽放热线与过程热阱线尽可能吻合，采用三种级别的蒸汽加热，如图中 a、b、c 三条水平线，分别表示了蒸汽加热的温位和热量。根据其温位，这三种级别的蒸汽可能是：① a—锅炉新汽，b—抽汽，c—背压蒸汽；② a—抽汽，b—抽汽，c—背压蒸汽；③ a—锅炉新汽，b—抽汽，c—抽汽；④ a—抽汽，b—抽汽，c—抽汽。

燃气透平是另一种常见的热机。图 4-83 表示了燃气透平循环排气与过程热阱的匹配关系。过程热阱为 BA 线，B 为夹点，①、②线表示燃气透平膨胀后，不同压力和流量时的排气温位和负荷量。由于 B 点高于大气温度 T_0，所以燃气排气热量不可能全部被利用，有些热量要排向大气，即 R_1 或 R_2。排气放热线①表示排气温度较低，因此燃气循环做功效率较高，但排向大气的热量 R_1 较多。排气放热线②排气温度高一些，排气流量较少，燃气循环做功效率较低，但排向大气的废热 R_2 较少（$R_2 < R_1$）。因此，燃气排气温度的选择，要综合考虑燃气做功的效益和排气加热的效益。

4.6.3.4 夹点之下热机与过程的匹配

夹点之下设置的热机，也就是余热的动力回收。在过程集成之后考虑余热动力回收，与只考虑单股热流的余热动力回收，是很不同的。单股热流的 $T\text{-}H$ 图很简单，为一单调降的直线。而过程集成之后夹点之下的总复合曲线是很复杂的，可能出现多种情况。应根据总复合曲线的形状来确定工作介质以及发生蒸汽的温度和蒸汽量。

在考虑余热动力回收时，希望热机发生的总功最大，这就要求热机的热效率 η_t 与余热回收率 Q/Q_0（Q 为热机实际吸收的热量，Q_0 为系统所放出的高于环境温度的热量）的乘积 Y 为最大，即

$$Y = \eta_t Q/Q_0 \rightarrow \max \qquad (4\text{-}24)$$

但热机热效率与余热回收率的趋势往往相反，如图 4-84 所示总复合曲线，当在热机工况 1 下，余热回收率大，但由于温度较低，热机热效率较低；而在热机工况 2 下，热机热效率较高，但热回收率较小，因而存在最佳的热机工况。

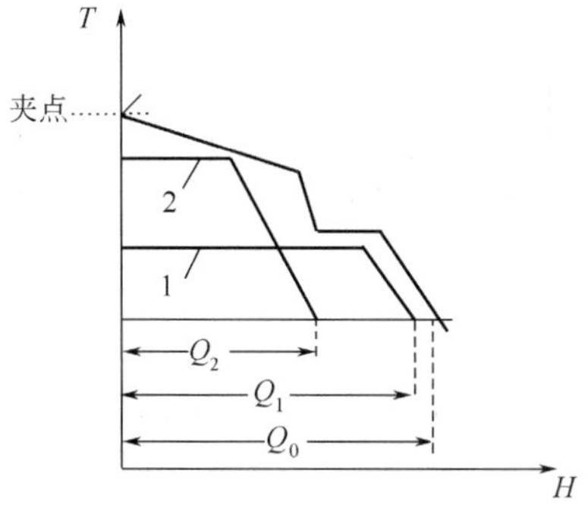

图 4-84 余热回收热机的不同工况

以 Y 最大为目标，分析各类形状的总复合曲线，可得到以下结论：比较平缓的总复合曲线，希望热机工作介质的汽化潜热在热机的总吸热量中占的比例小一些；对比较陡的总复合曲线，希望工作介质的汽化潜热在热机总吸热量中占的比例大一些；对终温较高的总复合曲线，希望热机的蒸发温度为能全部吸收过程余热条件下的最高温度。总之，热机工作介质的吸热曲线应尽可能吻合夹点之下的总复合曲线的形状。

4.6.4 热泵及热泵的设置

热泵是一种能使热量从低温物体转移到高温物体的能量利用装置。适当应用热泵，可以把那些不能直接利用的低温热能变为有用的热能，从而提高能量利用率、节省燃料。

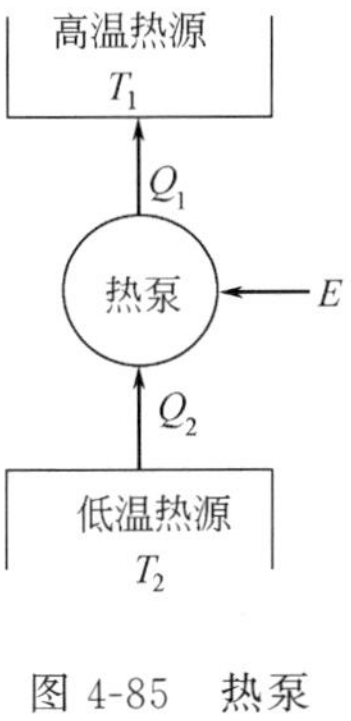

根据热力学第二定律，热量不会自发地从低温物体传到高温物体，因此，热泵要完成自己的工作，就必须从外界输入一部分有用能量，以实现这种能量的传递。热泵系统的基本能量转换关系如图 4-85 所示。

目前，热泵的能量转换经济性主要用热泵性能系数 COP 来表示，其定义为

$$\text{COP} = \text{有效致热量}/\text{净输入能量} \qquad (4\text{-}25)$$

图 4-85 热泵系统的基本能量转换关系

显然，这种评价方法是建立在热力学第一定律基础上的。由于热泵输入的能量可能是机械能，也可能是热能，输出的能量是热能，用性能系数来评价不同形式输入能量和输出能量是不合适的，因此有人提出用㶲效率或一次能源利用系数来评价热泵。一次能源利用系数 PER 旨在把输入能量折合成产生该能量的一次能源消耗量，其定义式为

$$PER=\text{有效致热量}/\text{所消耗的一次能源量}=COP\times\eta \tag{4-26}$$

式中，η 为从一次能源转换为输入能量的转换效率。

常用的热泵有压缩式、吸收式、蒸汽喷射式和第二类吸收式热泵，下面分别进行介绍。

4.6.4.1 压缩式热泵

4.6.4.1.1 热泵循环

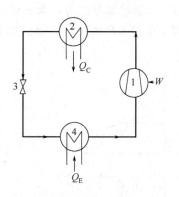

图 4-86　压缩式热泵循环系统

1—压缩机；2—冷凝器；

3—节流阀；4—蒸发器

压缩式热泵是以消耗机械能为代价而致热的装置。压缩式热泵循环系统一般包括蒸发器、冷凝器、压缩机和节流阀，如图 4-86 所示。热泵工作时，来自蒸发器的工质蒸气为压缩机所吸入，经压缩提高压力与温度后排入冷凝器，在冷凝器中蒸气放出热量而成为液体，冷凝后的高压液体经节流阀降低压力和温度，然后进入蒸发器，在蒸发器中工质在低温下吸取热量又变成蒸气，如此不断循环。

图 4-87 是压缩式热泵理论循环在压焓图（$p\text{-}h$ 图）和温熵图（$T\text{-}s$ 图）上的表示。过程 1—2 为等熵压缩过程，单位质量工质耗功量为

$$w=h_2-h_1 \tag{4-27}$$

过程 2—4 为等压放热过程，单位质量工质供热量为

$$q_C=h_2-h_4 \tag{4-28}$$

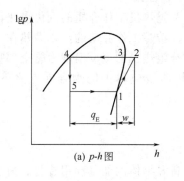
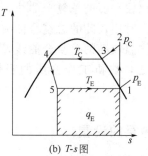

(a) $p\text{-}h$ 图　　　　(b) $T\text{-}s$ 图

图 4-87　压缩式热泵理论循环

过程 4—5 为节流过程，节流前后，工质的比焓不变，即

$$h_4=h_5 \tag{4-29}$$

过程 5—1 为等压吸热过程，单位质量工质吸热量为

$$q_E=h_1-h_5 \tag{4-30}$$

其能量衡算式为

$$q_C=w+q_E \tag{4-31}$$

热泵性能系数为

$$COP=(h_2-h_4)/(h_2-h_1) \tag{4-32}$$

上述的热泵系统为闭式系统，压缩式热泵还可以开式循环运行，此时热泵与用热装置结合为一体，如第 3 章中所介绍的机械式热泵蒸发系统和气体直接压缩式热泵精馏系统。由于这样的系统中工质不循环使用，故称为"开式"。

不管闭式还是开式，其热功转换的关系都是相同的。

4.6.4.1.2　工质

工质是热泵中赖以进行能量转换与传递的物质，因此，热泵系统的性能、经济性与可靠性在很大程度上也与工质有关。

压缩式热泵对工质的要求有以下几点。

① 临界温度应比最大冷凝温度高得多。显然只有临界温度高于供热温度的物质才可能作为热泵的工质，但如果冷凝温度接近临界温度，循环的节流损失增大，性能系数会急剧降低。

② 在冷凝温度下的饱和压力不要太高。冷凝压力是系统中的最高压力，它影响到对系统的强度要求。一般来说，热泵的冷凝压力最高不超过 2.5MPa。

③ 在蒸发温度下的饱和压力不要低于大气压力，以免蒸发在高真空状态下运行。否则，空气将有可能漏入热泵装置，降低系统的致热能力并增加功耗，而且空气中的水分带入热泵装置，会给运行带来不良影响。

④ 一般情况下要求热泵工质的单位容积致热量要大，这样在同样的致热量下，可以缩小压缩机的尺寸。单位容积致热量与工质的汽化潜热成正比，与蒸气的比容成反比。

⑤ 液体的比热容要小，亦即饱和液体线要陡，这样节流损失小。

⑥ 随着饱和压力的变化，饱和蒸气比熵的变化要小，亦即饱和蒸气线要陡，这样可以避免压缩机排气温度过高，减少过热损失。

⑦ 工质应有良好的化学稳定性，不燃，不爆，无毒无害，价格便宜。

工质可以是有机物，也可以是无机物；可以是单一物质，也可以是混合物。混合工质又可分为共沸混合工质和非共沸混合工质。非共沸混合工质在蒸发和冷凝过程中温度是变化的，若用于变温热源，可使传热过程㶲损失减少。

到目前为止，应有最广泛的工质是卤代烃与无机物氨和水。

自 20 世纪 30 年代氟利昂被用作制冷剂以来，R11、R12、R22、R114 等一直被认为是理想的热泵工质，因为它们无毒、不燃、对金属几乎无腐蚀作用，而物理性质又能很好地满足热力循环的要求。但 1974 年发现氟利昂中的氯元素以及溴元素导致大气中臭氧层衰减，1987 年蒙特利尔协议决定限制并最终停止生产这几种物质，R11、R12、R114 属于第一批控制之列。经过筛选，比较有希望替代 R11 与 R12 的是 R134a 和 R123，R114 可考虑用 R142b 或 R236ca 来取代。表 4-17 给出了这些工质的物性参数。

表 4-17　热泵工质物性参数

名　称	化学式	代号	相对分子质量	临界温度/℃	临界压力/MPa
水	H_2O	R718	18.016	374.12	22.12
氨	NH_3	R717	17.032	132.4	11.29
一氟三氯甲烷	$CFCl_3$	R11	137.39	198.0	4.37
二氟二氯甲烷	CF_2Cl_2	R12	120.92	112.04	4.12
一氟二氯甲烷	$CHFCl_2$	R21	102.92	178.5	5.166
二氟一氯甲烷	CHF_2Cl	R22	86.48	96.0	4.986
四氟二氯乙烷	$C_2F_4Cl_2$	R114	170.91	145.8	3.275
二氟一氯乙烷	$C_2H_3F_2Cl$	R142b	100.48	136.45	4.15
二氟乙烷	$C_2H_4F_2$	R152a	66.05	113.5	4.49
四氟乙烷	CF_3CH_2F	R134	102.03	101.06	4.056
三氟二氯乙烷	$CHCl_2CF_3$	R123	152.93	183.76	3.674
六氟丙烷	$CHF_2CF_2CHF_2$	R236ca	152	155.2	3.41

目前，压缩式热泵可达到的最高供热温度为 150℃左右。

4.6.4.2 吸收式热泵

4.6.4.2.1 热泵循环

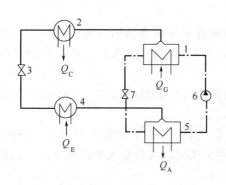

图 4-88 吸收式热泵闭式系统
1—发生器；2—冷凝器；3—节流阀；
4—蒸发器；5—吸收器；6—溶液泵；
7—溶液回路节流阀

吸收式热泵以消耗热能为补偿，实现从低温热源向高温热源的泵热过程。图 4-88 为吸收式热泵闭式系统的原理图。与压缩式热泵相同的是，它也有冷凝器、节流阀与蒸发器。高压制冷剂蒸气在冷凝器中冷凝，放出热量，经过节流阀变为低温低压的液体，然后在蒸发器中蒸发，吸取低温热源的热量。与压缩式热泵不同的是，它是用一个溶液回路代替了压缩机，该溶液回路由吸收器、溶液泵、发生器及溶液节流阀等部件构成。溶液回路中用消耗热能取代了压缩机中所消耗的机械能。

因此，吸收式热泵有两个循环，即制冷剂回路和溶液回路。

在制冷剂回路中，由发生器产生的制冷剂蒸气在冷凝器中冷凝，经节流阀到蒸发器中蒸发成蒸气，蒸气进入吸收器被吸收。

在溶液回路中，发生器的稀溶液（制冷剂含量低的溶液）经节流阀进入吸收器，在低压情况下，吸收蒸发器中产生的低压蒸气，并放热，从而形成浓溶液（富含工质的溶液）；该浓溶液由溶液泵提高压力送回发生器；在发生器中通过外界加热使之沸腾，部分制冷剂便分离出来成为高温高压的蒸气。

在进行吸收式循环计算时，采用二维的焓-浓度图（h-ξ 图）比较方便。吸收式热泵理论循环工作过程在 h-ξ 图上的表示如图 4-89 所示。图中，6—6′为溶液在发生器中被定压加热到沸点的过程；6′—2 为工质从溶液中分离的过程，2 点为工质在冷凝压力下的过热蒸气状态；2—3 为工质在冷凝器中的冷凝过程，3 点为工质在冷凝压力下的饱和液体状态；3—4 为工质的节流过程，节流前后的状态点在 h-ξ 图上是重合的（因焓和浓度均不变），4 点处于蒸发压力下的两相区；4—1 为工质在蒸发器中的蒸发过程；6′—7 为发生器中溶液的沸腾过程，或称发生过程；7—8 为溶液的节流过程，状态 7 和 8 在 h-ξ 图上也是重合的；8—5 为溶液在吸收器中的吸收过程；状态 1 的工质蒸气被状态 8 的稀溶液吸收，最终形成状态 5 的浓溶液；5—5′为溶液的冷却过程；5′—6 为浓溶液经溶液泵提高压力后送入发生器的过程。

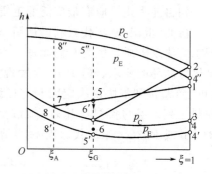

图 4-89 h-ξ 图上的吸收式
热泵理论循环

吸收式热泵中，有如下能量交换：

① 工质在冷凝器中的放热过程，放热量为 Q_C；

② 工质在蒸发器中的吸热过程，吸热量为 Q_E；

③ 在吸收器中吸收剂吸收工质的放热过程，放热量为 Q_A；

④ 在发生器中溶液沸腾的吸热过程，吸热量为 Q_G；

⑤ 溶液泵的驱动功率 W_P。

因此，吸收式热泵的能量衡算式为（溶液泵的功相对于发生器中所消耗的热量来说是很小的，可以忽略）

$$Q_C + Q_A = Q_G + Q_E \qquad (4\text{-}33)$$

但各热量所处的温位不同，其中 Q_G 温度最高，Q_C 和 Q_A 的温度基本相同，为中温，而 Q_E 的温度最低。

吸收式热泵的性能系数为

$$COP = (Q_C + Q_A)/Q_G \qquad (4\text{-}34)$$

一个实际的吸收式热泵，不仅含有发生器、吸收器、冷凝器、蒸发器、溶液泵、节流阀等基本设备和构件，而且还可能有精馏器、回流冷凝器（分凝器）、过冷器、换热器等设备。图 4-90 为一实际吸收式热泵系统。

如果溶液中两种组分（制冷剂和吸收剂，如氨和水）的沸点比较接近，发生器产生的制冷剂蒸气（如氨）中就会带有吸收剂蒸气（如水蒸气）。若直接将含有吸收剂蒸气的制冷剂蒸气送入制冷剂回路，就会影响供热效果，使供热量减少。为了得到纯度高的制冷剂蒸气，就需设置分凝和精馏设备，在精馏器顶部得到纯度很高的制冷剂蒸气，在分凝器中要排出精馏热量 Q_D。

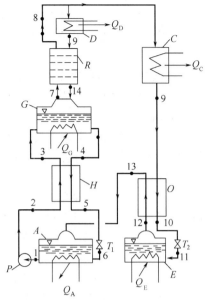

图 4-90　实际吸收式热泵系统

A—吸收器；C—冷凝器；D—分凝器；
E—蒸发器；G—发生器；H—热交换器；
O—过冷器；P—溶液泵；R—精馏器；
T_1, T_2—节流阀

4.6.4.2.2　工质对

吸收式循环是由两个循环组成，一是制冷剂循环，与蒸气压缩式热泵相似；二是溶液循环，起压缩机的作用。因此，在吸收式热泵中起循环变化的工作物质，势必要有与蒸气压缩式热泵工质相似的工质（制冷剂），此外还要有吸收剂，即是由两种沸点不同的物质组成的二元混合物。在吸收式热泵中，把制冷剂与吸收剂两者称为工质对。在工质对中，沸点低的物质为制冷剂，沸点高的为吸收剂。

在选择工质对中的制冷剂时，要注意其与压缩式热泵工质的要求不同的方面。其不同点，主要有三方面。

① 吸收式热泵的制冷剂要与吸收剂组成工质对，因此，选择的制冷剂应在吸收剂中有较好的溶解性。

② 吸收式热泵主要消耗的能量不是机械功，而是热能。因此，工质的压缩比对于吸收式热泵耗功的影响不大。

③ 在吸收式热泵中不用压缩机，即可不考虑压缩机排气量对供热量的影响，也就是说，对工质的吸气比容和单位容积致热能力不提特殊要求。

但是，关于工质对中制冷剂在热力学、物理、化学等方面的其他要求基本上与蒸气压缩式热泵的要求一样。所以，常用的蒸气压缩式热泵的工质，如氨、饱和碳氢化合物的衍生物等，也常用在吸收式热泵上。

选择工质对中的吸收剂时，则要求吸收剂具有下列一些特性。

① 具有强烈地吸收制冷剂的能力。这种能力越强，循环中所需要的吸收剂循环量越少，

发生器热源的加热量越少。

② 在相同压力下，沸点比制冷剂高，而且相差越大越好，两者沸点差最好大于 200～300℃。这样，在发生器中蒸发出来的工质纯度高，有利于提高性能系数，且避免设置精馏装置。

③ 比热容小，热导率高，黏度低。

④ 在化学性质方面与制冷剂一样，化学稳定性好，无毒，不燃，不爆，无腐蚀性，对生态环境无破坏作用。

多年来，工质对一直是吸收式热泵研究的最重要课题，已经被开发应用或进行过探索的工质对相当多，目前常用的工质对有以下几种。

（1）氨-水

氨-水工质对中，氨是制冷剂，水是吸收剂。氨-水工质对的工作温度范围很广，单级吸收温度就可高达 60℃，足可供采暖之用。氨极易溶于氨水溶液，在常温下，一个体积的水可溶解 700 倍体积的氨，因而，氨水溶液是一种理想的吸收剂。

氨和水的沸点相差仅有 133℃左右，因此，在发生器中氨蒸发出来的同时也有部分水被蒸发出来，这样就必须采用精馏装置，以提高蒸气浓度。由于增设精馏装置，使系统庞大而笨重，此缺点对于小型吸收式热泵更为突出。

氨具有较好的热力性质，蒸发潜热大，压力适中，热导率高，而且价廉易得。但氨有强烈刺激性，有一定毒性，可燃并有爆炸危险，在高温时会分解，故要求发生器的温度不宜超过 160～170℃。此外，氨水溶液对有色金属有腐蚀作用。

（2）水-溴化锂

目前，供空调用的吸收式制冷设备中，广泛地使用溴化锂水溶液。它是由固体的溴化锂溶解在水中而成，水作制冷剂，溴化锂作吸收剂。

在常压下，溴化锂的沸点为 1265℃，而水的沸点为 100℃，两者相差 1165℃。因此在发生器中溶液沸腾时产生的蒸气几乎都是水的成分，而不含有溴化锂的成分，使热泵装置无需设置精馏器就能很好工作。

水的临界温度高，宜于制成高温热泵；化学性质稳定，无毒，不燃。溴化锂水溶液对一般金属具有较大的腐蚀性，对此可通过加缓蚀剂予以改善。溴化锂水溶液易结晶，因此一般应使溶液浓度小于 0.65mg/L。

（3）氨-硝酸锂

该工质对沸点差大，不需精馏装置，吸收能力强。尤其是在高温下，它的吸收能力比氨水工质对强。

从运行经验上，它与溴化锂水溶液有相近的性质。它在 140℃下运行有化学分解的危险。对除铜和铜合金以外的金属无腐蚀作用。

4.6.4.3　蒸气喷射式热泵

蒸气喷射式热泵同吸收式热泵一样，也是靠消耗热能来提取低位热源中的热量进行供热的设备。它具有结构简单、几乎没有机械运动部件、价格低廉、操作方便、经久耐用等优点，因此，尽管喷射式热泵性能系数低，仍引起企业极大的兴趣。

蒸气喷射式热泵是由喷射器、冷凝器、蒸发器、节流阀和泵等组成，其系统如图 4-91 所示。

就其原理来说，蒸气喷射式热泵也可看作是一种蒸气压缩式装置，只不过是用一台喷射器代替了压缩机来驱动系统工作。喷射器由喷嘴、混合室、扩压管等部分组成，如图 4-92 所示。

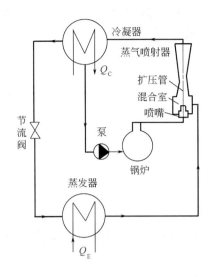

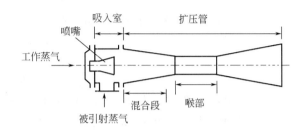

图 4-91　蒸气喷射式热泵闭式系统　　　　　图 4-92　喷射器结构示意

　　此种热泵工作时，来自锅炉等蒸气发生器的高压工作蒸气，经喷嘴进行绝热膨胀，压力降低，速度提高，在喷嘴出口处能产生很高的流速和很高的真空，由此来吸引蒸发器内的低压蒸气。蒸发器中的工质蒸气被吸引到喷射器的吸入室，然后与工作蒸气在混合室混合后一起进入扩压管。在扩压管中，降低速度提高压力，在扩压管出口处达到冷凝压力，然后进入冷凝器。在冷凝器中凝结的液体从冷凝器引出后分为两路，一路用凝结水泵打入发生器作为给水，另一路经节流阀降压后进入蒸发器。其余过程与压缩式热泵相同。

　　图 4-93 是蒸气喷射式热泵理论循环在压-焓图（p-h 图）和温-熵图（T-S 图）上的表示。系统中使用单一工质。图中 9—0 为流量 m_E 的工质在蒸发器中的蒸发过程；2—3 和 0—3 为流量 m_G 的工作蒸气（状态 2）与流量 m_E 的被引射蒸气（状态 0）的等压混合过程，混合后的状态为 3，流量为 $m_C = m_G + m_E$；3—4 为在喷射器扩压管的等熵压缩过程，压力由蒸发压力 p_E 提高到冷凝压力 p_C；4—8 为在冷凝器中的等压冷凝过程；状态 8 的冷凝水分成两部分，一部分（m_E）经节流膨胀过程 8—9 进入蒸发器，另一部分（m_G）经等熵压缩过程 8—10 进入发生器，在发生器中经等压加热过程 10—1 成为高压工作蒸气；状态 1 的高压工作蒸气进入喷射器的喷嘴进行等熵膨胀 1—2。

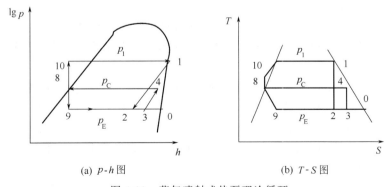

(a) p-h 图　　　　　　　　　　　(b) T-S 图

图 4-93　蒸气喷射式热泵理论循环

　　显然，蒸气喷射式热泵循环是由两个循环组成的，一个是工作蒸气所完成的动力循环，即从高温热源吸收热量，接着膨胀做功，压缩工质蒸气再经冷凝器把热量供给中间温度的热用户，循环过程为 10-1-2-3-4-8-10；另一个是工质所完成的热泵循环，即 3-4-8-9-0-3 过程。

喷射式热泵中，有如下能量交换。

（1）在蒸发器中的吸热量

$$Q_E = m_E(h_0 - h_9) \tag{4-35}$$

（2）在发生器中的吸热量

$$Q_G = m_G(h_1 - h_{10}) \tag{4-36}$$

m_E 与 m_G 的关系可由喷射器的热平衡求得

$$m_E h_0 + m_G h_1 = (m_E + m_G)h_4$$

即

$$u = m_E/m_G = (h_1 - h_4)/(h_4 - h_0) \tag{4-37}$$

u 为喷射系数，它表示每单位质量工作蒸气所能引射的低压蒸气量，是衡量喷射器性能的一个重要指标，可用如下经验公式估算

$$u = 0.765[(h_1 - h_2)/(h_4 - h_3)]^{0.5} - 1 \tag{4-38}$$

式中，h_1 为喷射泵工作蒸气的焓；h_2 为喷射器喷嘴出口蒸气的理论焓；h_3 为喷射泵扩压器入口混合蒸气的实际焓；h_4 为喷射器扩压器出口混合蒸气的理论焓。

（3）在冷凝器中的放热量

$$Q_C = (m_E + m_G)(h_4 - h_8) \tag{4-39}$$

（4）凝结水泵所消耗的功

$$W_P = m_G(h_{10} - h_8) \tag{4-40}$$

该项数值相对较小，可以忽略。

因此，蒸气喷射式热泵的能量衡算式为

$$Q_C = Q_G + Q_E \tag{4-41}$$

性能系数为

$$COP = Q_C/Q_G = 1 + u(h_0 - h_9)/(h_1 - h_{10}) \tag{4-42}$$

蒸气喷射式热泵也有闭式与开式之分。图 4-91 所示为闭式喷射式热泵系统。在化工过程实际应用中常采用开式系统，如第 3 章中所介绍的喷射式热泵蒸发和喷射式热泵精馏。

目前，蒸气喷射式热泵主要以水为工质。

4.6.4.4　第二类吸收式热泵

前面所讲的吸收式热泵，又可称为第一类吸收式热泵，主要利用工质冷凝放热。而第二类吸收式热泵主要利用吸收过程放热，驱动热源温度低于热泵供热温度。其循环不同于第一类吸收式热泵。它的主要特点是热泵循环中工质的蒸发压力比冷凝压力高，从冷凝器进入蒸发器的工质需用泵压送。

第二类吸收式热泵闭式系统如图 4-94 所示。热泵工作时，发生器中的溶液被加热产生压力较低的工质蒸气，该蒸气进入冷凝器中放热而凝结为液体工质；液体工质由泵加压送到蒸发器并在其中被加热产生压力较高的工质蒸气；工质蒸气再进入吸收器并在其中被溶液吸收而放热。稀溶液在发生器中被浓缩后，被溶液泵加压送到吸收器中；浓溶液在吸收器中被稀释后，又通过节流阀回到发生器。

同第一类吸收式热泵一样，可以在焓-浓度图（h-ξ 图）上标出这种热泵的循环过程，如图 4-95 所示。其中，6—2 为吸收过程，5—4 为发生过程，$3'$—3 为冷凝过程，3—$1'$ 为蒸发过程（忽略泵功）。

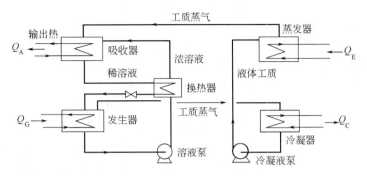

图 4-94　第二类吸收式热泵闭式系统

在第二类吸收式热泵中发生的能量转换过程与第一类吸收式热泵一样，因此其能量衡算式为

$$Q_A = Q_G + Q_E - Q_C \qquad (4\text{-}43)$$

各热量的温位为：Q_A 温度最高，Q_G 和 Q_E 基本相等，为中温，Q_C 温度最低。也就是说，第二类吸收式热泵可以产生高于驱动热源温度的热量。

第二类吸收式热泵也有开式系统，此时热泵与应用热泵的工艺系统组成一个整体。

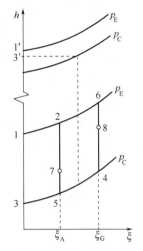

图 4-95　第二类吸收式热泵 $h\text{-}\xi$ 图

4.6.4.5　经济上可行的工业热泵的临界 COP

热泵能取得明显的节能效果，但热泵的应用并不广泛，主要原因是人们对于热泵的经济性还持怀疑态度。的确，热泵的投资费用较高，虽然能节能，但有时并不能节省资金。这里介绍一个判断热泵经济上是否可行的简单方法——临界 COP。

热泵性能系数 COP 定义为热泵输出热量 Q_H 与输入能量 E 之比，即

$$\text{COP} = Q_H / E \qquad (4\text{-}44)$$

当投资一个热泵装置时，其投资 Y 的简单回收期 PBP 为

$$\text{PBP} = Y/(X - Z) \qquad (4\text{-}45)$$

式中　Y——投资费，元，为

$$Y = A \times Q_H \qquad (4\text{-}46)$$

A——单位供热量的投资费用，元/kW；

Q_H——供热量，kW；

X——节省的供热费用，元/年，为

$$X = 3600B \times Q_H \times P_H \qquad (4\text{-}47)$$

B——年运行小时数，h/年；

P_H——热价，元/kJ；

Z——热泵输入能量的费用，元/年，为

$$Z = 3600B \times E \times P_I \qquad (4\text{-}48)$$

E——热泵输入能量的数量，W；

P_I——热泵输入能量的价格，元/kJ。

将式(4-44)、式(4-46)～式(4-48)代入式(4-45)，并令

$$\gamma = P_{\mathrm{I}}/P_{\mathrm{H}} \tag{4-49}$$

为输入能量价格与热价之比，以及

$$\theta = A/(3600P_{\mathrm{H}}) \tag{4-50}$$

为设备价格与热价之比。可得临界 $\mathrm{COP}_{\mathrm{cr}}$ 为

$$\mathrm{COP}_{\mathrm{cr}} = \gamma/[1-\theta/(B \times \mathrm{PBP})] \tag{4-51}$$

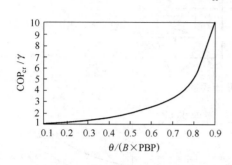

图 4-96　临界 COP 的通用曲线

所谓临界 COP，是指在一定的经济环境下，对应用户所要求的投资最长回收年限的热泵性能系数。由式（4-51）可以看到，除投资回收期 PBP 外，其他参数都由经济条件决定。临界 COP 并不是热泵实际的性能系数。当企业要决定是否上热泵项目时，可分别计算 $\mathrm{COP}_{\mathrm{cr}}$ 和拟采用热泵的实际 COP 值（根据热泵蒸发和冷凝温度可以计算出），然后将两者相比。若 $\mathrm{COP}_{\mathrm{cr}}$ 值较大，则说明所需投资回收期长于企业所能承受的最长回收期，因而采用热泵不经济；若实际 COP 值大于 $\mathrm{COP}_{\mathrm{cr}}$，则说明所需投资回收期较短，在企业的期望范围之内，则采用热泵是经济的。

为了便于应用，以 $\mathrm{COP}_{\mathrm{cr}}/\gamma$ 为纵坐标，以 $\theta/(B \times \mathrm{PBP})$ 为横坐标，作出临界 COP 的通用曲线如图 4-96 所示。各种形式热泵典型的工作范围和典型的 COP 值如表 4-18 所示。

表 4-18　热泵的典型工作范围和典型 COP 值

热泵形式	供热温度/℃	吸热温度/℃	温升/℃	典型 COP 值
电动压缩式				
R22	20～80	−20～40	<60	3～5
R12	30～95	−29～65	<60	3～5
R114	40～130	10～96	<60	2～4
机械式蒸汽再压缩	>100	>80	<50	5～20
喷射泵式	60～150	45～120	<40	1.1
吸收式	30～92	5～42	<45	1.3
第二类吸收式	80～150	58～110	<50	0.45～0.5

4.6.4.6　热泵设置的基本原则

在过程系统中，热泵也有三种可能的设置方式：在夹点之上、在夹点之下、跨越夹点，如图 4-97 所示。

图 4-97（a）表示了热泵的第一种可能的设置方式，即其吸、放热均在夹点之上。此时热泵的作用只是将一部分加热公用工程所提供的热量，用外部输入能量 W 取代了，过程输入的总能量数量不变。但由于外部输入能量 W 的产生通常是要消耗比 W 更多的热量，因此不仅不能节能还可能造成能量的浪费，更不用说还得投资给热泵装置。

热泵设置在夹点之下，如图 4-97（b）所示，即其吸、放热均在夹点之下，把外部输入能量全部转换成了排向冷却公用工程的废热，不仅没有节省能量，反而浪费了外部输入的能量，并增加了冷却公用工程负荷，造成的能量浪费极大，更不可取。

图 4-97（c）表示了热泵跨越夹点的设置，即吸热在夹点之下，放热在夹点之上。这样，

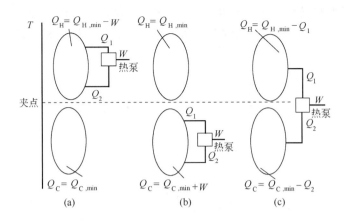

图 4-97　热泵在过程系统中的设置

过程在夹点之下为净热源，热泵从中吸取 Q_2 的热量，使冷却公用工程量减少 Q_2；而在夹点之上，过程为净热阱，热泵向其提供 Q_1 的热量，使加热公用工程减少 Q_1，节省了能量。

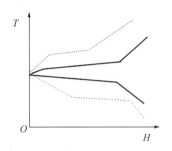

图 4-98　靠近式和张开式
总复合曲线

结论：热泵设置的原则是跨越夹点。

跨越夹点设置热泵只是给出了一个原则，要适当地应用热泵，还得了解各种形式热泵的特性和工作范围，并将其与过程总复合曲线合理匹配。

由表 4-18 可以看出，各种热泵的温升都不大（小于 60℃）。这意味着只有当夹点两侧过程的吸热和放热温差较小，即过程总复合曲线为靠近式时（图 4-98 中实线），应用热泵才较经济。相反，如果过程总复合曲线为张开式（图 4-98 中虚线），运用热泵节约的能量就很有限了，这样显然是不经济的。

4.6.4.7　热泵设置对夹点位置的影响

遵循跨越夹点的原则，在换热网络中设置热泵后，换热网络的总复合曲线一定会发生变化。同时，夹点位置的变化存在三种可能的情形：夹点温度不变、降低或升高。如图 4-99 中所示，在换热网络中引入热泵后，热泵的吸热温度、放热温度和夹点温度将总复合曲线分为以下 4 个区域。

区域 1：热泵放热温度之上；

区域 2：热泵放热温度之下，夹点温度之上；

区域 3：夹点温度之下，热泵的吸热温度之上；

区域 4：热泵的吸热温度之下。

在夹点之下，热泵在温度 T_2 处吸收热量 Q_2，该处的热通量减小，需要的冷公用工程量减小。因此，A 点移动到 B 点。在夹点之上，热泵在温度 T_1 处放出了热量 Q_1，满足了部分热阱的需求，该处的热通量也减小，需要的热公用工程用量减小。因此，C 点移动到 D 点。在热泵的放热温度 T_1 之上（区域 1）和吸热温度 T_2 之下（区域 4）的总复合曲线没有受到热泵的影响，这两个区域内的复合曲线不会改变，所需的公用工程量也不变。将这两个区域内的复合曲线水平左移，即可得到设置热泵后的换热网络总复合曲线图。在这种情形下，设置热泵前后换热网络的夹点温度并没有发生变化，冷公用工程的减少量 $\Delta Q_C = Q_2$，热公的工程的减少量 $\Delta Q_H = Q_1$。设置热泵所节约的冷、热公用工程用量均等于 Q_2。

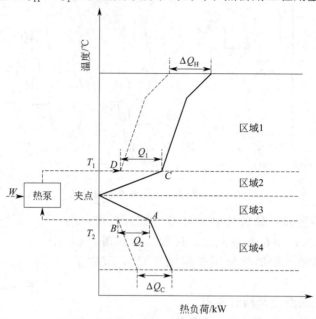

图 4-99　热泵设置对总复合曲线的影响分析

当热泵在夹点之下的吸热量 Q_2 等于吸热温度 T_2 处的热通量 Q_{T2} 时，根据上述步骤，可构造设置热泵后的总复合曲线，如图 4-100（a）中虚线所示。夹点温度和吸热温度 T_2 处的热通量均为零，形成新夹点。在这种情况下，冷公用工程的减少量 $\Delta Q_C = Q_2 = Q_{T2}$，热公用工程用减少量 $\Delta Q_H = Q_1$，设置热泵所节约的冷、热公用工程用量均等于 Q_2（也等于 Q_{T2}）。

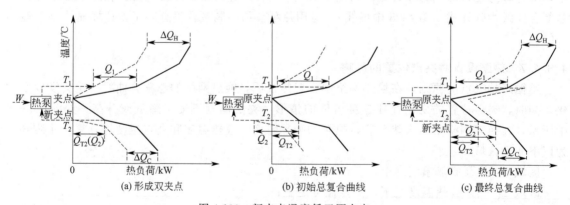

图 4-100　新夹点温度低于原夹点

当热泵的吸热量 Q_2 大于吸热温度 T_2 处的热通量 Q_{T2} 时，设置热泵后初始的总复合曲线如图 4-100（b）中的虚线所示，有一部分位于纵坐标轴的左侧，表明该换热网络不可行。为了使得最终的换热网络可行，需要将设置热泵后的总复合曲线水平右移，满足总复合曲线与纵坐标轴至少相交于一点且全部不处于纵坐标轴的左侧，如图 4-100（c）中的虚线所示。不难看出，设置热泵后的夹点位置下移，夹点温度降低；原夹点处的热通量不再为 0，其值为 $Q_2 - Q_{T2}$。虽然热泵的设置表面上遵守了跨夹点布置的原则，但是由于夹点位置下移，原夹点温度与吸热温度 T_2 之间的区域由原来的"净热源"变为"净热阱"。这就意味着热泵吸收热量中的一部分（Q_2-Q_{T2}）相当于从夹点上方到夹点上方的传热，违背了热泵跨夹点设置的原则。因此，这一部分热量也就不会影响到冷、热公用工程的用量。最终，冷公用工程的减少量 $\Delta Q_C=Q_{T2}<Q_2$，热公用工程用减少量 $\Delta Q_H=Q_{T2}+W<Q_1$。设置热泵所节约的冷、热公用工程用量均等于 Q_{T2}。

当热泵在夹点之上放热量 Q_1 等于放热温度 T_1 处的热通量 Q_{T1} 时，T_1 处的热通量为 0，形成新的夹点，其温度高于原夹点，如图 4-101（a）中所示。此时，冷公用工程减少量 $\Delta Q_C=Q_2$，热公用工程减少量 $\Delta Q_H=Q_1=Q_{T1}$，设置热泵所节约的冷、热公用工程用量为 Q_2。

当热泵在夹点之上放出的热量 Q_1 大于放热温度 T_1 处的热通量 Q_{T1} 时，构造出设置热泵后的初始总复合曲线如图 4-101（b）中虚线所示。类似于图 4-100（b）中的情形，需要将总复合曲线水平右移，满足其与纵坐标轴至少相交于一点且不处于纵坐标轴左侧，如图

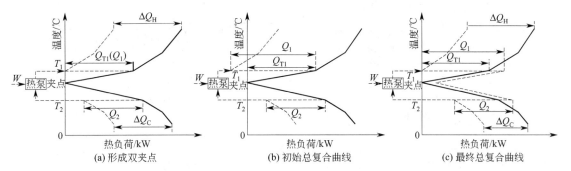

图 4-101　新夹点温度高于原夹点

4-101（c）中虚线所示。设置热泵后，夹点位置上移，夹点温度升高，原夹点处的热通量为 Q_1-Q_{T1}。此时，放热温度 T_1 与夹点温度之间的区域由"净热阱"变成"净热源"，这就意味着热泵在原夹点之上放出的热量中的一部分（Q_1-Q_{T1}）相当于从夹点之下到夹点之下的传热，违背了热泵跨夹点设置的原则。因此，这一部分热量不会实现公用工程的节约。最终，冷公用工程减少量 $\Delta Q_C=Q_{T1}-W<Q_2$，热公用工程的减少量 $\Delta Q_H=Q_{T1}<Q_1$。设置热泵后所节约的冷、热公用工程用量均为 $Q_{T1}-W$。

针对总复合曲线存在"口袋"的换热网络，因为"口袋"内的局部热源可以满足局部热阱的需求，所以可忽略"口袋"部分，构建相应的"净热"总复合曲线，它与不带"口袋"的总复合曲线相似，夹点之上为"净阱线"，夹点之下为"净源线"。在此基础上，可以分析热泵设置对夹点位置和公用工程的影响。

对比图 4-99、图 4-100 和图 4-101 中的几种情形，可以发现当且仅当原夹点在设置热泵后仍为夹点时，热泵所传递的热量才能全部用于节约冷、热公用工程量。否则，尽管热泵的设置满足了跨夹点的原则，但仍存在不合理的传热。原夹点在设置热泵后仍为夹点需要满足的条件如下：

（1）在总复合曲线图中，热泵在夹点之下的吸热量 Q_2 不能大于"净源线"上吸热温度 T_2 处对应的热通量 Q_{T2}。

（2）在总复合曲线图中，热泵在夹点之上的放热量 Q_1 不能大于"净阱线"上放热温度 T_1 处对应的热通量 Q_{T1}。

4.6.4.8　能量最优的热泵设置

基于上一节的分析，可以判断出能量最优的热泵设置需要满足的必要条件是热泵在夹点之下的吸热量等于"净源线"上吸热温度处对应的热通量，和在夹点之上的放热量等于"净

阱线"上放热温度处对应的热通量。

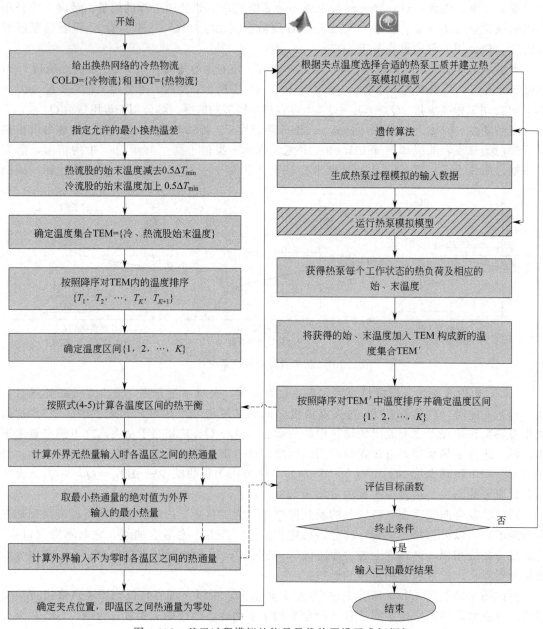

图 4-102　基于过程模拟的能量最优热泵设置求解框架

　　然而，以压缩式热泵为例，实际的热泵工作过程中除工质的冷凝和蒸发过程外，还可能存在工质的过热和过冷。此外，工质的热力学性能以及工作过程的能量传递，使得热泵的最优设置问题复杂化。这里介绍一个结合过程模拟与优化的方法来确定能量最优的热泵设置，该方法基于迭代的思想，通过耦合 Matlab 计算软件和 Aspen HYSYS 流程模拟软件实现，求解框架如图 4-102 中所示。

　　首先，根据 4.2.3 节中介绍的问题表法求解步骤，在 Matlab 软件中实现程序化，自动确定出换热网络的夹点温度以及冷、热公用工程用量。其次，根据换热网络的夹点温度，筛选可用的工质，它们的临界温度必须要高于夹点温度，以保证满足跨越夹点的原则和最小换热温差，并在 Aspen HYSYS 软件中建立热泵循环过程，如图 4-103 所示。然后，在 Matlab 软件中由遗传算法生成运行热泵模拟模型的输入数据（如蒸发温度、冷凝温度、吸入过热温度、过冷温度、工质流量等）并将数据传递给 Aspen HYSYS 软件。之后，运行热泵模拟模型，以获得工质在各工作阶段的热负荷及始末温度，并将数据传递给 Matlab 软件。将工质的吸热段视为冷物流，工质的放热段视为热物流，与原换热网络合并构建出新的换热网络，并采用问题表法确定最小冷、热公用工程用量。下一步，评价系统的能耗目标，它由热公用工程、冷公用工程以及热泵的电耗构成，如式（4-52）。最后，判断是否满足程序的结束条件，如果不满足，程序继续运行；如果满足，则输入最好的计算结果。

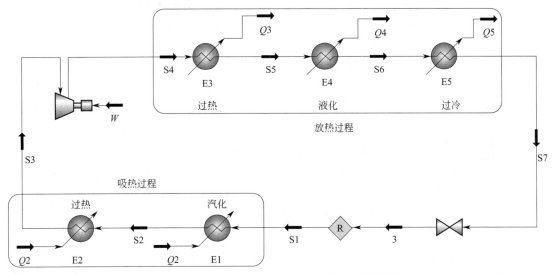

图 4-103　Aspen HYSYS 中压缩式热泵的模拟模型

（E—换热器，S—物流，Q—热负荷，W—输入功，R—循环流）

$$\text{Min } obj = aQ_{hu} + bQ_{cu} + cW \qquad (4\text{-}52)$$

式中，Q_{hu} 和 Q_{cu} 分别表示热、冷公用工程的需求；W 为热泵的电耗；a、b 和 c 分别为热公用工程、冷公用工程和电的折算系数，参考国标 GB/T 50441—2016。

4.6.4.9　热钾碱脱碳系统喷射式热泵的应用与优化

在合成氨生产工艺中，从工艺气中脱除二氧化碳是一个重要的工序。但是，目前脱碳过程消耗的动力和热量都较大，约占总能耗的 10%。因此，降低脱碳系统的能耗，是氨厂节能、增产的重要途径之一。

活化热钾碱法是当前国内外使用较多的一种脱碳方法，它具有净化度较高的优点，国内有 50 多个装置都采用这种方法，但普遍存在再生热耗大的问题。国内中型氨厂的热钾碱法脱碳工艺消耗蒸汽折合每吨氨 2.5~3t。再生热耗大的原因为：①再生塔顶 H_2O/CO_2 比在 1.5~2.5 之间，大量水蒸气随二氧化碳逸出。但 H_2O/CO_2 比过低，则贫液的再生效果不好，而影响吸收塔的吸收效果；②出再生塔的贫液或半贫液温度接近沸点，而贫液一般都要经过冷却至 70~80℃后进入吸收塔上部，冷却溶液将导致系统热损失，增加热耗。使用喷射器将再生后的溶液闪蒸，并将闪蒸汽增压后送回再生塔作补充热源，则可以降低热耗，它具有投资少、见效快的特点。

某年产 10 万吨合成氨的中型氨厂现有脱碳系统采用一段再生、二段吸收工艺，流程如图 4-104 所示。

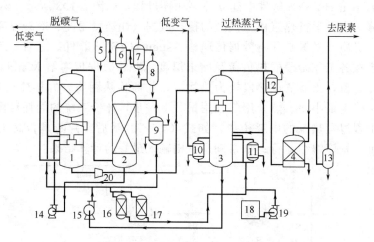

图 4-104　现有脱碳系统工艺流程

1——次吸收塔；2—二次吸收塔；3—再生塔；4—水冷塔；5,8,13—分离器；6,7,9,12—水冷器；10—变煮器；

11—蒸煮器；14—接力泵；15—钾碱泵；16,17—过滤器；18—溶液贮槽；19—溶液泵；20—液力透平

含二氧化碳 25% 的低变气于 1.81MPa、57℃ 左右进入一次吸收塔，吸收后的气体进入二次吸收塔继续被吸收，最终出二次塔的净化气中二氧化碳含量为 0.8%。由再生塔来的贫液，由钾碱泵分两路分别打入一次吸收塔上部和二次吸收塔。贫液在进入二次吸收塔前，先通过水冷器，温度降低 15~20℃，吸收二氧化碳后的半贫液再由接力泵打入一次塔下塔进一步吸收。一次塔入塔贫液温度为 115~118℃，流量约为 295m³/h，二次塔入塔贫液流量约为 185m³/h。两部分溶液在一次吸收塔底部汇集经减压后进入再生塔依次循环。0.3513MPa 的过热蒸汽一部分作直接汽提用，一部分进入蒸煮器加热再生塔底部的贫液。纯度为 98.8% 的二氧化碳再生气出再生塔经冷却分离后送至尿素装置。

取过程夹点温差为 5℃，公用工程夹点温差为 40℃，对现有流程中再生塔进行夹点分析，作出冷热流体的复合曲线及总复合曲线，如图 4-105、图 4-106 所示。

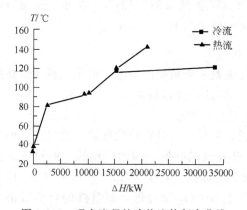

图 4-105　现有流程的冷热流体复合曲线

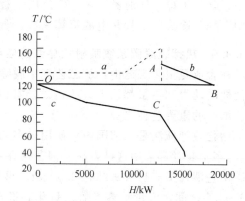

图 4-106　现有流程的总复合曲线

由图 4-105 可以看出，再生塔底的部分贫液（冷流体）可以由低变气通过变煮器来加热，另一部分则需要用公用工程来加热；出再生塔的各股流体则需用冷却公用工程来冷却。在现有流程中，再生塔的热量提供，包括变煮器、蒸煮器及直接蒸汽三部分，进蒸煮器的间接蒸汽及直接进塔的汽提蒸汽，均为 0.3513MPa，180℃ 的过热蒸汽（图 4-106 中线段 a），变煮器内为 145℃ 的低变气（图 4-106 中线段 b）。

由现有流程总复合曲线的形状看，在靠近夹点处，夹点上、下总复合曲线相距很近，正是利用热泵回收能量的合适场合。因此，进行喷射闪蒸改造的目的，就是利用出再生塔的贫液的热量（图 4-106 中线段 c），通过喷射器抽真空的方法，产生低压蒸汽，闪蒸出的蒸汽用喷射器提压后与动力蒸汽一起进入再生塔作汽提蒸汽用，或进蒸煮器作间接蒸汽用。此时，喷射闪蒸系统可看作是蒸汽喷射式热泵，再生塔起冷凝器的作用，闪蒸罐则可看作蒸发器，其供热温度（150℃）、吸热温度（120℃）及温升（40℃）都在蒸汽喷射式热泵的规定范围之内。与一般的蒸汽喷射式热泵不同的是，由于再生塔是现成的设备，而闪蒸罐也可自行加工，只有喷射泵需要外购，故投资费用可大大降低。此时的总负荷曲线将如图 4-107 所示，即将图 4-107 中线段 d 的热量，提升到线段 c 的温位，加热夹点之上的冷物流（再生塔内贫液）。由于该过程需消耗温位为 a 的蒸汽来达到，所以实际节能量即为线段 d 所对应的热量。由图 4-107 可以看出，此喷射闪蒸系统的作用，就是将夹点之下的热量转移到了夹点之上，从而使加热公用工程的用量减少。

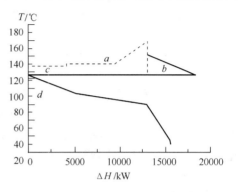

图 4-107　采用两级喷射后（$\Delta T = 3$℃）的总负荷曲线

下面进行系统的优化，寻求经济上的最优。现有流程中，直接蒸汽和间接蒸汽的总耗量为 18.76t/h，因此，总蒸汽量不能超过此值，这是优化的边界条件之一。厂里有 2.45MPa、1.274MPa、0.392MPa 三种等级的动力蒸汽，其中 2.45MPa 和 0.392MPa 的蒸汽有富余，2.45MPa 蒸汽是用 3.822MPa 的蒸汽经减压而得。

在闪蒸罐内可以从溶液中引射的蒸汽量由很多因素决定。第一，它取决于溶液在闪蒸罐内的最终压力，压力越低，可引射的蒸汽量越大。第二，可以引射的蒸汽量取决于进入蒸汽喷射器的动力蒸汽的流量与压力。动力蒸汽量大、压力高，可以引射的蒸汽量就大。第三，可引射的蒸汽量与通过闪蒸罐的溶液量有关。对于一定量的动力蒸汽，通过闪蒸罐的溶液量越多，可引射的蒸汽量越大。

只要总蒸汽量在 18.76t/h 之内，被引射蒸汽量的大小就代表了节能量的大小。但是，从经济上分析，被引射蒸汽量并不是越大越好，还需考虑动力蒸汽的耗量与投资费用的多少。

当被引射蒸汽量一定时，闪蒸压力越高，工作蒸汽耗量越少；另一方面，被引射蒸汽量是由闪蒸压力决定的。压力越低，可引射蒸汽量越大，但压力过低，真空度要求较高，动力蒸汽耗量会增加，经济上就不合算了。因此，必须选择合适的闪蒸压力。

较经济的动力蒸汽压力范围为 0.784~1.274MPa，动力蒸汽高于 1.372MPa，增加压力对减少动力蒸汽耗量的影响就很小了。若直接使用 3.822MPa 的蒸汽，设备上无法实现，故不能使用；2.45MPa 蒸汽原用于发电，显然，将其用作动力蒸汽以得到 0.22MPa 的蒸汽，经济上是不合算的；1.274MPa 蒸汽最理想，但没有富余；故最后决定采用 0.392MPa 蒸汽作动力蒸汽。

0.392MPa 蒸汽作动力蒸汽，本身压力并不低。但由于喷射器出口压力为 0.22MPa，其喷射系数必然较小，要保证喷射闪蒸的经济性，必须将再生塔底的贫液全部通过闪蒸罐。

喷射器的使用也是有条件的。经计算知，此时要用 0.392MPa 的动力蒸汽将闪蒸汽提压至 0.22MPa，贫液的温度最低降 5℃，但此时工作蒸汽的耗量就有 17.6t/h，接近现有流程中所需蒸汽总量，这样是不经济的。故最后确定贫液温度最低降 4.5℃。

为进行经济优化，定义年平均收益为

$$P = S - A/B$$

式中，S 为每年节省的蒸汽费用；A 为设备投资费用；B 为设备折旧期。取蒸汽价格为 50

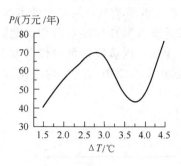

图 4-108　P-ΔT 关系曲线

元/t，工作时间取 340 天，设备折旧期为 5 年，在以上分析的基础上，作出年平均收益 P 与贫液温度降低量 ΔT 的关系曲线 P-ΔT，如图 4-108 所示。由图 4-108 可以看出，随 ΔT 的增加，P 先逐渐增大，在 $\Delta T = 2.8℃$ 时达到极大值，随后又逐渐减小，在 $\Delta T = 3.75℃$ 达到极小值，然后继续增大，到 $\Delta T = 4.5℃$ 时达到最大值。这是因为，随着 ΔT 的增加，被引射的蒸汽量也逐渐增加，这时，由喷射器来的混合汽都作为直接蒸汽进再生塔，从而使原 0.3513MPa，180℃的蒸汽用量减少，而蒸煮器的面积基本不变，设备投资费较少；到 $\Delta T = 2.8℃$ 时，由喷射器来的混合蒸汽恰好满足直接蒸汽用量，蒸煮器基本不变；ΔT 继续增加时，混合汽的总量也随之增加，除作直接蒸汽外，还有一部分可作间接蒸汽用，这样，用作间接蒸汽的这部分 0.22MPa 的混合汽，又与 0.3513MPa，180℃的蒸汽混合，在此过程中，能量损失极大，且传热温差减小，蒸煮器所需面积急剧增加，设备投资费也急剧增加，因此 P 减小；ΔT 进一步增加时，设备投资费变化很小，所以 P 又增大。

因此，若再无其他条件限制，本系统的最佳温降为 4.5℃。

在实际系统中，由于场地有限，蒸煮器不能变动，且闪蒸罐的体积受到限制。因此决定采用两级喷射闪蒸，$\Delta T = 3℃$，闪蒸罐的长度为 2.8m，直径为 1.6m，此时节约的直接蒸汽量为 1.78t/h，总复合曲线如图 4-107 所示。

本次改造仅改变贫液出再生塔的那部分。改造后的流程如图 4-109 所示。

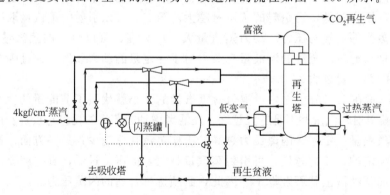

图 4-109　脱碳系统改造后流程图

贫液出再生塔后，经液位自控阀调节进入闪蒸罐。闪蒸罐为一卧式容器，用隔板分成两室。闪蒸罐每个室的上部各装一喷射器，每个喷射器分别引入动力蒸汽，使出再生塔的贫液在闪蒸罐中减压闪蒸，闪蒸出的蒸汽进入喷射器吸入口，经提压后与动力蒸汽一起进入再生塔下部作为直接汽提蒸汽，而闪蒸后的贫液靠位能流入钾碱泵继续循环。

原流程中贫液不经闪蒸罐直接到钾碱泵的跨线保留，在闪蒸系统工作不正常又不能及时处理时，开跨线按原流程运行。

经计算知，通过喷嘴的蒸汽流量较大，结构设计时，可以考虑采用多喷嘴型喷射器，并注意喷嘴的布置及安装方式。

用喷射器除了节省再生过程的热耗外，还有如下好处：①在二段吸收的流程中，由于闪蒸使溶液温度降低，贫液冷却器面积可减少，冷却水用量也随之减少；②溶液经闪蒸后放出了一部分二氧化碳，使溶液的碳化指数降低，因此溶液吸收二氧化碳的能力也略有提高。

4.6.5　蒸汽动力系统可调节性分析

由于企业生产中存在波动，季节变化，以及由市场供需决定的产品、产量、品种的变化，必然引起公用工程量的变化，相应的蒸汽动力系统能否适应所发生的变化，是否具有可调节性，将决定企业的产品成本、经济效益和能源利用程度。

在我国，大部分石化厂的蒸汽动力系统，采用背压式汽轮机组或抽汽背压式汽轮机组，接机泵或发电机组，产生的背压蒸汽用于工艺或生活热用户。背压机组由于没有凝汽器中的冷端损失，在经济上是优越的，对蒸汽的利用率比较高，但背压机组存在不能同时满足热用户和输出功率需要的缺陷，制约了整个蒸汽动力系统的可调节性。

前面讲的用总复合曲线确定公用工程量的原理是针对某一正常生产的工况，若仅据此来设计蒸汽动力系统，则通常适应生产波动的可调节性差。图 4-110 为生产波动时的总复合曲线，其中曲线 I 为工厂正常运行时的曲线，曲线 II 为工厂某段时期生产变化后的曲线，此时热需求减少。

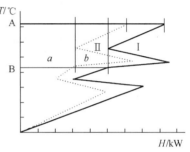

图 4-110　生产波动时的总
复合曲线

目前石化企业中采用的汽轮机组多为背压汽轮机组或抽汽背压汽轮机组，其后接机泵做功或带动发电机发电。带动发电机组时还有两种情况：一种是发电量用于满足本厂需要，电量用于维持正常生产需要，这时电量必须稳定；另一种是工厂从电厂电网中获得电，这时发电量可以变化。

对于采用背压机组接机泵的工厂，正常运行的情况下：工况 I 时，产生的背压蒸汽恰好可以满足用户 $a+b$ 段蒸汽的需求量，而输出功率满足机泵要求，这样即使蒸汽全部得到了利用，同时还直接用蒸汽做功带动机泵，不经过发电步骤，减少了能量损耗，从对蒸汽的利用率来看，这应是最佳方案。但在工况 II 时，背压蒸汽 B 需要量减少了 b 段，在没有热用户的情况下只能放掉，造成能量浪费；若减少背压机组进汽量，使之产生的背压蒸汽减少 b 段，这样可以使热用户蒸汽达到平衡，但进汽量的减少，造成输出功率减少，而该机组直接接机泵，是必须在功率稳定下工作的，这样机泵将无法运行。这时无论怎样调节都不能使输出功率和产生的背压蒸汽同时满足需要，蒸汽利用率非但不高，反而大大降低。

对于采用背压机组接发电机组，发电量要求稳定的工厂，在工况 I 时，背压机组产生 $a+b$ 段蒸汽量，同时发电量满足工厂需要，但在工况 II 时，若要保证发电量，则背压机组产生的蒸汽多余 b 段；若减少背压机组进汽量，使蒸汽达平衡，则发电量随之减少，不能满足生产需要。

对于采用背压机组接发电机组，发电量没有要求的工厂，发电量可以随热用户的变化而变化，可以满足蒸汽平衡。

因此，对于机组直接拖动机泵和厂发电量要自给自足的情况，当公用工程需求量发生变化时，仅采用背压机组的蒸汽动力系统将不能有效地进行调节，以保证同时满足热、电（或动力）需求。为使蒸汽动力系统的可调节性好，须采用抽汽凝汽式汽轮机组，当公用工程需求量发生变化时，通过改变汽轮机的进汽量和抽汽量，同时满足热电需求。但此时进凝汽器的那部分蒸汽存在冷端损失，这意味着蒸汽动力系统可调节性的增强是以正常生产时能量利用率的降低为代价的，但从整个生产运行过程考虑，能量利用率却较仅采用背压机组时高。

此外也可以采用背压汽轮机组和抽汽凝汽机组联合运行的方式，使背压机组产生的背压蒸汽满足需求量稳定的那部分热用户。抽凝机组产生的抽汽量满足除去背压蒸汽后不足的蒸汽量。在出现蒸汽需求量变化时，改变抽凝机组的进汽量和抽汽量，使蒸汽达到平衡，同时输出功率维持稳定。这样既可以使蒸汽系统具有可调节性，同时也充分利用了蒸汽能量。

例如，某石油化工企业有 5 个车间，其中车间 1 时开时停，图 4-111 为该厂各种情况下的总复合曲线，并要求蒸汽动力系统提供稳定的电功率 7500kW。蒸汽动力系统拟采用 3.5MPa 和 1.0MPa 两种级别的蒸汽。

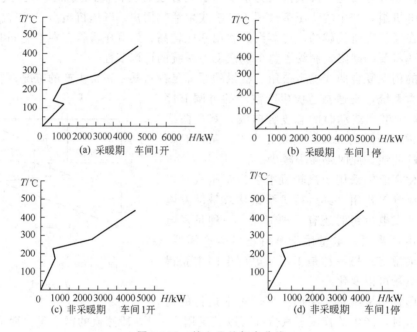

图 4-111　某企业总复合曲线

由图 4-111 可知：图 (a) 采暖期、车间 1 开时，需 3.5MPa 的蒸汽 4308.256kW（31t/h），1.0MPa 的蒸汽 1089.18kW（36t/h）；图 (b) 采暖期、车间 1 停时，需 3.5MPa 的蒸汽 3613.376kW（26t/h），1.0MPa 的蒸汽 998.415kW（33t/h）；图 (c) 非采暖期、车间 1 开时，需 3.5MPa 的蒸汽 4308.256kW（31t/h），1.0MPa 的蒸汽 635.355kW（21t/h）；图 (d) 非采暖期、车间 1 停时，需 3.5MPa 的蒸汽 3613.376kW（26t/h），1.0MPa 的蒸汽 544.59kW（18t/h）。

为适应这种公用工程需求，可对蒸汽动力系统设计如下配置：90t/h 中压锅炉一台，1500kW、3.5MPa/1.0MPa 背压机组一台，6000kW 抽汽压力 1.0MPa 的中压抽凝机组一台。蒸汽动力系统如下运行：

采暖期、车间 1 开时，锅炉产生 3.5MPa 的蒸汽 90t/h，其中 31t/h 供生产用，18t/h 供背压机组，40.5t/h 供抽凝机组；抽凝机组抽汽 18t/h，同背压机组排汽一道供生产所需 1.0MPa 蒸汽，总发电量 7500kW。

采暖期、车间 1 停时，锅炉产生 3.5MPa 的蒸汽 83t/h，其中 26t/h 供生产用，18t/h 供背压机组，39t/h 供抽凝机组；抽凝机组抽汽 15t/h，同背压机组排汽一道供生产所需 1.0MPa 蒸汽，总发电量 7500kW。

非采暖期、车间 1 开时，锅炉产生 3.5MPa 的蒸汽 82t/h，其中 31t/h 供生产用，18t/h 供背压机组，33t/h 供抽凝机组；抽凝机组抽汽 3t/h，同背压机组排汽一道供生产所需 1.0MPa 蒸汽，总发电量 7500kW。

非采暖期、车间 1 停时，锅炉产生 3.5MPa 的蒸汽 75.5t/h，其中 26t/h 供生产用，18t/h 供背压机组，31.5t/h 供抽凝机组；抽凝机组以纯凝工况运行，背压机组排汽供生产所需 1.0MPa 蒸汽，总发电量 7500kW。

4.7　循环水系统的优化

工业循环水系统是冷却公用工程的组成之一。其以水作为冷却介质，并循环使用。循环水系统主要由冷却器、冷却塔、水泵和管道组成。冷水流过冷却器后，温度上升，返回冷却塔使升温后冷水温度回降，再通过泵送回冷却器再次使用，形成冷却水循环，如图 4-112 所示。虽然循环冷却水网络中冷却水是循环使用的，但是由于冷却塔蒸发以及管路上的损失，整个循环水系统仍需要大量的新鲜水补水。循环冷却水作为工业用能用水系统中一种最重要的用水类型，其用水量占工业用水量的 80% 以上，因此，循环冷却水系统的优劣，直接影响了全厂用水效率的高低。

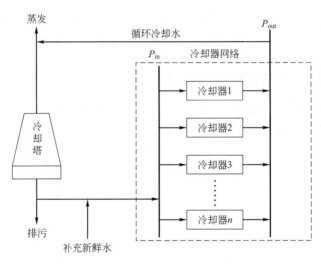

图 4-112　循环冷却水网络结构

由于循环水量大，需要大量电能驱动泵将循环水输送到各个冷却器。如果能减小循环水系统中，循环水的流量及泵送的扬程，就可以减小电能的消耗，不仅节能，还能减小新鲜水补水量，从而节水。如何优化循环水网络从而降低循环水量，以及如何正确配置泵的位置以及压头从而降低电能消耗，是循环水系统优化的主要内容。

4.7.1　设计问题中循环水量目标的求解

使用总复合曲线可以通过夹点之上总复合曲线终点的焓值和夹点之下总复合曲线终点的焓值确定出整个系统的最小加热公用工程用量和最小冷却公用工程量，以及各级公用工程的配置。因而通过总复合曲线，就可以得出装置需要的循环水最小用量。为了节约输送循环水的泵功以及减少新鲜水补水，就需要在保证装置所需最小冷却水用量的同时，尽可能减小冷却水的流量。

$$F = \frac{Q}{c_p(T_{\text{out}} - T_{\text{in}})} \tag{4-53}$$

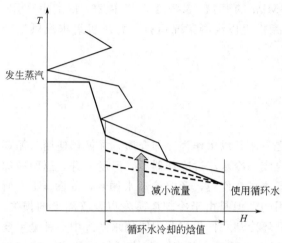

图 4-113　循环水最小流量的确定

由式（4-53），循环水的流量 F 等于换热量 Q 除以水的比热容 c_p 与温升的乘积。通常循环水进入装置的温度是固定的，假设比热容不随温度的变化而变，则冷却水流量减小，循环水的出口温度就会上升。如图 4-113，随着冷却水流量的减小，循环水线的出口温度上升，直到循环水线与总复合曲线相交于一点，此时循环水线所对应的流量即为循环水的最小流量。

需要指出，总复合曲线上的所有热物流都降低了 1/2 的夹点温差，所有的冷物流都上升了 1/2 的夹点温差，为了使循环水与总复合曲线上的热物流在交点位置的传热温差为夹点温差，循环冷却水的温度要相应上升1/2 的夹点温差。还需要注意，当温度较高时，循环水易发生结垢，从而堵塞管路，所以实际操作中，会限制流入冷却塔中的冷却水回水温度不超过某个值。

4.7.2　改造问题中循环水量目标的求解

传统的循环冷却水的冷却器网络设计，通常采用并联的连接方式，如图 4-114 所示，由冷却塔输送到装置的冷却水经过分流，分别进入并联结构的冷却器。使用后的冷却水，汇总后返回到冷却塔。如果将冷却器网络从并联结构改造成串联结构（图 4-114），循环冷却水在网络中被多次利用进行换热，这样返回的循环冷却水将会获得更高的温度，循环冷却水的用量将会减少。

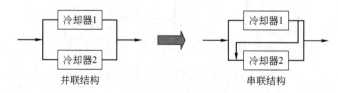

图 4-114　循环水串并级使用示意图

冷却器中，过程物流与循环冷却水换热，使冷却水的温度升高，如图 4-115 所示。

图 4-115　冷却器单元模型

冷却器中的热量传递过程可以用图 4-116 所示的温-焓图来表示。横坐标为焓值，纵坐标为温度。与换热网络夹点技术相同，温度是绝对的，即温-焓线不可上下移动；而焓值是相对的，温-焓线可以左右平移。图中上方温度较高的实线是需要被冷却的工艺物流线，较低的一条实线是一条特殊的循环水线，它与工艺物流线完全平行且焓值相等，两线之间的温差为夹点温差。这条特殊的循环水线叫作极限冷却水线，它定义了冷却水的极限值，任何高于它的冷却水线都违背了夹点温差，而所有低于它的冷却水线（如图 4-116 中虚线）均可满足过程要求。极限冷却水线的进口温度称为极限进口温度（$T_{C,in}^{Max}$），是冷却器所允许的最大冷却水进口温度，极限冷却水线的出口温度称为极限进口温度（$T_{C,out}^{Max}$）是冷却器所允许的最大冷却水出口温度。

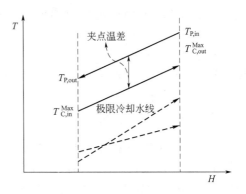

图 4-116　极限冷却水线温-焓图

　　为了达到冷却水网络的全局最优化，必须从整体上来考虑整个系统的用水情况。所以，将所有冷却器单元的热端工艺物流数据提取出来，画出温-焓线，再通过把温-焓线的温度减小一个夹点温差，就可以得到每条热端工艺物流所对应的极限冷却水线。然后再把极限冷却水线按照复合曲线的方法复合，就可以得到冷却水极限复合曲线，如图 4-117。

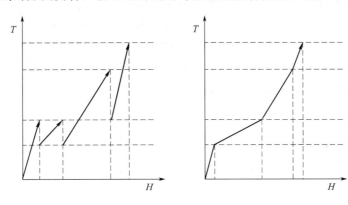

图 4-117　冷却水极限复合曲线

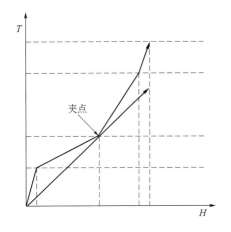

图 4-118　冷却水夹点图

　　当确定了系统的极限复合曲线后，在图 4-117 中，位于复合曲线下方的冷却水线均可满足工程供水要求。假定冷却水供水温度一定，为了使冷却水用量达到最小，应该尽可能增大其出口温度，即增大供水线的斜率。但是为了保证一定的传热推动力，即传热温差大于夹点温差，供水线必须处处位于极限复合曲线之下。当供水线的斜率增大到在某点与极限复合曲线开始重合时，出口温度达到最大，此时冷却水用量达到最小。重合的位置就是所谓的"冷却水夹点"，如图 4-118 所示。

　　冷却水夹点对于冷却水网络的优化具有重要的指导意义。水夹点上方冷却器单元的极限进口温度高于夹点温度，不应直接使用来自冷却塔的冷却水；水夹点下方冷却器单元的极限出口温度低于夹点温度，不应将升温后的冷却水直接送回到冷却塔。

通过图 4-118 中的供水线，可以用式（4-53）计算出来整个系统最小的冷却水用量。和设计问题一样，由于结垢问题，会限制流入冷却塔中的冷却水回水温度不超过某个值。

4.7.3 冷却器网络改造优化

夹点技术可以用来判断循环水的最小用量，但是，冷却器网络不能完全照搬换热网络的设计步骤。本质上讲，冷却器网络就是一种特殊形式的换热网络，但换热网络优化是实现更多的能量回收，而冷却器网络优化是通过减小冷却水流量从而减小电耗，因此两者的节能途径并不相同。相比换热网络优化，通过冷却器网络优化所减小的电耗总量往往较小，通过非常复杂的网络结构进行节能，并不经济。同时，非常复杂的网络结构也会使得网络压降升高，使得电耗可能不降反升。基于以上原因，冷却器网络优化往往不需要实现夹点技术所确定的冷却水流量目标。

通过夹点技术可知，想要减小循环水量，就需要将部分冷却器的出口冷却水回用到其他冷却器中，因此，需要对冷却器网络的结构进行改造，从而形成冷却器串联结构。为了避免冷却器网络结构过于复杂，工程现场和研究中往往都规定一个冷却器只能与一个其他冷却器相连，且串联的冷却器最多为两台。在这个简单的串联结构中（如图 4-119 所示），我们称使用来自于冷却塔冷却水的冷却器为一级冷却器，称使用回用冷却水的冷却器为二级冷却器。在实际的改造过程中，决策的核心就是哪个换热器适合做一级冷却器，哪个冷却器适合做二级冷却器以及两级冷却器之间的匹配关系。

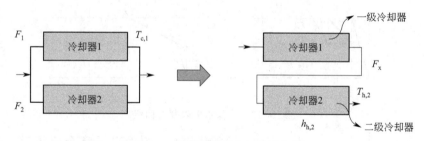

图 4-119　一级冷却器与二级冷却器

从夹点技术可以明确，被冷却的热物流温度越高，越适合做二级冷却器（不应直接使用来自冷却塔的冷却水），而被冷却的热物流温度越低，越适合做一级冷却器（不应将升温后的冷却水直接送回到冷却塔）。但是，考虑到经济性问题，改造应尽量简化，所以除了前述的两台串联结构外，换热器也应尽量使用原先的换热器，而非更换新的换热器。基于这个原因，除了温度外，还需要考虑不同冷却器内物流的传热系数、冷却水的流量等因素，从而保证冷却器的冷却负荷。

在冷却器结构从并联改成串联后，一级冷却器由于使用来自冷却塔的冷却水，其操作不受任何影响，但是二级冷却器使用来自其他冷却器的冷却水，其传热效率由于传热温差的减小，必然受到影响。在此过程中，如果串联前后二级冷却器的流量增加（一级冷却器原本的冷却水流量大于二级冷却器的），则可以提升传热系数，从而弥补由于传热温差减小带来的传热效率降低的问题。

基于以上叙述，冷却器网络优化通常遵循以下原则：①一级冷却器冷却水出口温度较低；②二级冷却器工艺物流出口温度较高；③一级冷却器初始冷却水流量较二级冷却器的偏大；④一级冷却器的冷却水尽量都输送给二级冷却器；⑤网络结构尽量简单，最好采用两个冷却器的简单串联结构，且距离最好相近。

4.7.4　循环水系统中泵网络的优化

目前循环水系统的泵网络（图 4-120），是由循环水主管路上若干台并联的离心泵组成。循环水泵网络通常供应全厂或多个装置的冷却用水，所选用离心泵的扬程需要满足所有冷却器的压头要求，根据流量的变化调整运行泵的数量，其流量大扬程高，是过程工业中耗能较大的设备之一。目前冷却器网络采用并联结构设计，即由主泵输送的冷却水通过分流，被输送到各个冷却器，冷却器由于台位不同，高低距离都有所不同，因而要求的泵的扬程也各有

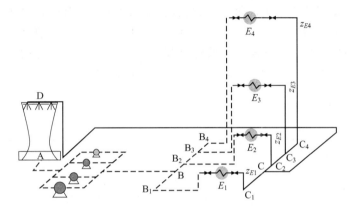

图 4-120　循环水系统泵网络示意图

不同。为了满足冷却器的用水要求，泵的扬程必须满足需要扬程最大的冷却器的扬程（如图 4-120 中 E_4），而冷却器网络的并联设计，要求各分支管路的压降相等。对于部分需要压头较小的冷却器，必须通过关小相应管路阀门的开度，增大管路局部阻力，以满足各并联支管路流量分配的要求。这样的网络结构和运行方式，导致系统能量的浪费。

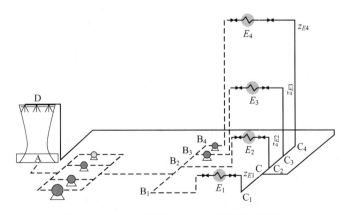

图 4-121　带有辅泵的水系统泵网络示意图

为了节省循环水系统泵功率消耗，可以在各冷却器并联支路上添加辅泵（如图 4-121 所示），从而减小主泵的扬程。此时，辅泵只需要满足所在支路中循环水的扬程，主泵扬程不再需要满足所有冷却器的压头要求。这样的主-辅泵网络设置减小了消耗在各支路上的阀门

的能量损失。单纯从能量的角度来看，辅泵设置的越多，消耗在各支路阀门上的能量就越小，但是泵的投资费用就越高，且操作起来也相对复杂。所以需要针对泵的投资费用和操作费用进行权衡，从而决定添加辅泵的数量。

4.7.5　采用多回路结构的循环水系统供能优化

采用泵网络结构的核心就是精确匹配各个支路的压头需求和泵的扬程，从而节能。然而，在现实大型化工企业中，往往会出现一个循环水厂供应循环水给多个装置的情况。在这种情况中，每个装置都可能存在多个高位冷却器，如果想要采用泵网络的形式进行压头供需的精确匹配，就必须设置数量庞大的辅泵，造成辅泵投资较高，操作控制困难等问题。在这种情况下，可以考虑采用多回路结构实现压头供需的精确匹配。

多回路结构类似于蒸汽系统，每个回路具有不同的供水压力（如图 4-122 所示），低压管网用于将循环水输送给压头需求低的冷却器，而高压管网用于将循环水输送到压头需求高的冷却器。具体需要多少供水回路，需要针对节能量与回路建造费用进行权衡。采用多回路结构的优势是可以显著减少泵的个数，且循环水泵仍然都在泵房内运行，方便管理。但多回路结构的缺点是管路费用显著增加。

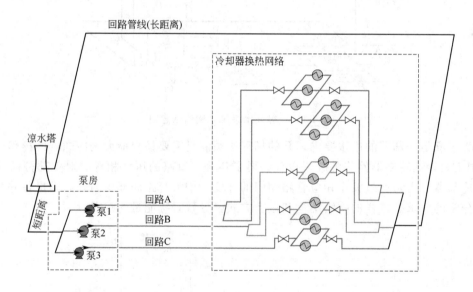

图 4-122　采用多回路供水循环的循环水系统

4.7.6　水轮机在循环水系统优化中的应用

当不考虑泵网络或者多回路结构对压头供需进行匹配时，主泵的扬程必须足够大，以满足所有支路的压头需求。然而，由于循环水系统中存在很多高位的冷却器，泵所供应的扬程并不是被沿程阻力消耗的，而是转化成了位能。位能随着冷却水的回落，又会变为压力能，使得循环水系统的回水压力往往较高。因此，在循环水系统优化的早期，水轮机被用于回收冷却塔底的余压，从而回收部分能量。但是，循环水回水压力偏高的原因主要是因为压力供应过剩造成的，应该首先降低系统供应的过剩的压力，而不是采用效率较低的水轮机进行能量的回收。

虽然不应该简单地直接使用水轮机对系统内过剩的压力进行回收，但水轮机可以与多回路结构和主辅泵结构结合起来，进一步提升系统的用能效率。当循环水系统采用主辅泵结构降低系统的供应压力后，部分高位支路需要安装辅泵以匹配由于位高带来的压力需求，但是这部分压力并没有被消耗，当循环水回落时，位能又会转化为压力能。根据并联管路的特性，各个支路的压降相等，而安装了辅泵的支路相当于有了较大的压升，如果不采取任何措施，并联管路的流量分配将会改变，循环水会更多地流向有辅泵的支路。因此，需要在安装辅泵的支路后端增加阀门，用以平衡各个支路的流量分配。此时，就可以考虑在这个支路上增加水轮机，从而回收该支路的压力能。具体是通过阀门平衡各支路流量还是通过水轮机回收压力能，取决于添置水轮机的经济性。对于多回路结构，与主辅泵结构类似，首先采用多回路结构对系统进行优化，针对高压管路，由于该管路主要给高位冷却器供给循环水，如果该回路回水压力较高，则可以采用水轮机进行能量回收。

4.7.7　采用数学规划法的循环水系统优化

由于冷却器网络优化涉及因素较多，特别是涉及经济性问题，因此决策变量较多，采用数学规划法对网络进行优化相比采用夹点法进行优化更为准确。另外，在循环水系统优化中，可以发现冷却器网络与泵网络有着强耦合关系。当冷却器网络从并联结构改为串并联结构时，整个网络的压力分布就会发生变化，这样就会影响泵网络优化中每个支路的压头需求。同时，当不考虑泵网络的配置而只考虑冷却器网络优化时，可能会出现部分串级方案由于泵的供水压头限制而无法实施的问题。这个复杂的耦合问题，也需要采用数学规划法进行求解优化。

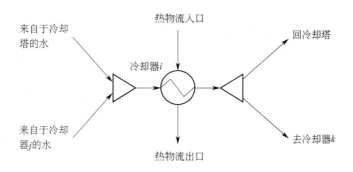

图 4-123　循环水系统优化超结构模型

当采用数学规划法时，优化过程涉及网络结构的变化，因此需要定义一个优化模型使其搜索空间可以包括所有的网络连接可能。如图 4-123 所示为相应超结构模型，它包括了冷却器网络中，各个冷却器串联的所有可能，即在串联的结构中，冷却器入口冷却水，可以是来自冷却塔的新鲜冷却水，或来自其他冷却器的使用过的冷却水；出口冷却水可以送至冷却塔，或送到其他冷却器重新使用。模型中的变量包括：不同冷却器的水流量、换热面积、泵的压头、冷却器产生的压降，以及超结构模型中定义各个连接是否存在的二元变量。

每个支路的压头需求取决于冷却器的安装高度和系统的压降。当冷却器 i 和 j 串联布置时，两个冷却器所形成的新的支路的压头需求取决于更高的冷却器的位高和支路总的压降。在优化模型中，若冷却器 i 并未与其他冷却器 j 串联，主泵压头和辅泵压头之和应高于冷却

器 i 的压头需求。当冷却器 i 从冷却器 j 接收冷却水时，冷却器 i 的流量和压头需求与冷却器 j 合并。在模型中只考虑原本包含冷却器 j 的支路，而原本包含冷却器 i 的支路，其最小压头需求设置为零，因为该支路已不存在。

该模型为混合整数非线性模型，其目标函数是最大程度减少年度总费用。年度总费用包括泵的投资费用和运行成本，换热器的投资费用和冷却水相关费用。最后通过混合整数非线性规划，就可求解出最优的网络结构和主辅泵配置。

4.7.8 考虑空冷器的循环水系统优化

在工程实际中，循环水系统往往与空冷器相结合，对热物流进行冷却。空冷器相比水冷器，其优势在于不消耗（或少消耗）水资源，特别适合干旱少水地区使用。另外，更为重要的是，当冷却温度较高的热物流时，冷却水容易结垢，因此空冷更为适合冷却温度较高的热物流。但由于空气的传热系数较低，使得空冷器投资高，风机的电耗也高。

当空冷器与水冷器共同完成一条热物流的冷却任务时，就会产生一个问题，即空冷器和水冷器应该如何分配冷却负荷，才能使整个系统运行费用最低。当前设计针对这个问题，只能通过大概的经验进行规定。这个问题也可以通过数学规划法进行优化，从而精确地获得每条热物流上冷却负荷的分配。通过相关研究发现，当涉及冷却水串级使用时，由于二级冷却器使用的是其他冷却器用过的冷却水，其成本较低，因此通过二级冷却器进行冷却的热物流，其水冷的冷却负荷偏高。

4.8 分离系统优化综合

分离过程是化工过程不可缺少的重要组成部分，其投资常占到整个过程投资的 $50\%\sim90\%$，而其能耗常占整个过程能耗的 75% 以上，因此分离过程的优化综合对整个过程的性能至关重要。

在分离系统优化综合中只考虑以能量作为分离剂的分离过程，主要为精馏、蒸发、干燥等过程。

分离系统的优化综合包括两方面的内容：分离系统本身的优化综合以及在整个过程中考虑分离系统的优化综合。

在第 3 章中已经介绍了蒸发、精馏、干燥等过程，这几种过程中，精馏系统最为复杂，因此其精馏系统本身的热集成也成了当前的研究热点。

4.8.1 精馏系统的热集成

4.8.1.1 单塔的总复合曲线

在精馏过程中，从再沸器获得热量，从冷凝器排出热量。提供给再沸器的热量的温度应高于离开再沸器的蒸汽的露点；从冷凝器中排出的热量的温度应低于液体的泡点。因此，可以假定再沸和冷凝是在恒温下发生，且两者之间具有一定温差，如图 4-124 所示。

但实际上，塔的总热负荷不一定非得从塔底再沸器输入，从塔顶冷凝器输出。沿提馏段向上，轻组分汽化所需热量逐板减少；沿精馏段向下，重组分冷凝所需的冷量亦逐板减少。基于精馏塔的逐板计算，可得表征精馏塔能量特性的塔的总复合曲线，如图 4-125 所示。单塔的夹点位置是在进料处。

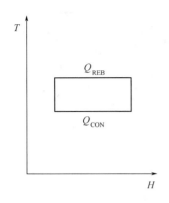

图 4-124　精馏塔 T-H 图

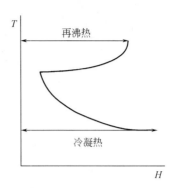

图 4-125　精馏塔的总复合曲线

利用塔的总复合曲线，可以分析如何通过塔的改进而获得最好的能量性能。塔的总复合曲线上夹点与纵轴之间的水平距离，显示了回流比所能减少的范围，如图 4-126（a）所示。随着回流比的减小，塔的总复合曲线将朝着纵轴移动，再沸器和冷凝器的负荷同时减少。

另一个改进是考虑塔的进料状态。不适当的进料状态会导致进料处的焓值有一个突然的变化。如图 4-126（b）所示，在再沸器侧突然焓变的范围给出了进料预热大致的热负荷。成功的进料预热将减少再沸器负荷。

再一个因素是考虑中间再沸器和冷凝器。图 4-126（c）显示了中间再沸和中间冷凝的位置及负荷。

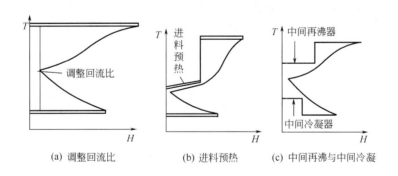

(a) 调整回流比　　　　　(b) 进料预热　　　　(c) 中间再沸与中间冷凝

图 4-126　精馏塔的设计目标

4.8.1.2　塔系的热集成

4.8.1.2.1　最优的简单塔序列

所谓简单塔，是指具有一个再沸器和一个冷凝器、将一股进料分离为两个产品的塔。

如果用简单塔分离一种三组分混合物，我们必须在图 4-127 所示的两个序列中选择一个。图 4-127（a）中，在各塔塔顶蒸出最轻的组分，称为直接序列；而在各塔塔底取出最重组分的序列称为间接序列，如图 4-127（b）所示。两种序列的投资和运行费用会很不相同。

对于三组分分离来说，只有两种序列，但随着组分数的增加，可能的序列数急剧增加，如表 4-19 所示。

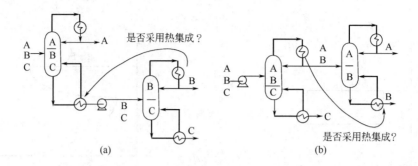

图 4-127　三组分精馏塔的直接与间接序列

表 4-19　可能的简单精馏塔序列数

产品数	2	3	4	5	6	7	8
可能的序列数	1	2	5	14	42	132	429

目前选择塔序列最常用的方法是下面的一些经验法则。

① 将最困难的分离放在最后。所谓最困难的分离，是指关键组分相对挥发度接近 1 的分离，以及显示共沸特性的分离。

② 直接序列优先。即优先考虑将最轻组分从各塔塔顶一一取出的序列。

③ 首先取出进料中分率最大的组分。

④ 优先考虑单塔塔顶和塔底产品之间的等摩尔分离。

4.8.1.2.2　复杂塔的分解

复杂塔可以有多种形式，即使对三组分的分离，就可以有许多种不同的结构，如图 4-128 所示。可以是两个简单塔，或者热偶精馏塔，带侧线出料的塔等。研究表明，分离过程中采用复杂精馏流程可以显著降低生产成本，但同时也使流程的设计、控制和操作等更加复杂。

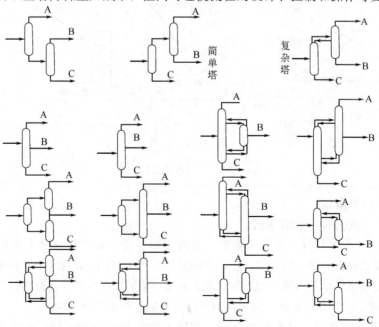

图 4-128　三组分精馏可能的简单塔和复杂塔形式

任何的复杂塔，都可以在热力学上等价于一组简单塔。例如，带侧线汽提塔的精馏塔在热力学上等价于简单塔的间接序列，如图 4-129 所示。

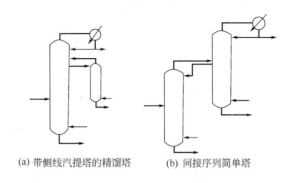

(a) 带侧线汽提塔的精馏塔　　　(b) 间接序列简单塔

图 4-129　复杂塔的分解

将复杂塔分解为简单塔之后，就可用常规的方法进行计算，使问题得到简化。

4.8.1.2.3　塔系的热集成

在塔系中，可以考虑热集成，这样可以明显降低运行费用。塔系的热集成，就是用某一个塔的塔顶冷凝热作为另一个塔的塔底再沸热源，如图 4-127 所示。但这样的直接热集成要求某塔的冷凝热与另一塔所需的再沸热之间有足够的温差。

当温差不足时，例如图 4-130 中所示情况，可以考虑通过改变塔的操作压力形成足够的温差。可以提高 B 塔的压力或降低 C 塔，使 B 塔冷凝器为 C 塔再沸器提供热量；提高 A 塔的压力，使 A 塔冷凝器为 B 塔再沸器提供热量，形成如图 4-130(b) 所示的热集成关系。

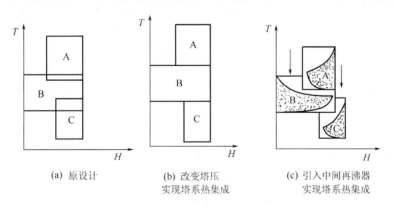

(a) 原设计　　　　(b) 改变塔压　　　　(c) 引入中间再沸器
　　　　　　　实现塔系热集成　　　实现塔系热集成

图 4-130　塔系的热集成

所以，改变塔的压力是可以考虑的一种热集成方法。塔压提高后，将产生以下效果：①相对挥发度将降低，使分离变得更困难，因此需要更多的塔板或较大的回流比；②蒸发潜热将降低，再沸器和冷凝器负荷降低；③蒸汽密度增加，塔径可以减小；④再沸器温度提高，再沸器的温度受蒸发介质热分解的限制；⑤冷凝器温度升高。若降低塔压，则要避免真空运行及冷凝器中使用冷剂。

改变塔压并不是塔系热集成的唯一方法。对图 4-130(a) 所示系统，由于 B 塔再沸器温度高于 A 塔冷凝器温度，而 B 塔冷凝器温度又低于 C 塔再沸器温度，不能直接进行热集成。图 4-130(b) 为进行热集成采用改变塔压，提高 A 塔压力，降低 C 塔压力，使得 A 塔的冷凝过程为 B 塔提供一部分再沸热，同时 B 塔的冷凝过程为 C 塔提供再沸热，实现了三个塔的热集成。但如果用三个塔的总复合曲线进行分析，可以发现，由于 B 塔和 C 塔的再沸热并不是都要在最高温度下输入，则若给塔 B 引入一个中间再沸器，用 A 塔的冷凝放热来作 B 塔中间再沸器的热源，塔 A 的压力不仅不必升高，还可降低；再给塔 C

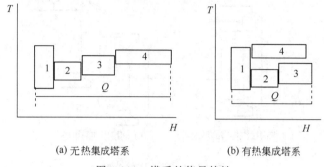

(a) 无热集成塔系　　　　　(b) 有热集成塔系

图 4-131　塔系的能量特性

引入一个中间再沸器，用 B 塔的冷凝放热来作 C 塔中间再沸器的热源，也不必降低塔塔压，就很好地实现了三塔之间的热集成，如图 4-130(c) 所示同样也可以考虑采用中间冷凝器或者几种方法合用来实现塔系的热集成。

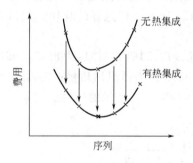

图 4-132　简单塔系有无热集成序列时的成本比较

有无热集成，塔系的能量特性是很不同的，如图 4-131 所示。可见在塔系之间实现热集成，尽量用一些塔的冷凝热作为另一些塔的再沸热源，可以大大减少公用工程消耗。

当塔系有很多种可供选择的序列时，同时考虑塔系序列和热集成无疑是极其复杂的。但研究表明，简单塔系成本最佳的热集成序列，是少数几个成本最好的无热集成序列中的一个，如图 4-132 所示。这样寻求最优热集成塔系序列可分两步进行：①不考虑热集成，找出最好的几个塔系序列；②在这几个塔系序列中，找出热集成后的最佳序列。

4.8.2　分离系统在整个过程系统中的合理设置

分离系统作为整个过程系统中的一个子系统，其设计的好坏不能只从分离系统本身来考虑，而应从整个过程系统的角度来考查其合理性。

在夹点技术提出的初期，将分离系统所需的吸热量作为冷流对待，将分离系统所放出的热量，作为热流对待。如果某分离系统恰好位于夹点，则考虑提高其塔压（分离系统放热位于夹点）或降低其塔压（分离系统吸热位于夹点），这样可使夹点温差变大，以便冷复合曲线的继续左移，从而进一步提高整个系统的能量利用率。

进一步的研究认为，既然分离系统的压力（其对应的温度）可变，则在考虑整个系统热集成时不妨先将分离系统剥离出系统，然后先考虑不含分离过程的过程系统（称之为背景过程）的热集成，最后在背景过程总复合曲线的基础上，考虑分离系统在整个过程系统中的位置。这样的处理方法能更方便、更灵活地设计分离系统，并可以确保整个系统具有最佳能量性能。

分离系统在整个过程系统中可能的设置方式有三种，如图 4-133 所示。

假定分离系统需吸热量 Q_{REB}，同时排热 Q_{CON}。图 4-133（a）表示了分离系统的第一种可能的设置方式，即其吸、排热均在夹点之上。此时，对夹点之下的加热公用工程没有影响。只要排热的温位足够高，就可以全部为过程所用。也就是说，总需公用工程加热量等于换热网络所需最小加热公用工程量加上分离系统所需热量与排热量之差，即 $Q_H = Q_{H,min} + (Q_{REB} - Q_{CON})$。这样从整个系统的角度来看，能量利用率大大提高。

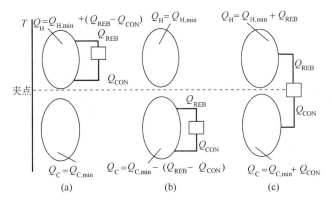

图 4-133　分离系统在过程系统中的设置

图 4-133（b）表示了在夹点之下的设置。此时，对夹点之上的加热公用工程没有影响。而在夹点之下，分离系统利用了过程的余热，不仅额外获得了热量，还使冷却公用工程用量减少到 $Q_{C,min} - (Q_{REB} - Q_{CON})$，同夹点之上的设置一样，大大提高了能量利用率。

图 4-133（c）为跨越夹点的设置，即吸热在夹点之上，排热在夹点之下。这样，由于过程在夹点之上为净热阱，需要 $Q_{H,min}$ 的热量，而分离系统也需要 Q_{REB} 的热量，加热公用工程将总共提供 $Q_{H,min} + Q_{REB}$ 的热量。在夹点之下，过程为净热源，多余 $Q_{C,min}$ 的热量要排出，而分离系统又排出 Q_{CON} 的热量，使冷却公用工程量增至 $Q_{C,min} + Q_{CON}$。可见，此种设置所消耗的热量与单独放置的分离设备将排热直接排给冷源的效果一样，不能改善能量利用率。

结论：分离系统的设置原则是不跨越夹点。

例如对一个四塔塔系［图 4-134（a）］，塔系本身热集成的结果如图 4-134（b）所示，而将其集成进整个过程系统中时得到如图 4-134（c）的结构，即尽量利用过程余热来作各塔再沸器热源。很明显，系统所需的公用工程大大减少。

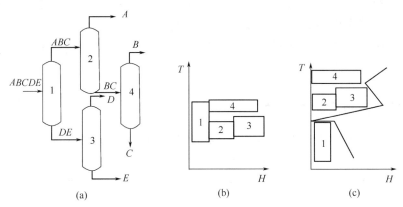

图 4-134　塔系热集成过程

若一分离系统正好跨越夹点，可以通过改变压力将其位置移到夹点之上或之下，以实现与过程的热集成。

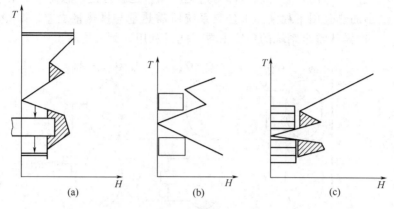

图 4-135　热负荷大的分离
系统的热集成

如果分离系统的热负荷很大，在背景过程中找不到合适的能量级来提供其全部热负荷时，可以以成本最优为依据选用下述方法中的一个：①不完全的热集成，如图 4-135（a）所示；②将热负荷适当分配在几个子系统中，各自与背景过程实现热集成，如图 4-135（b）所示；③采用多效流程，如图 4-135（c）所示。

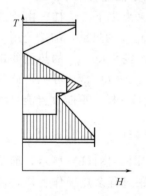

图 4-136　中间换热的流程
与整个过程系统的热集成

如果是由于分离系统的吸、排热温位相差太大而难以与整个过程系统热集成，则可以采用中间换热的流程（即设置中间再沸器和/或中间冷凝器）以降低对温位的要求，而后实现与过程的热集成，如图 4-136 所示为塔增设一中间冷凝器后与过程的热集成。

至于在分离系统中是否采用热泵，则要作进一步的分析。我们已知热泵的合理设置是跨越夹点。分离系统在过程系统中的合理设置是不跨越夹点，但这并不意味着不能采用热泵。这是因为在设置分离系统时，所用的总复合曲线是背景过程的总复合曲线，即该总复合曲线不包括分离系统。但在考虑是否使用热泵时，要用包括分离系统的总复合曲线。若在包括分离系统的总复合曲线中，该分离系统位于夹点之上或之下，就不能采用热泵；若该分离系统恰好跨越夹点，采用热泵就能进一步节能。在一些过程系统中，分离系统的热负荷占了主导的地位，在这种情况下，分离系统肯定跨越包括其在内的总复合曲线的夹点，采用热泵就可以改善能量利用率。

4.8.3　不同分离过程的热集成

实际的过程系统中常含有几种不同的分离设备，例如蒸发与干燥的组合等。与同一种分离过程相比，由于不同的分离过程单位能耗常常相差甚大，因此在热集成中还必须考虑不同分离过程之间的热负荷分配，这就使得不同分离过程的热集成较之同种分离过程的热集成更为困难。

图 4-137 所示为化工生产中一个分离系统，由蒸发、离心分离和干燥过程组成，前一过

程操作条件的改变不仅影响本过程的能耗，而且将对后续操作产生影响，即分离子系统之间相互影响、相互制约。因此，应当从全局角度来考虑整个过程系统，使系统耗能最小。

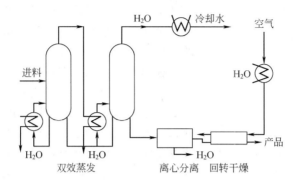

图 4-137 物料分离系统

在系统没有热集成之前，从蒸发器顶部出来的二次蒸汽通过冷却水冷凝排弃到环境，而空气的预热由公用工程供给。如果对蒸发过程和干燥过程进行热集成，用二次蒸汽来预热进入干燥器的空气，可获得显著的节能效果。

图 4-138 示出干燥过程能耗和二次蒸汽冷凝所能提供的能量随蒸发器出口最终产物的浓度 W_n 的变化。随着 W_n 的增加，干燥过程能耗下降，而二次蒸汽提供的能量逐渐增加，两条曲线交点所对应的浓度 W_{cr}，称为临界蒸发器出口产物浓度，本例中其值约为 57%，在该浓度下，二次蒸汽冷凝所提供的能量恰好能满足干燥过程的能量需求。可以看出，当 $W_n > W_{cr}$ 时，干燥过程所需能量可以完全由二次蒸汽供给，此时干燥过程的公用工程量为零；当 $W_n < W_{cr}$ 时，干燥过程能耗部分由二次蒸汽供给，另一部分将由公用工程供给。

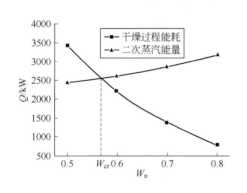

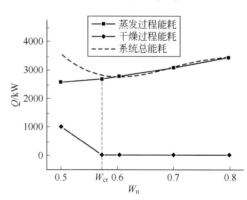

图 4-138 干燥过程能耗和二次蒸汽冷凝提供能 图 4-139 加热公用工程与蒸发器出口产品浓度的关系
量随蒸发器出口产物浓度的变化

图 4-139 表示系统加热公用工程随 W_n 的变化。从图中可以明显看到，随着 W_n 的逐渐增加，干燥过程公用工程用量下降很快，当 W_n 增加到 W_{cr} 以后，公用工程用量降为零，此时干燥过程所需能量完全由二次蒸汽供给；而蒸发过程公用工程用量随 W_n 的增大稍有增加。因此，系统公用工程总量呈一抛物线变化（图中虚线所示），当 $W_n < W_{cr}$ 时，公用工程量随 W_n 的增加很快下降，当 $W_n > W_{cr}$ 时，公用工程量随 W_n 的增大稍有上升。可见，当 $W_n = W_{cr}$ 时，系统的公用工程用量最小，即系统的经济性达到最佳。

值得注意的是，集成前系统的公用工程量随 W_n 的增大而减小，且 W_n 越大，所需公用

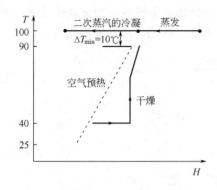

图 4-140　单效蒸发时过
程系统的温-焓线

工程量越小。这是因为干燥过程能耗占整个能耗的大部分，W_n 的增大使干燥能耗下降，因而整个系统的能耗下降。但考虑热集成以后结论并非如此，系统所需的公用工程量在 W_{cr} 处达到最小，这是个非常有趣的结论。

在热集成基础上把系统中的蒸发器改造成单效热泵蒸发，可以节省更多的能量。图 4-140 示出了单效蒸发时过程系统的温-焓线，由于蒸发器的蒸发过程和二次蒸汽的冷凝过程跨越夹点，根据夹点分析，把蒸发系统改为热泵蒸发可以节能。通过热泵装置将二次蒸汽绝热压缩而提高温度，用来加热蒸发器内的液体，只需补充一定的能量即可利用二次蒸汽的大量潜

热，同时节省了公用工程量。利用热泵的经过优化的过程改造方案如图 4-141 所示。

在图 4-141 所示的节能方案中，部分二次蒸汽用于加热空气，另外部分用于供给热泵，蒸发器热量的不足部分由透平排气供应。该方案使加热公用工程减为 1556kW，只有集成前加热公用工程的 35%，大大降低了过程系统的能耗，而增加的热泵设备投资只需一年多时间即可全部收回。

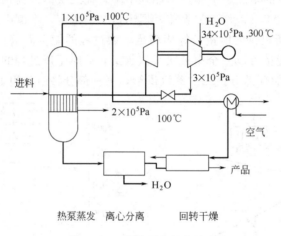

热泵蒸发　离心分离　　回转干燥

图 4-141　有热泵的热集成方案

4.9　反应器的热集成

4.9.1　反应器的热集成特性

在考虑反应器的热集成特性时，首先考虑它在绝热操作下的情形。

如果对于放热反应，绝热操作引起可以接受的温升，则通常就进行绝热操作，因为这是最简单的设计。此时，反应器的进料需要加热，而出料需要冷却。则反应器的进料为冷流体，出料为热流体。反应热提升了物料的温度。

如果对于吸热反应，绝热操作引起可以接受的温降，则通常就进行绝热操作。通常反应器的进料需要加热，而出料仍需要冷却。则反应器的进料为冷流体，出料为热流体。反应热降低了物料的温度。

如果绝热操作引起不可接受的温升或温降，就需要考虑以下几种方式的温度控制。

（1）反应器的间接加热或冷却

如果反应器可以与其他工艺物流进行换热匹配，则反应器的放热或吸热线应包括在热集成问题中。对于放热反应，为热物流；对于吸热反应，为冷物流。但可以直接与其他工艺物流进行换热匹配的情况比较少。

如果反应器的间接加热或冷却是采用中间介质，又存在两种情况。

第一种情况，所用的中间介质是固定的，即其介质种类、进出口温度都是固定不变的。此时，在热集成问题中应包括该中间介质，而不是反应器的放热或吸热线。离开放热反应器的冷却介质为热流体，因为它在返回反应器之前需要被冷却；而离开吸热反应器的加热介质为冷流体，因为它在返回反应器之前需要被加热。

第二种情况，所用中间介质的温度不固定。此时，中间介质和反应器的放热或吸热线，都要包括在热集成问题中。然后，可以通过改变中间介质的温度来改进整个系统的能量性能。

（2）冷激或热激

对于放热反应，在反应器的中间位置直接注入冷进料，称为冷激；对于吸热反应，在反应器的中间位置直接注入预热后的进料，称为热激。

冷激或热激的热集成特性类似于绝热过程。进料为冷物流，产品为热物流。如果冷激流在进反应器前要先被冷却，则为附加的热物流。对于热激流，由于要预热，为一附加的冷物流。

（3）热载体

在反应器进料中加入一种惰性物质以增加其热容流率，以降低放热反应的温升，或减缓吸热过程的温降。

此时，反应仍是绝热的，进料为冷物流，产品为热物流。热载体只是增加了进料和产品的热容流率。

（4）急冷

反应出料需要迅速冷却。可以采用间接传热，也可用另一股流体直接混合。

当采用间接冷却时，往往需要大的传热温差以提高冷却速率，则冷却流体由过程的需求所决定。在这种情况下，反应热的获得是在急冷流体的温度下获得，而不是在反应器出料的温度下获得。因此，进料作为冷流体，急冷流体作为热流体，急冷之后的反应器出料作为热流体。

当采用混合冷却时，混合的液体通常是循环的冷产品，或是惰性物质。在冷却出料时，该液体会部分或全部汽化。因此，进料是冷流体，急冷后的任何蒸气和液体均是热流体。

4.9.2　反应器的合理设置

对于放热反应器，如果将其设置在夹点之上，如图 4-142（a）所示，则由于反应过程给系统提供 Q_{REA} 的热量，加热公用工程提供给系统的总热量减少了 Q_{REA}，这样的热集成是有利的。反之，若将放热反应器设置在夹点之下，如图 4-142（b）所示，则由于夹点之下为一净热源，反应过程给系统的提供 Q_{REA} 热量，只能作为废热排给冷却公用工程。

而对于吸热反应器，如果将其设置在夹点之上，如图 4-143（a）所示，夹点之上是一净

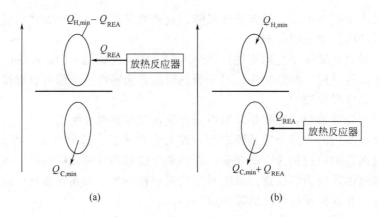

图 4-142　放热反应器在系统中的设置

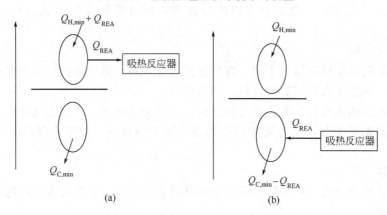

图 4-143　吸热反应器在系统中的设置

热阱，反应过程还要从系统吸取 Q_{REA} 的热量，以至加热公用工程提供给系统的总热量必须增加 Q_{REA}。反之，若将吸热反应器设置在夹点之下，如图 4-143（b）所示，则由于夹点之下为一净热源，过程给反应提供 Q_{REA} 热量，使冷却公用工程减少了 Q_{REA}。

　　因此，反应器的合理设置为：放热反应器在夹点之上，吸热反应器在夹点之下。

4.10　装置/厂际间的热联合

　　使用夹点技术分析与优化单个装置的换热网络，可以找到其能量目标，并得到可以完成此能量目标的换热网络结构。使用总复合曲线也可以确定一套装置的各级蒸汽用量。这些方法都是针对单套装置的用能进行优化的，然而一个大型的化工企业或者工业园区，都包含有数十套装置或者工厂，针对这样一个大型的企业或园区，不仅要考虑单套装置内部的能量优化，还要考虑装置或者工厂间的联系。例如，一套装置 A 有 100℃的余热，这部分余热原本是要通过冷却公用工程冷却的，而另一套装置 B 需要 80℃的热量，这部分热量原本由加热公用工程加热，当考虑装置之间的联系时，就可以使用 A 装置的余热资源加热 B 装置内的冷物流，达到节能的效果。这种考虑装置之间或厂与厂之间的热集成就叫作装置/厂际之间的热联合。装置/厂际间的热联合扩大了整个能量回收系统的系统边界，增加了能量回收的机会，可以使整个企业或工业园区取得更大的节能效果。

4.10.1 装置/厂际间热联合的方式

装置/厂际之间热联合的基本思路就是将一个装置的余热，输送给另外一个装置作为热源加热物流。装置/厂际之间热联合有两种基本的集成方式，一种是直接使用工艺物流输送热量，即直接热联合；另一种是使用中间介质（热水、蒸汽、热油等）输送热量，即间接热联合。

这两种方式各有优缺点，应用于不同的场合。首先间接热联合使用中间介质输送热量，整个传热过程是工艺物流先传热给中间介质，中间介质再将热量输送至另一个装置与工艺物流换热，整个过程经历两次换热，所以整个传热过程的最小传热温差为两倍的夹点温差。夹点温差越大，能量回收就越少，故间接热联合回收的能量较小。并且由于两次换热，每次换热都需要一台换热器，所以间接热联合使用的换热器台数也较多。间接热联合的优点首先在于，中间介质可以相互混合，所以在一个装置与各个工艺物流换热之后，可以混合成一股送往另外一个装置，整个输送过程只需要一条管线。其次，中间介质组成单一，性质安全，适用于长距离输送。

对于直接热联合，有余热的装置中的工艺物流将热量直接输送到另一个装置换热，整个传热过程只经历了一次换热，最小传热温差即为夹点温差。故相比间接热联合，能量回收较多。并且因为换热次数较少，需要的换热器数目相比间接热联合也较少。但是由于工艺物流之间不能相互混合，参与换热的工艺物流都需要单独管线连接，使得管路费用相比间接热联合大大上升，在长距离情况下更为明显。

因此，通常间接热联合更适用于大范围，长距离的热联合，比如中间介质为蒸汽的蒸汽系统。而直接热联合比较适用于相邻装置几条物流之间的热联合。直接热联合能量目标求解方法与装置内热集成方法类似：首先将参与换热的物流提取出来，再按照夹点技术方法得出冷热物流复合曲线，并求出夹点，即可以得到能量目标。以下章节主要针对间接热联合能量目标的求解进行讨论。

4.10.2 全厂复合曲线

当考虑热联合时，就必须首先明确每个装置余热资源的情况以及所需能量的情况，这个情况可以通过总复合曲线确定。根据总复合曲线图，可以得到每个装置夹点之上所需的能量以及夹点之下的过程余热。将所有装置夹点之上的曲线提出，并去掉口袋部分，称这部分提出的曲线为热阱曲线，如图 4-144(a) 所示，夹点之上的粗线即为去掉口袋部分的热阱曲线。再将各个装置所提出的热阱曲线按照合并复合曲线的方法再次复合，即可以得到全厂热阱线，如图 4-144(b) 右半部分所示。全厂热阱线的含义就是整个企业或者化工园区，所有装置所需要热量的总量以及温度分布。按照同样的方法，将所有夹点之下的曲线提取出来并去掉口袋，得到热源曲线，因为提取的热源曲线与通常的复合曲线方向相反，故先将其纵向翻转 $180°$，再把所有装置的热源曲线复合，即可得到全厂热源线。全厂热源线的含义就是整个企业或者化工园区，所有装置可以供给的热量总量以及温度分布。将全厂热源线与全厂热阱线放入一张温-焓图内，即为全厂复合曲线。

这里还需要指出，在生成总复合曲线的时候，所有的热物流温度都减小了 1/2 的夹点温差，所有的冷物流温度都增加了 1/2 的夹点温差，所以在全厂复合曲线中，所有物流的温度也是转换之后的温度。因为间接热联合经历了两次换热，总的传热温差是两倍的夹点温差，为了方便之后全厂公用工程目标的图解计算，把全厂热阱线再上升 1/2 个夹点温差，把全厂热源线再降低 1/2 个夹点温差，即全厂热阱线比真实温度高了一个夹点温差，全厂热源线比真实温度低了一个夹点温差，如图 4-145 所示。

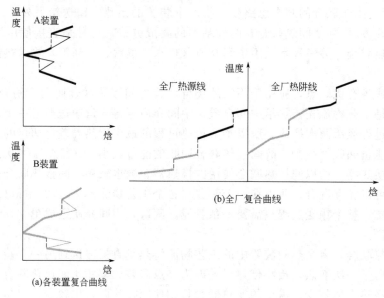

图 4-144　全厂复合曲线的生成

4.10.3　通过全厂复合曲线确定装置/厂际热联合能量目标

如图 4-144 中所示的全厂复合曲线由于只考虑了两个装置，所以全厂热源线与全厂热阱线有很多不连续的地方。当全厂复合曲线中考虑的装置数目较多时，则全厂热源线与全厂热阱线会变成两条连续的曲线，如图 4-146 所示曲线。

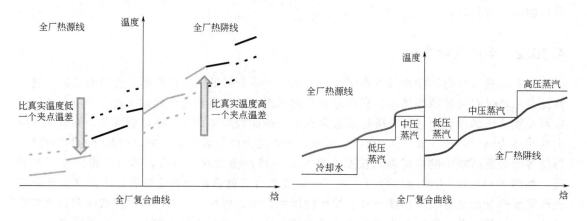

图 4-145　全厂复合曲线温位的调整　　　　　图 4-146　全厂公用工程用量与生成量目标的确定

当采用蒸汽为中间介质时，通常一个企业或者工业园区，各个等级蒸汽的温度和压力都是确定的，按照各个等级公用工程的温度在全厂复合曲线上作出相应的水平线，即可以得到全厂的各级公用工程的用量。具体作图步骤如下：对于全厂热源线，图解法的顺序是从热源可以生成最高品质的加热公用工程开始，按照能量品质的高低从高到低求解，这是因为应尽可能地多生成高品质的加热公用工程，提高能量的利用率。图 4-146 中，可以生成的最高品质的加热公用工程是中压蒸汽，所以按照中压蒸汽的温度，从纵轴开始作水平线，直到水平线与全厂热源线相接，中压蒸汽水平线长度所对应的焓值即为全厂生成中压蒸汽的目标值；接下来，从中压蒸汽水平线与全厂热源线的交点作垂直线到对应纵坐标温度为低压蒸汽温度为止，向右作水平线，直到水平线与全厂热源线再次相接，此时低压蒸汽水平线长度所对应的焓值即为全厂生成低压蒸汽的目标值；最后，从低压蒸汽水平线与全厂热源线的交点作垂直线到对应纵坐标温度为冷却水温度为止，向右作水平线，直到水平线与全厂热源线末端到达同一焓值，此时冷却水水平线长度所对应的焓值即为全厂使用冷却水的目标值。同样的方法，对于全厂热阱线，图解法的顺序是从热阱所需的最低品位的加热公用工程开始，按照能量品质的高低从低到高求解，这是因为应尽可能多地使用品位较低的能量，少使用品位较高的能量，提高能量利用率。按照同样的方法，依次对低压蒸汽，中压蒸汽以及高压蒸汽做水平线直到水平线与全厂热阱线相接或者与全厂热阱线末端焓值相同，即可以得到全厂低压蒸汽、中压蒸汽以及高压蒸汽需求的目标值。

在上一节中提到，全厂热源线的温度在全厂复合曲线中比实际温度低了一个夹点温差，而全厂热阱线的温度在全厂复合曲线中比实际温度高了一个夹点温差。如图 4-146 的图解法中，所有的公用工程水平线都是实际温度，这样就能保证在公用工程水平线与全厂热源/阱线相接时，实际的传热温差为一个夹点温差。

通过图 4-146 可以得到各级公用工程发生量和需求量的目标值，然而这个目标值是针对各个装置所需的公用工程以及生成的公用工程目标值的加和，并没有考虑装置/厂际之间热联合。从图 4-146 中也可以看到，在全厂热阱线部分，全厂范围内需要中压蒸汽和低压蒸汽对物流进行加热，而在全厂热源线部分，全厂范围内也能产生一定量的中压蒸汽和低压蒸汽。当考虑到装置/厂际热联合时，这部分产生的中压蒸汽和低压蒸汽可以供给需要蒸汽的装置，最终可以得到装置/厂际热联合的能量目标。

装置/厂际之间热联合的能量目标也可以用图解法的方式得出，把图 4-146 中的生成蒸汽的曲线以及需求蒸汽的曲线提取出来，并像复合曲线中求解夹点时一样，夹紧两条蒸汽曲线，如图 4-147(a) 所示，两条重叠的部分，即为装置之间热回收的量。当两条蒸汽曲线相互碰到之后，形成总厂夹点，如图 4-147(b) 所示，此时装置之间的热回收量最大，所需的加热和冷却公用工程最小。

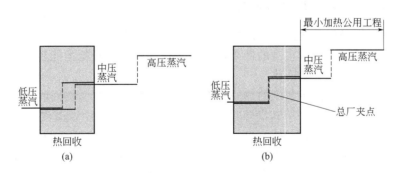

图 4-147　厂际热联合能量目标的确定

4.10.4　通过全厂复合曲线确定装置/厂际热联合改造目标

对于设计问题，由于装置内部还没有固定的换热网络结构，所有的蒸汽用量或者发生量都是通过总复合曲线得到。而对于改造问题，由于所有装置的换热网络结构已经形成，物流之间的换热匹配都已经固定，不同网络结构，会有不同的蒸汽用量或者蒸汽发生量。所以网络最终所需的蒸汽量，或者发生的蒸汽量，可能会与总复合曲线得到的蒸汽用量或者发生量不同。如果现存网络设计是严格按照夹点技术设计，现实所需的蒸汽用量和发生量都与总复合曲线得到的量值一样，则热联合改造问题仍可以使用总复合曲线来得出全厂热源线与全厂热阱线。否则不能使用总复合曲线来得出改造问题中全厂热源线与全厂热阱线。

对于改造问题，每个装置内部所有用蒸汽的地方和发生蒸汽的地方都已经明确，针对每个使用蒸汽的换热器，将冷物流的温度和热负荷数据提取出来，可以做出一条温-焓线（如图 4-148 所示），把所有提取出来的温-焓线，组成一条复合曲线，这条复合曲线即为改造问题中的单厂的热阱线。再把每个单厂的热阱线再次复合，便可以得到改造问题中的全厂热阱线。同理，针对装置内部每个蒸汽发生器和冷却器，将热物流的温度和热负荷数据提取出来，可以做出一条温-焓线，把所有提取出来的温-焓线，组成一条复合曲线，这条复合曲线即为改造问题中的单厂的热源线。再把每个单厂的热源线再次复合，便可以得到改造问题中的全厂热源线。

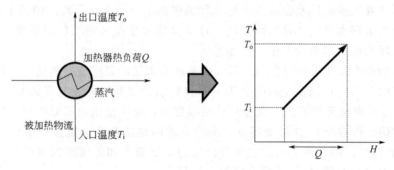

图 4-148　提取换热器内物流温-焓线

得到改造问题中的全厂热源线和全厂热阱线之后，就可以按照设计问题一样的方法，做出相应的生成蒸汽的曲线以及需求蒸汽的曲线，最后夹紧得到总厂夹点，就可以得出改造问题中装置/厂际热联合的能量目标。

4.10.5　装置/厂际间的低温热联合

前面几节针对的是厂际间温位较高的热量集成，通过蒸汽系统，把一个装置的余热传递给另一个装置。然而由于蒸汽本身的性质，不适合于回收温位较低的能量（120℃以下），所以热水多用以厂际间的低温热回收。

使用热水的热联合与使用蒸汽的热联合有着一些差别，首先从热回收的角度，热水使用其显热进行传热而蒸汽主要使用其潜热进行传热，故在温-焓图中，蒸汽线表示为一条水平线而热水线为一条斜线，如图 4-149 所示。图 4-149 是将全厂热源线与全厂热阱线夹紧所得，从图中可以看到正是因为蒸汽线是一条水平线，所以在热联合中，单级蒸汽回收的热量没有热水回收的多。但值得注意的是，热水通常最多只能达到 150℃，温度再高则需在高压下运行，不经济。

其次从经济的角度，由于蒸汽系统本身也是公用工程系统，工业企业中各个等级蒸汽管线较为完备，所以采用蒸汽系统的厂际热联合，通常不需要额外的管线投资。然而通常工业企业中没有热水系统，所以考虑使用热水的低温热联合时，需要考虑管线的投资费用。管路投资费取决于管子的长度与直径。

虽然厂与厂之间的距离是固定的，但是在考虑厂际热联合时，不同的连接方式，会产生

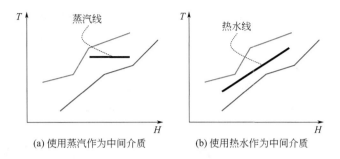

图 4-149　使用蒸汽和使用热水作为中间介质的厂际热联合温-焓图

不同的管路长度，如图 4-150 所示。从图中可以看到，串联式的管路总长度比并联式的短。然而如图中所示的串联连接方式，对于两个热阱所需要热量的温位有着较严格的要求，热阱1 对于热量的温度需求高，热阱 2 对于热量的温度需求低，这样在热水给热阱 1 供热完之后，还有温度足够高的热量提供给热阱 2。对于并联式来说，虽然管路长度较长，但是这种连接方式没有对于热阱温位要求的限制。

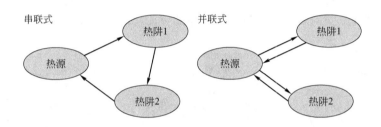

图 4-150　厂际热联合中厂与厂之间不同的连接方式

管路的直径则由热水的流量决定，流量越大，可能回收的热量就越多，但是输送热水的管路的管径会增大，使得管路费用增加，并且相关输送热水的泵的投资以及操作费用也会增加，所以热水的流量也有一个最优的取值，在权衡能量费用和管路费用后，使得总费用最小。

4.10.6　装置/厂际间换热与装置内换热的协同考虑

由于各个装置的能量系统都是单独设计的，没有考虑装置之间的热集成关系。当同时考虑装置内部和外部的热集成时，除了余热的提质外，还可能会出现另外一种形式，如图 4-151 所示。在装置 1 中[图 4-151(a)]，两个物流之间以较大温差进行换热，而在装置 2 中[图 4-151(b)]，由于没有合适的物流进行换热，因此冷物流需要加热公用工程而热物流需要冷却公用工程。此时，如果以传统的热集成方法来看，装置 1 的能量已经利用，则两个企业之间无法进行热集成，但如果我们打破各个装置中原有的匹配，将这四条物流重新匹配[图 4-151(c)]，则可以节省装置 2 中的所有公用工程耗量，达到了节能的效果，因此同时考虑装置内外的温-焓特性，并进行分析，可以创造更多的节能潜力。

对于装置内外热集成协同分析，也是通过总复合曲线来实现。首先将各个装置的总复合曲线绘制出来，对比各个装置的夹点位置，确定各个装置的余热资源及热量需求，明确装置为热源装置还是热阱装置。进而，通过对比各个装置的总复合曲线形状和位置，判断总复合曲线中是否存在较大的"口袋"，如图 4-152(a) 所示。如果某企业总复合曲线存在较大"口

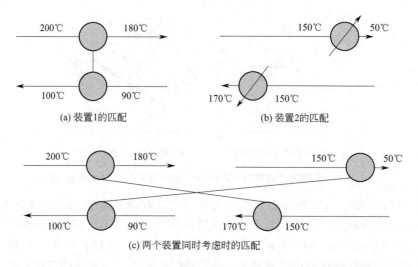

(a) 装置1的匹配　　　　　　　　(b) 装置2的匹配

(c) 两个装置同时考虑时的匹配

图 4-151　装置内部/之间的能量集成协同分析

袋"，且其"口袋"位置与其他装置总复合曲线的夹点位置 ［图 4-152(b)］ 接近，则这两个装置存在通过装置内/间同时热集成进一步节能的可能［如图 4-152(c)所示］。

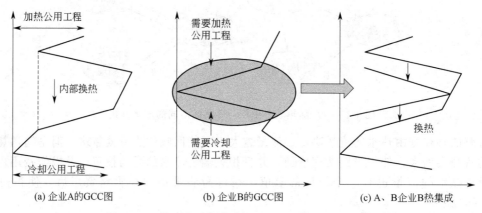

(a) 企业A的GCC图　　　　(b) 企业B的GCC图　　　　(c) A、B企业B热集成

图 4-152　装置的总复合曲线图及装置内/外协同分析

4.10.7　装置间热进料最优设计

石化企业包含许多处理单元，其中一些是级联运行的。连接两个单元的流股既充当上游单元的产品，又充当下游单元的原料。通常，这类物流在进入中间储罐之前冷却至特定温度，而在下游单元中又重新加热以满足反应或分离要求。这种操作模式可确保每个处理单元的独立性，以实现灵活的操作和管理。然而，这种降温再升温的操作会带来相当大的能量损失，并导致较低的能量效率。热进料是指来自上游的物料不经冷却或经部分冷却后直接进入下游装置，可以减少能量浪费。

以某蜡油加氢装置为例，蜡油离开上游的温度为 150℃，通过产生热水冷却至 80℃后进入储罐。进入加氢装置后，蜡油经装置内热物流加热至 100℃，然后与含氢流股混合后继续加热，如图 4-153 所示。如果不经冷却和储罐，进入加氢装置的蜡油温度可以达到 150℃。从能量角度来看，提高进料温度可能减少下游装置的热公用工程需求，但冷却公用工程的需求不会减少，反而还可能增加。因此，热进料的节能效果需取决于下游装置的过程特性。根据能量梯级利用的原则，存在一个最低的进料温度，它可以使热公用工程的用量最小，称为最佳进料温度。这里介绍如何基于夹点技术确定最佳进料温度。

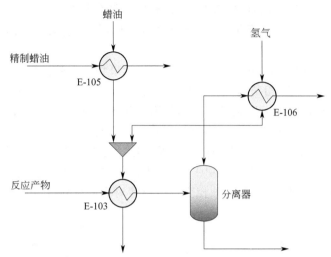

图 4-153　蜡油加氢装置的进料预热过程

4.10.7.1　基于总复合曲线确定最佳进料温度

为了便于分析，首先构建出现行换热网络的总复合曲线。考虑热进料时，进料流股可被视为热阱，可在温-焓图中引入虚拟热源来抵消原进料温度和热进料温度之间的热负荷。基于此，可构造出两个虚拟热源来表示图 4-153 中的热进料，如图 4-154 中所示。需要注意的是，两条虚拟热源线并没有复合成一条热流复合曲线，原因是这些虚拟热源代表热负荷随进料温度的变化情况，只有当进料温度达到某一特定温度时，该温度以下对应的虚拟热源才会存在。

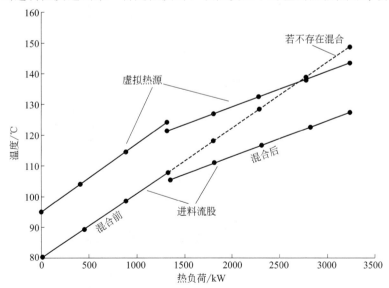

图 4-154　热进料在温-焓图中的表示（$\Delta T_{\min} = 15℃$）

基于总复合曲线分析时，虚拟热源的温度需要减去 $0.5\Delta T_{\min}$，与总复合曲线保持一致。为了不失一般性，这里考虑总复合曲线无"口袋"和带"口袋"两种情形，分别如图 4-155 和图 4-156 中所示，最佳进料温度的确定步骤如下：

① 构建虚拟热源来表示达到最高温度的热进料，如线段 AB 和 CD。需要注意的是，T_H 是虚拟热源的最高温度，与之相对应的进料流股的最高温度为 T_H^*。

② 水平翻转线段 AB 并沿水平方向移动以靠近总复合曲线：

a. 对于没有热"口袋"的情况，将 AB 水平移动到与垂直轴相交的位置，并恰好位于总复合曲线上方。

b. 对于带有热"口袋"的情况，由于同一个热"口袋"中的热源与热阱可以相互匹配，故将 AB 水平移至与垂直轴相交的位置，并恰好位于总复合曲线上方（不考虑"口袋"）。

③ 构建新的总复合曲线，以确定冷、热公用工程的需求和夹点位置。

④ 对 CD 段重复步骤②和③，以构建最终的总复合曲线。

在图 4-155 中，温度为 T_H 的虚拟热源可以使热公用工程用量达到最小，也就是说最佳进料温度为最高允许的进料温度。而在图 4-156 中，使加热公用工程达到最小的虚拟热源的最低温度为 T_{int}，此时 CD 恰好与纵轴相交，该温度对应的进料温度即为最佳热进料温度。

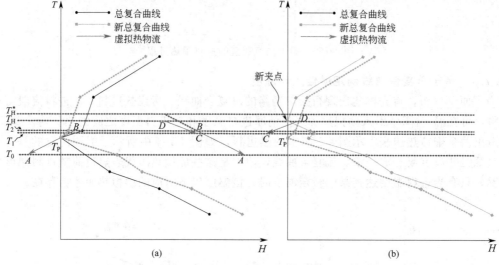

图 4-155　确定最佳热进料温度的图示步骤（无"口袋"）

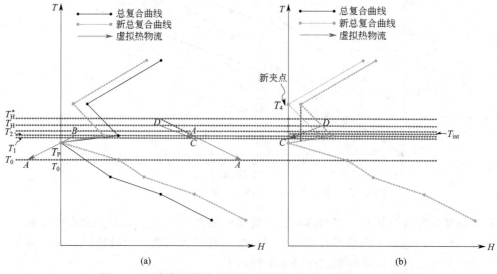

图 4-156　确定最佳热进料温度的图示步骤（带"口袋"）

基于以上可以得出如下结论：

① 位于夹点温度以下的热进料提供的热量不能节省加热公用工程。

② 如果夹点温度不变，位于夹点上方的热进料提供的所有热量均可用来节省加热公用工程。

③ 如果夹点温度发生变化，热进料所能节省的热公用工程少于高于初始夹点温度的进料段的热量。

④ 当温度 T_x 下的净热需求量（忽略"口袋"）等于进料在 $T_P \sim T_x$ 温区内供给的热量时，出现新的夹点。

⑤ 使热公用工程需求最小的最佳热进料温度具有以下两个特征之一：

a. 如果虚拟热源的最高温度等于或低于新的夹点温度，则最佳进料温度是使新夹点产生的温度。

b. 如果虚拟热源的最高温度高于新的夹点温度，最佳进料温度为最高进料温度。

4.10.7.2　基于实际冷复合曲线确定最佳进料温度

上一节中介绍了基于总复合曲线来确定最佳热进料温度。为了达到能量目标，换热网络的设计需要匹配其总复合曲线。然而，这种情况对于已有网络的改造来说不易接受，因为它通常会使网络结构变得很复杂。本节中，假设不允许改变装置内冷热流股的匹配，因此热进料节能仅来自进料流股匹配热源的利用。

首先，需要在温-焓图中表示出热进料。随着进料温度的升高，用于加热进料的高温热源被替代，可用该段热源表示热进料，如图 4-157 中所示。值得注意的是，这些被代替的热流股真实存在于换热网络中，这与图 4-157 中的情形不同，而相同点是这些热源不能复合成一条复合曲线。

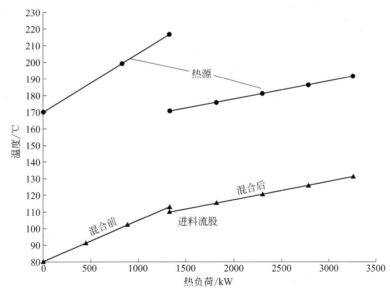

图 4-157　进料和匹配热流股在温-焓图中的表示

由于假设过程物流之间的匹配不能改变，故被替代的热流将用于匹配消耗热公用工程的冷流。显然，总复合曲线不适于研究热进料的直接节能效果。这里采用实际冷复合曲线，它是由直接消耗热公用工程的所有冷物流构成的复合曲线，代表一个过程的实际热公用工程需求。为了清楚地表示出最佳热进料温度的确定步骤，仍采用转化温度后的温-焓图，如图 4-158 中所示。

① 找出消耗加热公用工程的冷流，将其温度加上 $0.5\Delta T_{\min}$ 后在温-焓图中作出实际冷复合曲线。图 4-158 中的曲线表示在温度范围 $T_1 \sim T_2$ 内没有热量需求。

② 根据现行换热网络，找出用于将进料流从当前进料温度加热到最高允许进料温度的热流股，并将温度减去 $0.5\Delta T_{\min}$ 后再绘制于温-焓图中，例如线段 AB 和 CD。其中热源和热阱都按照正斜率绘制，同冷、热复合曲线一致。

③ 水平移动 AB 以接近实际冷复合曲线，直到 AB 恰好位于其上方。AB 和实际冷复合曲线重叠部分代表可节省的加热公用工程量。

④ 构建新的实际冷复合曲线，确定加热公用工程的需求量。

⑤ 对 CD 段，重复步骤③和④。

在图 4-158(b) 中，使得热公用工程用量最小的 CD 段的温度为 T_{int}，它对应最佳进料温度。最终的实际冷复合曲线确定热公用工程需求。与上一节不同的是，最佳进料温度受实际冷复合曲线和与进料匹配的热流股的影响。实际冷复合曲线的最低点与夹点具有相同的意义，因此上一节中所得到的结论也适用于本节中的情形。

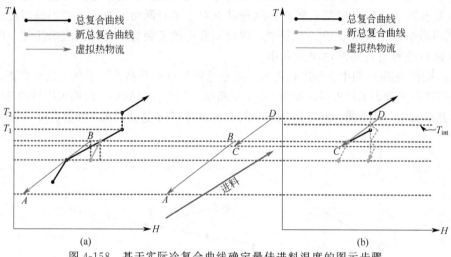

图 4-158　基于实际冷复合曲线确定最佳进料温度的图示步骤

4.11　间歇过程的热集成

工业生产过程一般可分为连续生产过程和间歇生产过程两大类。炼油、化肥、发电等生产过程都属于连续生产过程。而在酿造、饮料、食品、医药、精细化工、生物技术等生产过程中，多为间歇生产形式。

4.11.1　间歇过程夹点分析法

间歇过程与连续过程有很大差别，流股对时间依赖性非常强。因此，在间歇过程中，对流股的处理与连续过程时的处理有区别。假定间歇过程一个热流股具有热容流率 $\mathrm{CP}(\mathrm{kW}/℃)$，在时间 τ_i 时从温度 t_i 开始冷却，到时间 τ_0 冷却到温度 t_0。对于连续过程而言，从热流股移去的热量可以 kW 来度量。但对于间歇过程来说，从热流股移去的热量与该热流股存在的时间间隔有关。因此从间歇过程流股中移去的热量以 $\mathrm{kW}\cdot\mathrm{h}$（或 kJ）度量，则可表示为

$$\Delta Q = \int_{\tau_i}^{\tau_0}\int_{t_i}^{t_0}\mathrm{CP}\mathrm{d}t\,\mathrm{d}\tau \tag{4-54}$$

由式(4-54) 可以构造间歇流股热复合曲线，横坐标以热量 $\Delta Q(\mathrm{kW}\cdot\mathrm{h})$ 表示，纵坐标仍为温度 t，该复合曲线与时间有关，如图 4-159 为在某一时间段 $\tau_i\rightarrow\tau_0$ 内某一热流股的 t-

ΔQ 图。它与连续过程流股的 t-H 图相似，但包含了时间信息。

由式(4-54)，可定义热流量 q 为

$$q = \int_{t_i}^{t_0} \mathrm{CP}\mathrm{d}t \tag{4-55}$$

若在时间 $\tau_i \rightarrow \tau_0$ 内热流量 q 为常量，则有

$$\Delta Q = q \cdot (\tau_0 - \tau_i) \tag{4-56}$$

用式(4-56)可以作出间歇过程的一个热流股交换的热量 ΔQ 对时间的一条直线，斜率为 $(1/q)$，如图 4-160(a) 所示。对一组间歇过程流股，将各流股在每个

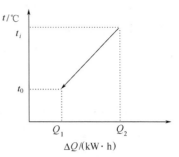

图 4-159　间歇过程流股的 t-ΔQ 图

时间段被移去的热量 q 复合，形成了热流股时间复合曲线，如图 4-160(b)。类似地，可以作出间歇冷流股的时间复合曲线，如图 4-161(a) 和 (b) 所示。若 CP 或 q 是时变的，则图 4-160(a) 和 4-161(a) 可以用一系列的线段去表示。复合曲线也是将各时段的热量叠加构造而成。

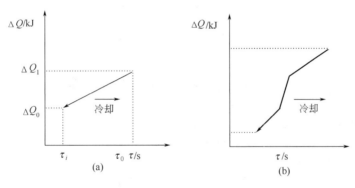

图 4-160　间歇热流股的时间复合曲线

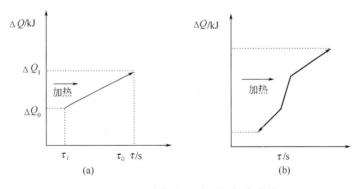

图 4-161　间歇冷流股的时间复合曲线

4.11.2　改进的时间温度复合分析模型

对于间歇过程流股，将冷热流股按照温度从小到大的顺序排列，温度区间的划分按下式处理

$$t_c(k,j) + \Delta t_{\min}/2 = t'_m(k,j) \tag{4-57}$$

$$t_h(k,j) - \Delta t_{\min}/2 = t'_m(k,j) \tag{4-57'}$$

式中　k——第 k 个温度间隔（在温度 t_{k-1} 和 t_k 之间）；

j——第 j 个时间间隔（在时间 τ_{k-1} 和 τ_k 之间）。

因而形成温度矢量

$$t=(t_0,t_1,t_2,\cdots,t_i,t_{i+1},\cdots,t_N), T_{i+1}>t_i \tag{4-58}$$

时间矢量

$$\tau=(\tau_0,\tau_1,\tau_2,\cdots,\tau_i,\tau_{i+1},\cdots,\tau_M) \tag{4-59}$$

在任一时间间隔 j，温度间隔 k 的间歇过程所有流股的热量亏缺为 Q，则有

$$Q(k,j)=(t_{k-1}-t_k)(\sum_i \mathrm{CP}_{ci}-\sum_n \mathrm{CP}_{hn})(\tau_j-\tau_{j-1}) \tag{4-60}$$

式中　CP_{ci}——第 i 股冷物流的热容流率，kW/℃；

CP_{hn}——第 n 股热物流的热容流率，kW/℃；

$Q(k,j)$——在时间间隔 j，温度区间 k 所需要的外加热量，kW·h。

对于每一个温度区间，有

$$Q(k,j)=Q_{\mathrm{in}}(k,j)-Q_{\mathrm{out}}(k,j) \tag{4-61}$$

即

$$Q_{\mathrm{out}}(k,j)=Q_{\mathrm{in}}(k,j)-Q(k,j) \tag{4-62}$$

令

$$R(k,j)=-Q(k,j) \tag{4-63}$$

则

$$R(k,j)=(\sum_n \mathrm{CP}_{hn}-\sum_i \mathrm{CP}_{ci})(t_{k-1}-t_k)(\tau_j-\tau_{j-1}) \tag{4-64}$$

而

$$R(k,j)=Q_{\mathrm{out}}(k,j)-Q_{\mathrm{in}}(k,j) \tag{4-65}$$

上式说明，$R(k,j)$ 为在时间间隔 j，温度区间 k 的热量盈余。

$$Q_{\mathrm{out}}(k,j)=R(k,j)+Q_{\mathrm{in}}(k,j) \tag{4-66}$$

由于能量平衡关系，有

$$Q_{\mathrm{out}}(k-1,j)=Q_{\mathrm{in}}(k,j) \tag{4-67}$$

则有　$R(k,j)=Q_{\mathrm{out}}(k,j)-Q_{\mathrm{out}}(k-1,j)$

$$=(\sum_n \mathrm{CP}_{hn}-\sum_i \mathrm{CP}_{oi})(t_{k-1}-t_k)(\tau_j-\tau_{j-1}) \tag{4-68}$$

对于包含 N 个温度区间的热级联，最高温度为 T_0，最低温度为 T_N，因而可得到 N 个方程，但有 $N+1$ 个未知量 $Q_{\mathrm{out}}(k,j)$，故需利用下列约束条件，即在每一个时间间隔内

$$Q_{\mathrm{out}}(0,j)=Q_{\mathrm{in}}(1,j) \tag{4-69}$$

从而得到该时间间隔内的热级联。取热级联中最大不可行热量（负值）的绝对值，并在 t_0 温度区间（或热流量刚出现负值的上一个区段）以此热量加入，则可得到该时间间隔内的最小公用工程用量。若不考虑热贮存，则在任一时间间隔内都可以采用类似于问题表法的解题过程对其进行热集成，从而确定在该时间段内的冷热复合曲线，夹点以及最小公用工程用量。这时可以用夹点分析法的一般规则对过程流股进行热集成，使得过程流股所需公用工程费用和设备投资之和最小。

在时间间隔 j 内进行热集成的问题表法如表 4-20。

表 4-20　在时间间隔 j 内进行的热集成问题表法

温度区段	不可行热级联	可行热级联
1	R_{1j}	$R_{1j}+\Delta Q$
2	R_{2j}	$R_{2j}+\Delta Q$
⋮	⋮	⋮
i	R_{ij}	0
⋮	⋮	⋮
N	R_{Nj}	$R_{Nj}+\Delta Q$

表 4-20 中 ΔQ 为在 j 时间间隔内所需公用工程最小加热量，为最优值。表中右列中间的 0 为该时间段内的温度夹点。将所有时间和温度间隔内所需要的计算列成表 4-21 所示。

表 4-21 直观地反映了间歇过程的特征。当所有流股在所有时间间隔内都存在时，过程流股就成为连续过程；若不同流股在不同时间间隔存在，就是间歇过程。因此上述推导具有普遍意义。适用于连续过程和半连续，间歇过程，而且也特别适宜于计算机程序的编制。

表 4-21　在整个间歇过程中的热集成

温度区间	时　间　间　隔				
	1	2	⋯	$M-1$	M
1	R_{11}	R_{21}	⋯	$R_{M-1,1}$	$R_{M,1}$
2	R_{12}	R_{22}	⋯	$R_{M-1,2}$	$R_{M,2}$
⋮	⋮	⋮	⋮	⋮	⋮
K	R_{1K}	R_{2K}	⋯	$R_{M-1,K}$	$R_{M,K}$
⋮	⋮	⋮	⋮	⋮	⋮
N	R_{1N}	R_{2N}	⋯	$R_{M-1,N}$	$R_{M,N}$

表 4-21 中横向考虑，为流股的时间序列；纵向考虑，为同一时间段内流股的温度序列。在实际间歇操作过程中，流股对时间的依赖性是第一位的，温度约束为第二位的。因此需要首先考虑时间约束，以避免回收能量在品质上的恶化。以表 4-22 中的数据为例，由于 0~1 时间内只有热流股，若用具有相同的热容流率 CP，初始温度为 280℃ 的中间流体冷却热流股，则中间流体出口温度为 380℃。将中间流体贮存于密闭容器中，不考虑热损失。在 2~3 时间段内，将中间流体热量放出，来加热冷流股 C_2，传热温差仍为 20℃，则在该时间段内所需加热公用工程加热量为 40kW·h。即冷流股 C_2 除了吸收中间流体的热量 160kW·h 以外，仍然需要温度为 400℃ 的加热公用工程量 40kW·h，才能加热到目标温度。由于传热温差的存在，中间贮存流体回收的热量有一定的贬值，这一点在间歇过程热综合时必须加以考虑。若不考虑传热温差，则会导出过优的能量综合目标，在实际上难于实现。

表 4-22　间歇过程流股数据

流股序号	流股类型	初始温度 /℃	目标温度 /℃	热容流率 /(kW/℃)	起始时间 /h	结束时间 /h
1	H	400	300	2	0	1
2	C	0	100	2	1	2
3	C	280	380	2	2	3
4	H	120	20	2	2	3

对于多流股多时段划分的情况，要计算表 4-21 的全部结果，达到最大限度能量回收目标，非常复杂，难于得到最优解。以表 4-21 为例，有 M 个时间间隔，每个时间间隔又有 N 个温度区间，共有 $M \times N$ 个元素需要考虑。如果对每个元素再考虑中间热贮存的话，每个元素输入输出的热贮存量分别为 S_{in}、S_{out}，则形成如表 4-23 的结构。

表 4-23　考虑中间热贮存的整个间歇过程的热集成

温度区间	时　间　间　隔						
	1	2	⋯	j	⋯	$M-1$	M
1	$Q_{1,0}$	$Q_{2,0}$	⋯	$Q_{j,0}$	⋯	$Q_{M-1,0}$	$Q_{M,0}$
2	$S_{01}\,R_{11}\,S_{11}$	$R_{12}\,S_{21}$	⋯	R_{j1}	⋯	$R_{M-11}\,S_{M-11}$	$R_{M1}\,S_{M1}$
	$Q_{1,1}$	$Q_{2,1}$	⋯	$Q_{j,1}$	⋯	$Q_{M-1,1}$	$Q_{M,1}$

温度区间	时 间 间 隔						
	1	2	...	j	...	$M-1$	M
	$S_{02}\,R_{12}\,S_{12}$	R_{22}	...	R_{j2}	...	$R_{M-12}\,S_{M-12}$	$R_{M2}\,S_{M2}$
	$\vdots$	$\vdots$		$\vdots$		$\vdots$	$\vdots$
				$Q_{j,i-1}$			
				$S_{j-1i}\,R_{ji}\,S_{ji}$			
i				Q_{ji}			
	$\vdots$	$\vdots$	$\vdots$	$\vdots$	$\vdots$	$\vdots$	$\vdots$
	$S_{0N}\,R_{1N}\,S_{1N}$	$R_{2N}\,S_{2N}$	...	R_{jN}	...	$R_{M-1N}\,S_{M-1N}$	$R_{MN}\,S_{MN}$
N	$Q_{1,N}$	$Q_{2,N}$		$Q_{j,N}$		$Q_{M-1,N}$	$Q_{M,N}$

表 4-23 中有 $(2MN+M+N)$ 个未知数，其中包括了 M 个 Q_{j0} 和 N 个 S_{0i}，要获得精确解更不易。

由于中间热贮存并非在每一步计算中都存在，在温度区间 k，有热量从 $j-1$ 的热贮存在 $j+r$ 时间间隔放热，则有

$$S_{\text{out}}(k,j-1)=S_{\text{in}}(k,j+r) \tag{4-70}$$

因此 S 实质上是间歇过程的中间热贮存量。

利用启发法确定中间热贮存的吸热和放热以及热贮存器的数目，能够抓住主要间接热回收目标，可以大大减少计算工作量。在用启发法直观推断出主要间接热贮存量以及所处的时间区段后，将热贮存流体按附加的过程流股处理。这样就可以将表 4-23 简化成类似于表 4-21 的结构，从而只有 MN 个元素需要确定。因此，将启发法与时间温度复合法相结合，对于间歇过程能量集成具有重要意义。

改进的时间温度复合法既采用了启发法的优点，也考虑了中间热贮存的传热温差的影响，因而导出的能量集成目标符合工程实际情况，便于间歇过程的操作和实现。将上述各种方法对表 4-22 数据进行的热集成结果如表 4-24 所示。

表 4-24　对间歇过程流股的集成结果

项　目	改进的时间温度模型	项　目	改进的时间温度模型
加热量/(kW·h)	200(120℃)＋40(400℃)	热贮存量/(kW·h)	200
冷却量/(kW·h)	200	热贮存次数	1

可以将改进的时间温度复合能量目标的操作步骤总结如下：

① 整理间歇过程所有流股数据，按温度、时间段顺序排列成如表 4-21 的形式；

② 调整时序，作出时间序列图；

③ 初步判断明显需要热贮存的时间段（将热贮存当作一股或多股冷流体看待）；

④ 计算确定组成每一时间段的流股复合的夹点及冷热公用工程用量；

⑤ 根据每一时间段内的复合曲线再次确定需要热贮存的时间段；

⑥ 确定热贮存时间段与最合理的释放热量时间段，考虑传热温差，确定热贮存温度，计算热贮存量；

⑦ 重新复合计算，得到考虑中间热贮存回收热量后的冷热公用工程用量。

4.11.3　间歇过程换热网络的目标函数

4.11.3.1　间歇过程换热网络问题表述

对于一个典型的单产品间歇生产过程换热网络综合问题可以参照对连续过程物流的处理

方法表述如下。

将间歇过程生产周期按各物流存在的时间分成 M 个时间区间，在第 I 时间区间内有 NH（I）个热物流需要冷却，有 NC（I）个冷物流需要加热，各物流的初始温度，目标温度及传热系数给定；另有一组温度已知的加热和冷却公用工程可供使用。则该间歇过程换热网络综合的目标是在满足生产要求的前提下，确定具有最少年度费用的换热网络结构。它包括了各个时间区间所需要的加热和冷却公用工程用量，流股的匹配与换热单元设备数目，每台换热器的热负荷、传热面积与操作温度，中间贮存器的容量、数目以及贮存温度水平、吸收和释放热量的时间区间等。

为使整个换热网络的综合既考虑最大可能热回收，又考虑到投资费用，即能量和费用要权衡利弊。一般来说，若要求最大限度地回收热量，则会增加单元设备数，因而也增加了设备投资。反之，若放宽了对热量回收的要求，设备投资会减少，但运行费用可能要增加。因此在换热网络结构和公用工程消耗量之间存在着如何折中平衡的问题。综合考虑设备投资和能量回收，需要确定一个合理的目标函数，使整个网络的年度费用为最小。

4.11.3.2　间歇过程的目标函数

能量费用是指整个换热网络所需要的各种公用工程的费用。由于不同的加热和冷却公用工程费用价格差别较大，因此应该分别考虑。若有 M_h 种加热公用工程，M_c 种冷却公用工程，不考虑功的输入输出，且在间歇过程中公用工程量以 $kW \cdot h$ 表示更合适，则有能量费用公式

$$C_E(j) = \sum_i C_{Hi} \Delta Q_{Hi} + \sum_k C_{Ck} \Delta Q_{Ck} \tag{4-71}$$

式中，$C_E(j)$ 为第 j 时间区段内的公用工程费用，元；ΔQ_{Hi} 为第 i 种加热公用工程在 j 时间间隔的消耗量，$kW \cdot h$；C_{Hi} 为第 i 种单位加热公用工程价格，元/($kW \cdot h$)；ΔQ_{Ck} 为第 k 种冷却公用工程在 j 时间间隔的消耗量，$kW \cdot h$；C_{Ck} 为第 k 种单位冷却公用工程价格，元/($kW \cdot h$)。

在投资费用中除了考虑换热单元（还要包括中间热贮存器从过程物流吸热和向过程物流放热的换热单元）外，还要考虑中间贮存器。中间贮存器的费用，不仅应包括其本身的制造成本，还应包括与其连接的管道、阀门、泵等辅助部件的费用。

由于中间贮存器在确定换热网络目标时就能确定其所需容量、温度水平等参数，因此能先于换热网络的设计确定其总容积及费用。

对于单个的热贮存器，有

$$C_s = C_{pow} N_d + C_{cap} \Delta Q_{st} \tag{4-72}$$

式中，C_s 为贮存器的总费用，元/年；N_d 为贮存器释放和吸收的功率，kW；C_{pow} 为与贮存器功率释放相关的费用系数；ΔQ_{st} 为热贮存器贮存容量，$kW \cdot h$；C_{cap} 为与热贮存器容量相关的费用系数。

在间歇过程中，由于在各时间段物流存在的情况不同，在一个时间区间存在的物流在另一时间区间可能不存在，因此可以引入离散的 0—1 变量用于表示每个换热单元的存在性以及中间贮存器的存在性，从而构造间歇过程换热网络的目标函数。目标函数取整个网络的年度费用达到最小为最佳。该目标函数包括了公用工程费用、换热设备费用与热贮存器费用（包括了固定费及与换热面积、贮存容器容积有关的费用）。

公用工程费用在整个间歇产品生产过程中都存在，但在不同时间区间对其需求不一样。以整个生产周期为研究时段，则有

$$I_1 = \sum_j C_E(j) \tag{4-73}$$

对于中间贮存器，若在第 j 时间区间有 $N_s(j)$ 个贮存器，则在整个间歇生产周期内，有

$$I_2 = \sum_j^{N_s(j)} \left[C_{pow}(j) N_d(j) + C_{cap}(j) \Delta Q_{st} \right] \tag{4-74}$$

对于换热设备单元，在一个间歇生产周期内，有

$$I_3 = \sum_j C_{HE}(j) \tag{4-75}$$

若间歇过程生产按单产品重复生产考虑，则每年内生产批次为 B（周期数），则该换热网络年度总费用 I（元/年）为

$$I = I_1 B + I_2 + I_3 \tag{4-76}$$

因而总的目标函数为

$$C = \min I = \min(I_1 B + I_2 + I_3) \tag{4-77}$$

4.11.4 间歇过程换热网络的设计

由于间歇过程热回收的复杂性，特别是许多情况下都只能通过中间热贮存回收和利用能量，使得间歇过程换热网络设计非常困难。尽管如此，借鉴连续过程换热网络设计的基本思想，同时考虑到中间热贮存带来的复杂性，结合启发法的思想，仍然可以比较容易地设计间歇过程换热网络。

在间歇过程热回收网络设计时，首先要解决直接热回收与（通过中间热贮存）间接热回收两者之间的相对量。由于中间热贮存回收热量总要增加较大的投资，因此在间歇过程热回收时应该首先考虑过程直接热回收。

间歇过程直接热回收的网络综合完全可以参照连续过程换热网络综合的方法，包括换热单元的合并，物流的分割，以及适当增加公用工程用量等方法，在每一个时间区间内对换热网络进行综合设计。所不同于连续过程的是，间歇过程直接热回收有时可以通过生产过程的重新排序而获得，即将原来不在一个时间区间的流股调整到一个时间区间，从而实现热量的直接回收。

但是涉及过程重组的问题，必须考虑在间歇生产工艺上的可行性。在工艺过程许可的条件下，过程重组直接热回收由于可以减少能量的贬值，可以实现对能量的最大回收。若工艺过程只允许部分重组或不允许重组，则需通过中间热贮存间接回收热量。但是，中间热贮存的介入，给网络综合带来了复杂性。因此，应该首先确定中间贮存量之后再来进行换热网络综合，这样在计算上就会有很大的方便。下面的分析假定已进行过程重组，而仅考虑间接热回收，分析在换热网络中如何处理间接热贮存。

对于需要热贮存（贮存器吸热、过程流股放热）的时间区间，可以将中间流体作为一股冷流体参与复合。在需要利用中间贮存热量（贮存器放热、过程流股吸热）时，将其作为一股热流体参与复合。这样就可以将中间流体吸热和放热的传热温差统一在夹点温差中考虑，不致得到过优的能量目标，因而热综合结果更符合过程实际情况。

下面仍以表 4-22 数据为例进行讨论。假定该间歇过程工艺不允许重组过程流股。则由时间序列图判断，h_2 热流股无冷流股与其匹配，只能用中间热贮存来回收。假定中间流体由 280℃贮能罐流向 380℃ 的贮能罐，在升温过程中通过一个换热器吸收了 h_1 过程流股的放热量，如图 4-162 所示。

在 0~1 时间区间的总吸热量为 200kW·h，中间贮存流体的总质量至少为

$$M = \frac{\Delta Q_s}{c_{st} \Delta t_s} \tag{4-78}$$

式中，ΔQ_s 为中间贮存器总吸热量，kW·h；c_{st} 为中间贮存器贮存介质的比热容，kJ/(kg·K)；Δt_s 为中间贮存器贮存介质的温度变化，℃。

在 1～2 时间区间，C_1 升温过程需要 200kW·h 加热公用工程，通过一个换热器实现，如图 4-163 所示。

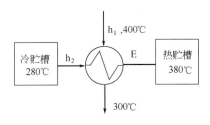

图 4-162　中间流体从过程
流股吸热的情况

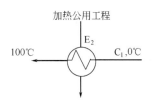

图 4-163　冷流股从加
热公用工程吸热

在 2～3 时间区间，用中间贮存流体放热来加热 C_2 流体到 360℃，再用 400℃加热公用工程加热到 380℃。而 H_2 物流则需要冷却公用工程冷却至 20℃（或用另一对低温热贮存器贮热），如图 4-164。

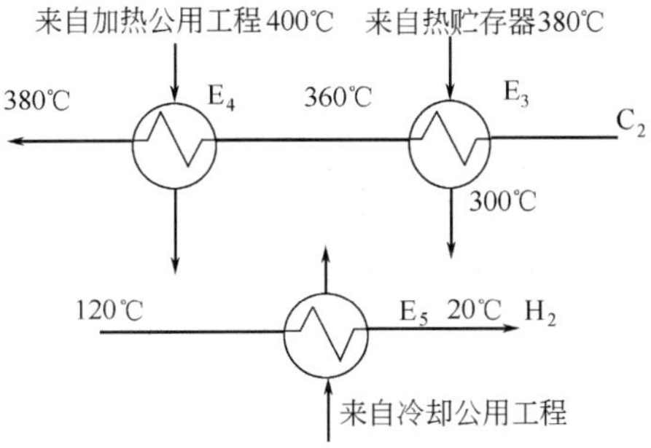

这样，要达到表 4-22 冷热物流的目标温度，就需要 5 个换热单元和 2 个热贮存器。若用 0～1 时间区间的贮存热量加热 1～2 时间区间的 C_1 物流，则可以节省一个换热器单元，即只用 4 个换热器和 2 个贮存器单元，但却要消耗较多的高品位的加热公用工程量。若完全不考虑热贮存回收热量，则只需要 4 个换热器，但公用工程目标就更大了。这三种方案的比较如表 4-25 所示。

图 4-164　C_2 和 H_2 两股物流的换热情况

表 4-25　不同热回收方案的比较（$\Delta t_{min} = 20$℃）

项　　目	方案一	方案二	方案三
公用工程加热量/(kW·h)	200(120℃)+40(400℃)	200(400℃)	400
公用工程冷却量/(kW·h)	200	200	400
所需换热器数目/个	5	4	4
所需热贮存器数目/个	2	2	0

表 4-22 所给定的 4 股物流比较特殊，因此对其进行过程综合是比较容易的。当过程物流数据较多时，仍然按以上步骤进行，只不过网络综合工作量要增大许多。另外，是否需要设置中间热贮存器，一定要根据生产规模及条件进行具体技术经济分析。因为中间热贮存必然带来了投资增加，而且也可能给过程物流的操作控制带来不便。一般地说，在时间过短、可回收的热量太少、温度水平太低时，以不设置中间热贮存器为原则。

下面对另一例间歇过程进行换热网络综合设计，物流原始数据如表 4-26 所示。表 4-26 所示物流的时序图表示如图 4-165。将表 4-26 的物流数据按照温度区间划分如图 4-166 所示。

表 4-26　过程物流数据（$\Delta t_{min} = 10℃$）

流股序号	流股类型	初始温度/℃	目标温度/℃	热容流率/(kW/℃)	开始时间/h	完成时间/h	CP×d*t*/(kW·h/℃)	热负荷/(kW·h)
1	H_1	170	60	4	0.25	1	3	330
2	H_2	150	30	3	0.3	0.8	1.5	180
3	C_1	20	135	−10	0.5	0.7	−2	−230
4	C_2	80	140	−8	0	0.5	−4	−240

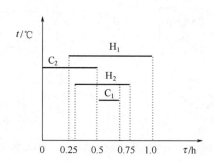

图 4-165　物流时序图

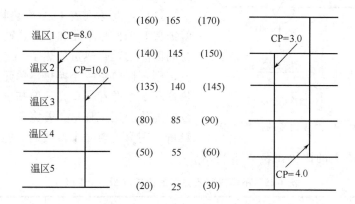

图 4-166　温度区间的划分

由时序图 4-165 可知，间歇过程物流存在于 6 个时间区间：0～0.25、0.25～0.3、0.3～0.5、0.5～0.7、0.7～0.8、0.8～1.0。从流股存在的特点直观推断，在 0～0.25 时间区间只有冷物流 C_2 需要加热公用工程，在 0.7～0.8、0.8～1.0 时间区间分别有热物流 H_1 和 H_2 需要冷却公用工程。只有在 0.25～0.3、0.3～0.5、0.5～0.7 三个时间区间有冷热物流共存，存在着冷热物流直接换热的可能性。进一步分析，0.25～0.3 时间区间的间隔太短，无论热量是否多余，可暂时不考虑热贮存。这样就只考虑 0.3～0.5、0.5～0.7 两个时间区间的间接热回收的可能性。应该首先确定直接热回收的可能性。为此，将先不考虑中间热贮存时各时间区间的物流用问题表法列出如表 4-27 所示。表 4-28 给出了考虑最小公用工程消耗量后的问题表结果。该表说明，在不同的时间区间，流股复合后的夹点位置是变化的。

表 4-27　不考虑中间热贮存时各时间区间的累积热量

温度/℃	0~0.25	0.25~0.3	0.3~0.5	0.5~0.7	0.7~0.8	0.8~1.0
165	0	0	0	0	0	0
	[0]	[-4]	[-16]	[-16]	[-8]	[-16]
145	0	4	16	16	8	16
	[10]	[1]	[1]	[-7]	[-3.5]	[-4]
140	-10	3	15	23	11.5	20
	[110]	[11]	[11]	[33]	[-38.5]	[-44]
85	-120	-8	4	-10	50	64
	[0]	[-6]	[-42]	[18]	[-21]	[-24]
55	-120	-2	46	-28	71	88
	[0]	[0]	[-18]	[42]	[-9]	[0]
25	-120	-2	64	-70	80	88

表 4-28　考虑最小公用工程消耗量各时间区间的热级联

温度/℃	0~0.25	0.25~0.3	0.3~0.5	0.5~0.7	0.7~0.8	0.8~1.0
165	120	8	0	70	0	0
	[0]	[-4]	[-16]	[-16]	[-8]	[-16]
145	120	12	16	86	8	16
	[10]	[1]	[1]	[-7]	[-3.5]	[-4]
140	110	11	15	93	11.5	20
	[110]	[11]	[11]	[33]	[-38.5]	[-44]
85	0	0	4	60	50	64
	[0]	[-6]	[-42]	[18]	[-21]	[-24]
55	0	6	46	42	71	88
	[0]	[0]	[-18]	[42]	[-9]	[0]
25	0	6	64	0	80	88

夹点

由表 4-28 可知，在 0~0.25 时间区间，只需要 120kW·h 加热公用工程量。

在 0.25~0.3 时间区间，需要 8kW·h 加热公用工程量和 6kW·h 冷却公用工程量。

在 0.3~0.5 时间区间，只需要 64kW·h 冷却公用工程量。

在 0.5~0.7 时间区间，只需要 70kW·h 加热公用工程量。

在 0.7~0.8 时间区间，只需要 80kW·h 冷却公用工程量。

在 0.8~1.0 时间区间，只需要 88kW·h 冷却公用工程量。

因此，若只考虑物流间的直接换热，而不考虑中间热贮存回收热量。则在 0~1h 周期内总计共需要 198kW·h 加热公用工程量和 238kW·h 冷却公用工程量。

由于在 0.3～0.5 时间区间存在着较多的富余热量，可以考虑通过中间热贮存回收和利用。分析表 4-28 第三列，可以发现在 165～145、85～55、55～25 三个温度区间有富余热量，但在 145～85 之间无多余热量。这说明在 85℃ 以上温度区间不应设置热贮存。因此可以通过构造一个附加热贮存冷流股，在小于 85℃ 的区间内吸收该时间区间的多余热量（64kW·h）。因此，取附加物流初始温度为 20℃，目标温度为 80℃，由此可得附加物流的热容流率为

$$CP = 64/[(80-20) \times 0.2] = 5.3333(kW/℃)$$

考虑附加物流后在 0.3～0.5 时间区间的复合结果如表 4-29 所示。

在 0.5～0.7 时间区间需要 70kW·h 加热公用工程量。由表 4-28 可知，可以在最小温度区间（夹点）以上的任何区间加入热量。但主要在 140℃ 以下的温度区间需要热量。而在 0.3～0.5 时间区间按稳态热回收达到的贮存介质温度为 80℃。将热贮存介质按附加热流股参与 0.5～0.7 时间区间的复合，附加流股的目标温度为 30℃，热容流率仍为 5.33kW/℃。则复合结果如表 4-30 所示。

由表 4-30 可见，将中间热贮存器的热量加入到 0.5～0.7 时间区间后，在该时间区间只需要消耗 28.67kW·h 的加热公用工程量，节省了 41.33kW·h。

表 4-29　考虑附加物流后在 0.3～0.5 时间区间的复合结果　　表 4-30　考虑附加物流后在 0.5～0.7 时间区间的复合结果

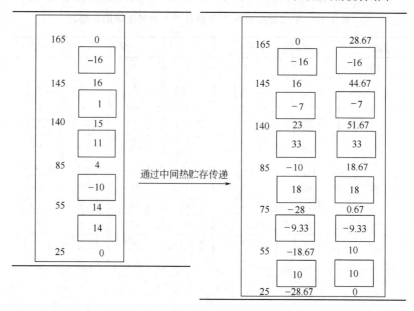

4.11.5　间歇过程工艺物流与公用工程的综合

在确定了过程的加热和冷却公用工程用量后，就可以设计公用工程系统满足过程生产的需要。公用工程系统各不相同。在中小企业加热公用工程一般采用锅炉蒸汽，大型企业除了蒸汽还可能采用自备电站。与连续过程相比，间歇过程对公用工程的需求具有十分明显的时变性特点。通常都是设计公用工程加热量（如锅炉单位时间产汽量）满足间歇过程中公用工程需求量最大的时间区间的要求。对冷却公用工程的设计也是如此。在需要低公用工程负荷的时间区间，公用工程设备不能在额定负荷下运行，设备效率很低，能耗很高，用能很不经济。因此，考虑工艺物流与公用工程的综合，对过程进行调优处理，使公用工程设备与过程

设备均能处于高效率运行，是过程综合研究的重要内容。

　　图 4-167 给出了以间歇过程物流数据表 4-22 未综合之前对公用工程加热量的需求变化曲线。由图可见，对公用工程加热量以及公用工程级别的需求随时间变化十分剧烈。考虑了中间热贮存回收热量后，对公用工程需求量的变化仍然很大。

　　公用工程需求量的变化非常大，对公用工程设备的运行和调节提出了极其严格的要求，也使公用工程设备利用率很低，必须加以改进。考虑采用热贮存回收公用工程多余热量，则可起到"填平补齐"的作用，具有很好的调平负荷作用。

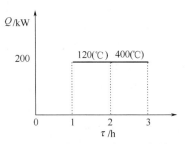

图 4-167　间歇过程物流对加热
公用工程的需求曲线

　　图 4-168 给出了加热公用工程处于满负荷条件下运行，但考虑到随过程物流对加热公用工程负荷的变化加装蒸汽贮存器的情况。

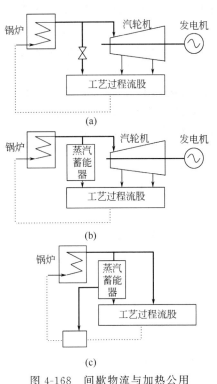

图 4-168　间歇物流与加热公用
工程综合的几种方案

　　图 4-168 中有以下几种方案选择。

　　从锅炉产生的蒸汽首先驱动蒸汽透平，从透平排出的低品位蒸汽再去满足加热公用工程的需要，这就是热电（功）联产的基本思想［图 4-168（a）］。在大型企业中采用自备电站就能实现该方案，因而对能源的利用是比较高的。但对于间歇过程而言，由于加热公用工程负荷随时间的波动较大，因此蒸汽透平输出功量的波动也很大。另外，安装蒸汽透平对锅炉蒸汽的质量品位有一定的要求，因此对中小企业一般不适合应用。

　　蒸汽透平多段抽汽可以满足工艺用能的不同品质需要，能够满足由总复合曲线确定的对加热公用工程级别的要求，因此是近年来颇受欢迎的节能途径之一。尽管抽汽机组本身没有凝汽机组的效率高，但由于抽汽的热量被充分利用了，因此总的热能利用率还是很高的。考虑到间歇过程的用能特点，改善蒸汽透平运行特性的一种方法是在锅炉出口安装蒸汽蓄能器。在满足蒸汽透平带有一定的基本负荷（因而保证了蒸汽透平的较高的运行效率）的条件下，由蒸汽蓄能器来调整、适应间歇过程物流对加热公用工程的时变性、周期性需要［图 4-168（b）］。但该方案中蒸汽蓄能器、蒸汽透平和工艺过程物流的耦合性极强，给操作控制提出了很高的要求。

　　对于不安装蒸汽透平的公用加热工程，分析蒸汽蓄能器适应工艺过程物流加热的需要，如图 4-168（c）所示。对于老厂而言，若不扩大生产，由于加热公用工程是按照满足瞬时最大加热负荷需要而设计的。在运行过程中要保持锅炉高效率，则产生了多余蒸汽（热量）。这些多余蒸汽如何利用呢？用累积蒸汽加热锅炉给水是节省燃料的一种较好方法。但一般情况下，总是供热量大于需热量，因此关键是要开辟新的应用。在既需要加热，又需要制冷的场合，可以给吸收式制冷机系统提供热源，从而取代蒸汽压缩式制冷系统。

对于老厂增加和扩大生产的情况，原有的加热公用工程设备要不要扩大呢？利用时间夹点法对公用工程和工艺过程物流进行复合，确定时间夹点，就可以比较方便地解决此问题。要确定原来的加热公用工程有多大余量，需要将扩大后的工艺物流与原有的加热公用工程在各时间区间复合，形成平衡的总复合曲线，如图 4-169 所示。假定原有公用工程与扩大生产后的工艺物流的复合曲线如图 4-169 所示，图中的线段斜率表示功率，纵坐标表示供、需热量，横坐标表示过程发生时间。公用工程加热线斜率与原有过程物流所需热量最大斜率相同。图中虚线表示原来过程物流的复合曲线。

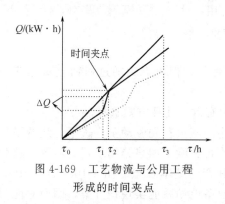

图 4-169　工艺物流与公用工程
形成的时间夹点

由图 4-169 可见，扩大生产后的工艺物流加热复合曲线与公用工程加热复合曲线形成了一个时间夹点。该时间夹点有什么意义呢？图中，在 $\tau_0 \sim \tau_1$ 时间里，加热公用工程用量比工艺物流所需热量多了 ΔQ。若在理想情况下将此热量贮存，则在 $\tau_1 \sim \tau_2$ 时间里，加热公用工程比工艺物流所需热量少提供了 ΔQ 的热量。利用热贮存，$\tau_0 \sim \tau_1$ 时间多余的热量正好用于 $\tau_1 \sim \tau_2$ 时间里的加热，而不需要增加加热公用工程容量。因此时间夹点确定了中间热贮存所需要的最小能力，是间接热回收的一个极限。也即在该图中，中间贮存最小热容量为 ΔQ。实际上，类似于温度夹点温差不能为 0 一样，时间夹点处的热量差也不能为 0。因为利用蒸汽累积器回收热量必然带来了能量的损失和贬值。

分析工艺物流复合曲线穿过加热公用工程复合曲线的情况（图 4-170）。在 $\tau_0 \sim \tau_2$ 时间里的情况与图 4-169 的讨论相同，该时间段的最小热贮存为 ΔQ_0。在 $\tau_2 \sim \tau_3$ 时间里，公用工程提供的热量比过程物流所需热量少了 ΔQ_1，这时候没有多余热量可以满足用热需求。虽然在 $\tau_3 \sim \tau_4$ 时间里有多余热量 ΔQ_1，但由于时间上的次序，不能用于 $\tau_2 \sim \tau_3$ 时间。这时，只能增加公用工程容量，以便满足工艺物流的用能需要。

由以上分析可以得到以下结论：由工艺物流形成的需热复合曲线不能穿越加热公用工程复合曲线，而

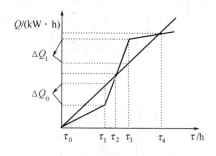

图 4-170　工艺物流复合曲线穿过
加热公用工程复合曲线

只能处于加热公用工程复合线的下侧；同理，对于工艺物流形成的给热复合线必须处于冷却公用工程复合线的上侧。

4.12　低温余热的有效回收

4.12.1　低温余热回收途径

大多数工业过程都需要通过化石能源燃烧提供过程所需热量、生产过程所需蒸汽或二次能源电能，即使在这些过程中已采用过程集成技术使能量得到有效利用，但往往仍然会有大量余热产生，如果不加以回收利用，这些余热将以各种形式排放至环境。直接废弃的余热占工业耗能至少 50%，余热资源约占其燃料消耗总量的 $17\% \sim 67\%$，其中可回收率达 60%。

按照温度高低分类，工业余热按照温度可分为高温余热（＞600℃），中温余热（230～600℃）和低温余热（＜230℃）。在余热回收的进程中，高温和中温余热首先得到回收，目前企业面临的基本是低温余热的回收利用问题。

低温余热回收途径无非是热利用、制冷利用以及动力回收。具体说，可以分为余热的直接热利用，余热的升级热利用，余热制冷、余热的动力回收。

下面介绍已经工业化利用的低温余热回收技术。

4.12.2　余热源的提质优化

低温余热回收中往往存在着热效率低、初投资高的问题。究其原因，是低温余热的温位低，热量中的㶲值低，故而回收时热效率必然低；而由于回收困难，初投资就高。如果有可能提高余热的温位，就可有效地提高热效率，降低初投资。这就涉及余热源的提质。

余热源是否存在提质潜力，可以通过比较总复合曲线（GCC）和余热复合曲线（WH-CC）的相对关系来确定。在给定冷热物流数据的情况下，根据夹点技术按照 4.6.1 节所介绍的方法可以得到该系统的总复合曲线，其夹点下方部分，去掉"口袋"后，代表了理想状况下余热源热量与温位的关系。而对于实际系统，将消耗冷却公用工程的物流定义为余热物流，按照 4.2.1 节构造复合曲线的方法，将这些物流所形成的复合曲线称为余热复合曲线。余热复合曲线代表了实际系统余热源热量与温位的关系。将余热复合曲线和总复合曲线画在同一坐标系中，两者的相对位置存在 5 种情况，如图 4-171 所示。

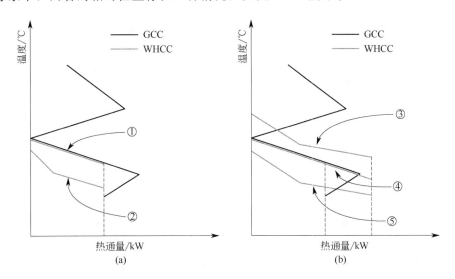

图 4-171　GCC 曲线与余热复合曲线相对位置关系图

在图 4-171(a) 中，余热总负荷与最小冷却公用工程量相同。这种情况说明此时换热网络合理，不存在不合理用能的情况，即换热网络不违背夹点设计三原则。此时余热复合曲线的位置与 GCC 曲线夹点之下的部分存在两种可能，即余热复合曲线与 GCC 曲线基本重合，或者余热复合曲线在 GCC 曲线下方。余热复合曲线与 GCC 基本重合的情况意味着，此时夹点之下的换热网络中，换热温差合理。这就意味着这时余热量的温位处于理想状况，没有提质的潜力。当余热复合曲线位于 GCC 曲线下方时，说明换热网络本身是合理的，但是存在换热温差较大的情况，导致余热降级。这种情况下，就存在余热源提质的潜力，即通过减小换热温差，将温位较高的热流置换出来从而提高余热的温位。图 4-172 给出了一个简单的例子，通过合理匹配换热，余热由 90℃ 升为 120℃。余热源提质的潜力即为余热复合曲线与 GCC 曲线之间的差异。

图 4-171(b) 中，余热总负荷大于 GCC 曲线上所需要的最小冷却公用工程用量。说明此时的换热网络存在不合理换热的情形，违反了夹点技术三原则，导致网络中所产生的余热负荷大于最小冷却公用工程用量。这种情形下，首先应该考虑换热网络的优化，减少余热产生量，节省高品位的加热公用工程。图 4-171(b) 中，余热复合曲线与 GCC 曲线的相对位置可能存在 3 种情形，即位置高于 GCC 曲线，与 GCC 曲线基本重合，以及低于 GCC 曲线。余热曲线高于 GCC 曲线，即比理想的余热温位还高，是因为换热网络中存在不合理的换热，消耗了更多的高品质的加热公用工程，以至产生了高于 GCC 曲线所确定的余热温位分布。若消除了换热网络中的不合理换热，余热的温位将下降。当余热曲线的位置与 GCC 基本重合时，说明虽然有不合理换热情形存在，夹点之下的换热网络余热降级问题并不严重。而当余热曲线低于 GCC 曲线时，此时说明不仅存在不合理换热，而且夹点之下的网络中物流传热温差大，高温位的工艺物流与较低温位的冷物流匹配，最终导致剩余的余热物流温位较低，不利于后续余热的利用。

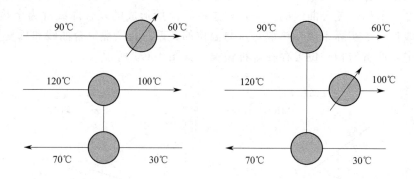

图 4-172　余热提质简单示例

对于一个实际的换热网络，可以通过 GCC 曲线与余热复合曲线的相对位置关系，来确定现行换热网络是否需要优化，以及余热源是否有提质的潜力，从而给出相应的优化方案。

图 4-173 给出了某渣油加氢装置换热网络的 GCC 曲线和余热复合曲线。可见，余热复合曲线总热负荷明显大于 GCC 曲线上的冷却公用工程，且余热曲线位置高于理想余热资源分布，说明换热网络不合理，高温位的余热资源是以消耗更高品质的公用工程获得的。首先应该优化不合理换热，从而节省公用工程。优化后的余热复合曲线见图 4-173 中实线所示，其基本与夹点之下的 GCC 曲线相重合。对比优化前的余热复合曲线（图 4-173 中虚线），余热的总热负荷和温位均显著下降，可节省加热公用工程（加热炉所用燃料）5887kW。

图 4-174 给出了某溶剂回收装置换热网络 GCC 曲线夹点之下部分余热复合曲线。余热复合曲线总热负荷与 GCC 曲线上的冷却公用工程量相差不大，但温位远低于 GCC 曲线，因此需要通过调整换热网络中冷热物流匹配温差，将热流较高温位部分置换出来，以提升要回收的余热源温位。余热源提质优化后的余热复合曲线为图中实线，其很接近 GCC 曲线。相比原余热复合曲线（图中点划线），由于余热温位的提高，不仅更易于回收，而且当回收 80℃ 以上温位热量时，可回收的热量从 2.56MW 提升到 7.97MW。

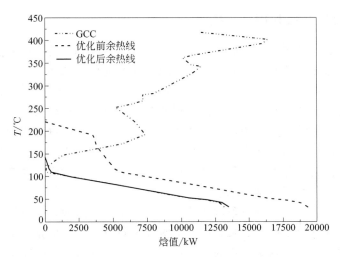

图 4-173　某渣油加氢装置换热网络优化前后余热复合曲线对比

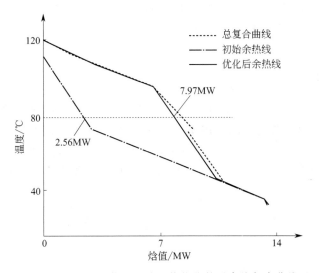

图 4-174　某溶剂回收装置换热网络优化前后余热复合曲线对比

4.12.3　余热的直接热利用

　　如果有合适的热阱，将余热直接作为加热热源，是最经济的余热利用方式，因而应该是优先采用的余热回收途径。

　　在考虑余热的直接热利用时，应首先考虑同装置内的换热，其次考虑装置/厂际间热联合，最后考虑非生产用热如采暖等。

　　同装置内的换热，即换热网络优化，可按照 4.5 节中的方法进行。这样，通过冷热物流的合理匹配，节省高品位的公用工程。

　　装置/厂际间热联合，可按照 4.10 节中的方法进行。这样，把某些装置多余的热量，用在其他一些有较低品位热量需求的装置。

　　考虑非生产用热，如冬季采暖，甚至是居民区的供暖，这种直接热利用的缺点是用热具有季节性，还需考虑非采暖季余热的利用。

4.12.4 余热的升级热利用——热泵

如4.6.4节所述，热泵是一种能使热量从低温物体转移到高温物体的能量利用装置，当余热的温位不足以直接加热某些热阱时，可通过热泵提升温位，从而把那些不能直接利用的低温热能变为有用的热能。

常用的热泵有压缩式、吸收式、蒸汽喷射式和第二类吸收式热泵，在4.6.4节中对每一种热泵均做了介绍。这几种热泵中，除了压缩式热泵是以消耗机械能为代价而制热的，其他几种热泵均消耗热能。在以热能为驱动的热泵中，只有第二类吸收式热泵的驱动热源温度低于热泵供热温度，因此，此类热泵只能把不到一半的余热提升到供热温度，而其他热泵所能提升到供热温度的热量均超过余热总量。

从能量利用的角度考虑，当不限制所获取热量的量时，压缩式热泵最好，第一类吸收式热泵次之，接下来是蒸汽喷射式热泵，第二类吸收式热泵最差。但是，由于热泵能够提升的温差有限，通常这样温位的热量用户的需求有限。当考虑到有限的热需求时，将其表示为热需求与余热量之比（热量比），可以发现，随着热量比的下降，压缩式热泵、第一类吸收式热泵以及蒸汽喷射式热泵之间的相对优劣保持不变，而第二类吸收式热泵则越来越优，当热量比小于0.55时，其显示了最好的性能。

4.12.5 吸收式制冷

吸收式制冷是吸收式热泵的逆循环，如图4-175所示。虽然吸收式制冷也存在工质对的选择，但用于低温余热回收时，均采用溴化锂-水作为工质对，因为溴化锂-水制冷机具有设备简单投资低的优点。在溴化锂-水工质对中，溴化锂为吸收剂，水为制冷剂。使用水作为制冷剂，所得冷量必须为0℃以上，通常为7℃（对应蒸发温度5℃）及以上。

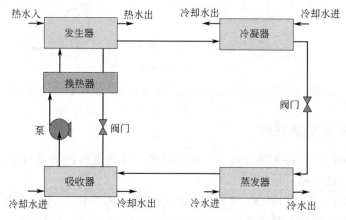

图4-175 溴化锂-水为工质对的单效吸收式制冷循环原理图

采用㶲效率为评价指标时，可以发现制冷系统不同蒸发温度对应有最优的余热源温度，如图4-176所示。

石家庄某化肥公司利用尿素系统产生的蒸汽冷凝液（130℃）和工艺热水（90℃）通过溴化锂制冷机组制取冷水，用于冷却脱碳工段碳丙液，取代冰机提供冷量。其制冷量为1279kW，投资约150万元，经济效益为135.6万元/年（包括制冷机组节电和因碳丙液温度下降导致循环量下降的节电效益）。

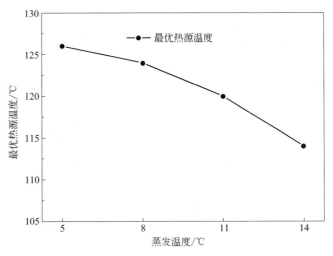

图 4-176　不同蒸发温度下的最优热源温度

当采用余热采暖时，存在夏季余热不能用于采暖的劣势。此时夏季可采用吸收式制冷，使余热得到较充分利用。辽河石化采用低温余热型溴化锂制冷机组，制取 7℃/12℃ 冷水，用于办公区 12000m² 夏季空调。回收余热 6696MW，电耗从 560kW·h 下降到 22kW·h，每个夏季节能 800t 标准煤。

4.12.6　余热的动力回收

已商业化的低温余热动力回收技术有卡琳娜循环和有机朗肯循环。卡琳娜循环以氨水混合物作为循环工质，其系统简图如图 4-177 所示。由于氨水混合物在变温过程中实现沸腾和冷凝的特性，使循环工质能够更好地与低温热源匹配，显著地提高系统的循环效率。有机朗肯循环采用低沸点有机物作为动力循环工质，同样减少了动力循环传热阶段的㶲损失，提高了能源的利用效率，其系统简图如图 4-178 所示。对比有机朗肯循环和卡琳娜循环流程简图，可以发现有机朗肯循环的流程工艺简单许多，更易于操作，这是由于相对于卡琳娜循环工质为氨水混合物，有机工质具有恒定的沸点，不需要闪蒸罐等单元调整循环工质的浓度。两种循环吸热过程在温-焓图（T-H 图）上的对比见图 4-179，可见两种循环性能的主要差异在于相变换热过程，卡琳娜循环的相变过程是变温的，而有机朗肯循环的相变过程是恒温的。

对于卡琳娜循环，循环工质浓度和压力对透平做功能力和循环系统㶲效率有显著的影响，存在着对应系统㶲效率最高的最优循环工质浓度和压力。

对于有机朗肯循环，对系统㶲效率有显著影响的主要有工质的选择和蒸发温度。工质的干湿性、蒸汽密度、临界温度、相对分子质量、凝固点以及环境友好性是有机工质的主要参考标准，良好的有机工质能够更好地与热源匹配。常用的具有较好性能的工质有正丁烷、异丁烷、R134a、R245FA 等。在低温余热中，有些以潜热的形式存在，有些以显热的形式存在，有些既有潜热也有显热，称为复合性余热资源。对于显热余热资源，余热目标温度没有限制时，工质临界温度低于余热入口温度 25～35℃ 的工质是最佳工质。当余热的目标温度有约束时，余热的目标温度越高，最佳工质的临界温度越高。对于潜热余热资源，所有工质的余热回收能力并无差别，应选择具有较高循环热效率的工质。对于复合性余热资源，潜热

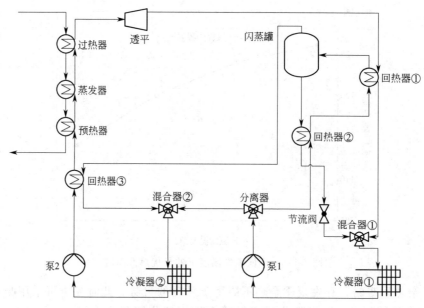

图 4-177 卡琳娜循环系统简图

与显热的比例 R 是影响工质选择的最重要的参数，当 R 很小的时候，工质的选择与潜热热源很类似，当 R 很大时，工质的选择与显热热源工质筛选类似。当余热目标温度没有限制时，在不同的余热入口温度下，使余热能够完全回收的最小潜热比例如表 4-31 所示。

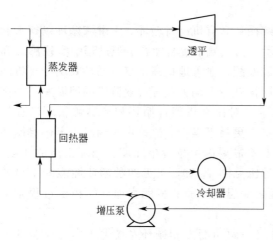

图 4-178 有机朗肯循环系统简图

对于一定的余热源，从有效利用能量的角度考虑，究竟选择卡琳娜循环还是选择有机朗肯循环，应根据余热源曲线与循环工质吸热线两者的贴近程度考虑。这两条线之间所夹的面积，定性地代表了工质吸热过程的㶲损失。因此，所夹面积越小越好，即应选择所夹面积小者。一般来说，如图 4-180 所示，对于显热型余热［图 4-180（a）］，卡琳娜循环较好［图 4-179（b）］；对于潜热型余热［图 4-180（b）］，有机朗肯循环较好［图 4-179（a）］；对于复合型余热［图 4-180（c）］，则取决于潜热与显热的比值，不同余热初始温度所对应的潜热/显热比例转折点见表 4-31。

表 4-31　不同余热初始温度所对应的最小潜热/显热比例 R

温度/℃	100	110	120	130	140	150	160	170	180	190	200
最小潜热/显热比例 R	2.3	2	1.7	1.4	1	0.8	0.7	0.6	0.5	0.4	0.3

如果余热源为多股物流，则按照余热复合曲线，可将余热资源大致分为三类，即凹形余热资源［图 4-181（a）］、凸形余热资源［图 4-181（b）］和直线形余热资源［图 4-181（c）］。由于余热线斜率绝对值的倒数表示余热资源的热容流率，当余热线为凹时，表示余热资源中低温余热资源的热容流

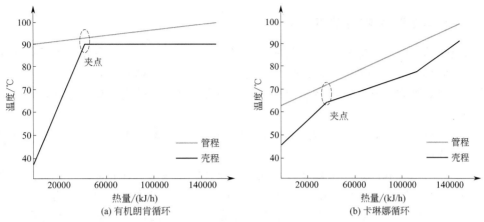

图 4-179　卡琳娜循环与有机朗肯循环吸热过程 T-H 图

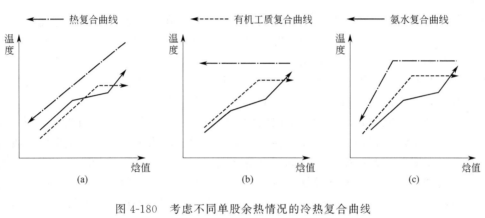

图 4-180　考虑不同单股余热情况的冷热复合曲线

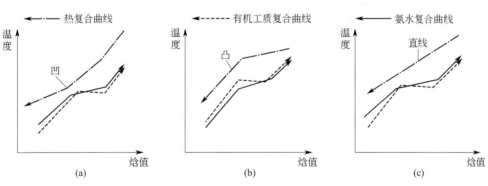

图 4-181　考虑不同多股余热情况的冷热复合曲线

率高于高温余热资源热容流率；当余热线为凸时，表示余热资源中高温余热资源的热容流率高于低温余热资源热容流率；当余热线为一条直线时，表示余热资源在各温位均匀分布。

　　直线型余热资源的情形与上面的显热型或潜热型相同。在凹形余热资源的回收工作中，卡琳娜循环系统总的㶲转化效率和热转换效率均要高于有机朗肯循环，因此选择卡琳娜循环系统更为合适。在凸形余热资源的回收中，卡琳娜循环系统总的㶲转化效率和热转换效率要低于有机朗肯循环。因此，在凸形余热资源的回收工作中，选用有机朗肯循环系统更为合适。

4.12.7 不同余热回收方式的比较

低温余热的回收利用方式有以下四种：①直接热利用；②升级热利用，即采用热泵方式的热利用，而热泵可以是机械压缩式热泵、吸收式热泵、蒸汽喷射式热泵，以及第二类吸收式热泵；③余热吸收式制冷；④余热动力回收，动力循环可以是有机朗肯循环，以及卡琳娜循环。

在考虑余热利用方式时，针对余热的温-焓特性，究竟哪一种方式，从能量有效利用的角度，是最合理的？

低温余热的回收利用，与常规能量系统的不同之处，就在于在其能量中，㶲占的比例较小，而㶲占的比例较大。余热的温位越低，该特性越突出。因此，合理的余热回收方案，必须从两个方面考虑。首先，余热中的㶲要最大可能地回收利用，尽量减少回收过程的不可逆损失；另一方面，余热中的㶲也要尽可能多地利用，以减少其他供能方式中需要用㶲来弥补这部分㶲。

由于只有热利用能够更多地利用到余热中的㶲，因此在低温余热回收中应优先考虑热利用。当余热的温位直接可以满足热用户时，采用直接热利用；当余热的温位不足以满足热用户时，采用热泵方式进行升级热利用。

对于热泵与吸收式制冷方式的比较，由于热泵能够更好地利用余热中的㶲，故当这两种用户均存在时，采用热泵回收余热要优于采用吸收式制冷回收余热。

对于动力循环与吸收式制冷的余热回收性能比较，由于冷量和电量的能级不同，采用功量作为统一的基准，进行两种循环能量性能的比较。对于动力循环，该功量即为回收余热产生的功量；对于吸收式制冷循环，为同样冷量下蒸汽压缩式制冷所需的功量。当动力循环能够产生较多的功量时，动力循环较好，应优先选择；反之，则吸收式制冷循环较好。结果表明，当热源温度低于175℃时，蒸汽压缩式制冷的需功量大于动力循环所得功量，而当热源温度高于175℃时，蒸汽压缩式制冷的需功量小于动力循环所得功量。因此，当余热热源温度高于175℃时，余热利用方式优先考虑吸收式制冷；当余热热源温度为高于175℃时，余热利用方式优先考虑动力循环。

符 号 表

A	换热面积，m^2	H	焓，kW
a，b，c	价格常数	h	传热膜系数，kW
B	年运行小时数，h/年		/(m^2·℃)；比焓，kJ/kg
C	费用，元，或	L	独立的热负荷回路数目
	元/kW，或元/年	m	质量，kg
COP	热泵性能系数	N	流股数目
CP	热容流率，kW/℃	Q	热量，kW
c_p	比热容，kW/(kg·℃)	Q_0	系统所放出的高于
E	能量，kW		环境温度的热量，kW
F	流量，kg/s	P	价格

p	压力，Pa	w	比功，kJ/kg
PBP	简单回收期，年	X	节省的供热费用，元/年
PER	一次能源利用系数	Y	热效率与余热回收
Q	热量，kW		率的乘积；投资费，元
q	一股流的热负荷，kW；	Z	输入能量的费用，元/年
	单位物质的传热量，kJ/kg	γ	输入能量价格与热价之比
R	设备折旧年限，年	ΔT	温差，℃
S	可能分离成不相	Σ	总和
	关子系统的数目	η_t	热效率
T	温度，℃	θ	设备价格与热价之比
U	换热单元数目	ξ	溶液浓度
u	喷射系数	τ	时间
W	功，kW		

上角标

Max	最大

下角标

A	吸收器	N	换热设备投资
C	冷流体，	out	出口
	冷却公用工程；冷凝器	P	泵
CON	冷凝	R	热回收
cr	临界	REA	反应
D	精馏	REB	再沸
E	能量；蒸发器	r	出口
G	发生器	S	供应
H	热流体，加热公用工程	T	目标，总
I	输入	THR	阈值
in	入口	0	环境
min	最少，最小		

参考文献

[1]　Linnhoff B，et al. User Guide on Process Integration for the Efficient Use of Energy. U. K. ：IChemE，Rugby，1982.

[2]　Linnhoff B，Vredeveld D R. Pinch Technology Has Come of Age. Chem Eng Prog，1984，(7)：33-40.

[3]　Linnhoff B，Ahmad S. Cost Optimum Heat Exchanger Networks. Part 1. Minimum Energy and Capital Using Simple Models for Capital Cost. Comp & Chem Eng，1990，14 (7)：729-750.

[4]　Ahmad S，Linnhoff B，Smith R. Cost Optimum Heat Exchanger Networks. Part 2. Targets and Design for Detailed Capital Cost Models. Comp & Chem Eng，1990，14 (7)：751-767.

［5］ Douglas J M. Conceptual Design of Chemical Processes. McGraw-Hill Book Company，1988.

［6］ Yee T F，Grossmann I E. A Screening and Optimization Approach for the Retrofit of Heat Exchanger Networks. Ind Eng Chem Res，1991，（30）：146-162.

［7］ Hall S G，Ahmad S，Smith R. Capital Cost Targets for Heat Exchanger Networks Comprising Mixed Materials of Construction，Pressure Ratings and Exchanger Types. Comp & Chem Eng，1990，14（3）.

［8］ Colberg R D，Morari M. Area and Capital Cost Targets for Heat Exchanger Networks Synthesis with Constained Matches and Unequal Heat Transfer Coefficients. Comp & Chem Eng，1990，14（1）.

［9］ Carlsson A，Franck P and Berntsson T. Design Better Heat Exchanger Network Retrofits. Chem Eng Prog，1993，（3）：87-96.

［10］ Townsend D W and Linnhoff B. Heat and Power Networks in Process Design. AIChE J.，1983，29（5）：742-771.

［11］ Smith，R. Chemical Process Design，McGraw-Hill，Inc.，1994.

［12］ 李有润. 过程系统节能技术. 北京：中国石化出版社，1994.

［13］ 崔明珠，冯霄. 挟点技术的原理及其应用. 油田节能，1997，8（1）.

［14］ 王彦峰，冯霄. 换热网络的阈值问题的改进研究. 现代化工，1999，增刊.

［15］ 石李胜，冯霄，蒋立本. 润滑油加氢补充精制装置的热集成. 过程系统工程年会论文集，中国石化出版社，2001.

［16］ 奚西峰，冯霄，王黎，等. 柴油加氢装置集成改造. 化学工程，2001，29（4）：36-38.

［17］ 冯霄，王黎，奚西峰. 小能耗装置的热集成改造. 西安交通大学学报，2001，35（2）.

［18］ 蒋立本，冯霄，丁生华，等. 受网络夹点控制的装置的改造分析. 高校化学工程学报，2001，15（2）：161-166.

［19］ 蔡砚，冯霄. 加氢裂化装置换热网络的节能改造. 现代化工，2006，26（增）：289-294.

［20］ 孙艳泽，冯霄. 芳烃抽提装置换热网络节能改造. 计算机与应用化学，2006，23（2）：161-164.

［21］ 冯霄，赵驰峰，孙亮. 聚氯乙烯装置热集成，节能技术，2006，24（1）：3-5.

［22］ 冯霄，李晋东. 化工系统节能"瓶颈"的辨识及解"瓶颈". 化学工程. 2005，33（3）：43-46.

［23］ 赵艳微，冯霄. 芳烃厂异构化装置换热网络的节能改造. 节能，2005,（1）：43-46.

［24］ 孙艳泽，冯霄. 具有不同操作工况的装置的热集成. 高校化学工程学报，2007，21（5）：843-848.

［25］ Feng Xiao. Work Target of Engines and Heat Pump in Process Integration. ECAC'95，London，1995.

［26］ 范维，王彧斐，冯霄，黄可锋. 确定公用工程夹点温差的新方法. 石化技术与应用，2008，26（1）：23-26.

［27］ 贺阿特，冯霄，隋新华，等. 蒸汽动力系统可调节性分析，热能动力工程，2000，15（3）：226-228.

［28］ 张早校，冯霄，郁永章. 制冷与热泵. 北京：化学工业出版社，2000.

［29］ 黄可锋，冯霄. 乙烯装置制冷系统的用能分析. 石油化工，2007，36（9）：940-943.

［30］ Linnhoff，B. and Witherell，W. D. Pinch Technology Guides Retrofit. Oil & Gas J.，1986，84：54-65.

［31］ Yufei Wang，Khim Hoong Chu，and Zhuofeng Wang. Two-Step Methodology for Retrofit Design of Cooling Water Networks，Industrial & Engineering Chemistry Research，2014，53，274-286.

［32］ Jin Sun，Xiao Feng，Yufei Wang，Chun Deng，Khim Hoong Chu. Pump network optimization for a cooling water system，Energy，2014，67，506-512.

［33］ Jin-kuk Kim，Robin Smith. Cooling water system design. Chemical Engineering Science，2001，56（12）：3641-3658.

［34］ Dhole，V. R. and Linnhoff，B. Distillation Column Targets. Comp. & Chem. Eng.，1993，17（5/6）：549-560.

［35］ 魏颖，冯霄. 塔系热集成问题的研究及进展. 石油和化工节能，2007,（5）：3-6.

［36］ Smith R and Linnhoff B. The Design of Separators in the Context of Overall Process. Chem. Eng Res，1988，66：195-228.

［37］ Smith R and Jones P S. The Optimal Design of Integrated Evaporation Systems. Heat Recov Sys & CHP，1990，10（4）：341-368.

［38］ Liebmam K，Dhole V R. Integration Crude Distillation Design. Comp & Chem Eng，1995，19.

［39］ Feng Xiao，Robin Smith. Case Studies of Heat Integration of Evaporation Systems. Chinese Journal of Chemical Engineering，2001，9（2）：224.

［40］ M Cui，X Feng，Z Zhang. Heat Integration for Different Separation Processes. Chinese Journal of Chemical Engineering，1999，7（2）.

［41］ Feng Xiao，Berntsson T. Determination of the Optimal Rankine Cycle for Waste Heat Recovery. Chinese Journal of

Chemical Engineering，1997，5.

[42] Feng X，T Berntsson. Critical COP for an Economically Feasible Industrial Heat Pump Application. Applied Thermal Engineering，1997，17（1）.

[43] 鹿方，冯霄，胡志伟. 工业热泵的经济性研究. 西安交通大学学报，2000，34（2）.

[44] Yang Minbo，Li Ting，Feng Xiao，Wang Yufei. A Simulation-based Targeting Method for Heat Pump Placements in Heat Exchanger Networks. Energy 2020，203，117907.

[45] Yang Minbo，Feng Xiao，Chu Khim Hoong. Graphical Analysis of the Integration of Heat Pumps in Chemical Process Systems. Ind Eng Chem Res 2013，52，（24），8305-8310.

[46] Fang Lu，Xiao Feng（冯霄），Gensuo Zhang et al. Optimization of the Ejector Flashing Regeneration in Benfield Carbon Dioxide Removal System. Journal of Chemical Engineering of Japan，1153-1158，2001，34（9）：1153.

[47] 冯霄，顾兆林，凌琴根，等. 烧碱蒸发工段的热集成. 热力学分析与节能论文集. 科学出版社，1999.

[48] 刘桂莲，刘宗宽，冯霄，等. 用总复合曲线确定精馏塔的热集成. 石油化工，1999，28（2）.

[49] 刘桂莲，奚西峰，冯霄. 温差贡献值法中参考物流的确定. 石油化工，2001，30（3）：215.

[50] 刘桂莲，冯霄，刘军平，等. 考虑不同温差贡献值时的热集成. 石化技术与应用，2000，18（3）：129.

[51] Yufei Wang，Wei Wang，Xiao Feng，Heat Integration Across Plants Considering Distance Factor，Chemical Engineering Transactions，2013，35，25-30.

[52] Yufei Wang，Xiao Feng，Khim Hoong Chu. Trade-off between energy and distance related costs for different connection patterns in heat integration across plants，Applied Thermal Engineering，2014，70，857-866.

[53] Yufei Wang，Xiao Feng，Chenglin Chang，Heat integration between plants with combined integration patterns，Chemical Engineering Transactions，2014，39，1747-1752.

[54] Yang Minbo，Yang Jiaxin，Feng Xiao，Wang Yufei. Insightful Analysis and Targeting of the Optimal Hot Feed toward Energy Saving. Ind. Eng. Chem. Res. 2020，59（2），835-845.

[55] 张早校，冯霄，郁永章. 间歇过程热回收目标的研究. 西安交通大学学报，2000，34（8）.

[56] 崔明珠，冯霄，张文玲，等. 间歇过程的热集成. 化学工程，1999，27（5）.

[57] X. Feng，X. X. Zhu. A General Combined Pinch and Exergy Approach，Thermodynamic Analysis and Improvement of Energy Systems. Beijing：Beijing World Publishing Corporation，1997.

[58] 王彦峰，冯霄. 合成氨变换工序 Ω-H 图法分析. 化工进展，2000，19（1）.

[59] Feng X，Zhu X X. Combining Pinch and Exergy Analysis for Process Modification. Applied Thermal Engineering，1997，17（3）.

[60] 张早校. 间歇过程用能诊断及调优的理论与应用研究（博士学位论文）. 西安：西安交通大学，1998.

[61] 连红奎，李艳，顾春伟. 我国工业余热回收利用技术综述. 节能技术，2011，29（2）：123-128.

[62] 冯惠生，徐菲菲，刘叶凤，等. 工业过程余热回收利用技术研究进展. 化学工业与工程，2012，29（1）：57-64.

[63] Haoshui Yu，Xiao Feng，Yufei Wang，Lorenz T. Biegler，John Eason. A Systematic Method to Customize an Efficient Organic Rankine Cycle（ORC）to Recover Waste Heat in Refineries，Applied Energy，2016（179）：302-315.

[64] Yufei Wang，Chensheng Wang，Xiao Feng. Optimal Match Between Heat Source and Absorption Refrigeration，Computers and Chemical Engineering，2017（102）：268-277.

[65] Haoshui Yu，Xiao Feng，Yufei Wang，A New Pinch Based Method for Simultaneous Selection of Working Fluid and Operating Conditions in an Organic Rankine Cycle（ORC），Energy，2015，90：36-46.

[66] Yufei Wang，Qikui Tang，Mengying Wang，Xiao Feng. Thermodynamic Performance Comparison Between ORC and Kalina Cycles for Multi-stream Waste Heat Recovery，Energy Conversion and Management，2017（143）：482-492.

[67] 王梦颖，冯霄，王彧斐. 不同余热情况下有机朗肯循环和卡琳娜循环能量性能对比，化工学报，2016，67（12），5089-5097.

[68] Mengying Wang，Yufei Wang，Xiao Feng，Chun Deng，and Xingying Lan. Energy Performance Comparison between Power and Absorption Refrigeration Cycles for Low Grade Waste Heat Recovery，ACS Sustainable Chem. Eng. 2018，6，4614-4624.

第 **5** 章

水系统集成和氢系统优化

5.1 绪论

在化工过程中，不仅直接使用能量的过程要考虑能量的节约，而且还可以通过物料的节约取得节能效果。本章所介绍的水系统集成技术和氢系统优化技术就是这样的技术。

水对人的生命和健康以及生态系统是至关重要的，并且是国家发展的基本条件之一，但是全球人类缺乏安全的足够的水资源以满足基本生活需要。水资源以及提供和支持水资源的相关生态系统面临着来自污染、非可持续性使用、土地使用变换、气候变化及其他诸多方面的威胁。

20 世纪世界人口增加了近 3 倍，淡水消耗量增加了约 6 倍，其中工业用水增加了 26 倍，而世界淡水资源总量基本不变，到 20 世纪末人均占有水量仅是世纪初的 1/18。目前世界约有 1/3 的人口面临供水紧张的威胁，照这种趋势发展下去，30 年后世界将有 15×10^8 人缺少饮用水，再过 50 年，缺少饮用水的人口将达到 20×10^8。水资源短缺的问题日益严重。水资源危机带来的生态系统恶化和生物多样性破坏，也将严重威胁人类生存。

同时，日益严重的水污染蚕食大量可供消费的水资源。随着工业的迅速发展，目前全世界每年排放工业废水约 $4260 \times 10^8 m^3$，这使可供人类使用总量 1/3 的淡水资源受到污染，导致本来就很紧张的淡水资源雪上加霜。据有关资料，1995 年有 20％的人口缺乏安全饮用水。世界卫生组织统计，每年至少有 1500×10^4 人死于水污染引起的疾病。

我国水资源短缺问题与世界相比更加突出。据联合国调查资料，我国人均水资源量仅是世界人均占有量的 1/4，居世界 149 个国家的第 110 位，是世界上主要缺水国之一，是公认的"贫水国"。我国水利专家预测，2020 年我国缺水将超过 $300 \times 10^8 m^3$；另据有关经济学家预测，到 2030 年中国工业用水将从每年 $520 \times 10^8 m^3$ 增加到 $2690 \times 10^8 m^3$。水资源短缺不仅影响工业的发展，成为制约经济发展的主要因素，而且严重影响人民的生活质量和社会的安定。

一方面闹水荒，另一方面水的浪费现象严重。除农业用水浪费严重外，工业用水浪费问题也很突出。国内加工吨油的耗水量是国外的近 5 倍，其他工业产品的耗水量均比国外高出数倍。据美国世界观察研究所报告，中国生产 1t 乙烯所需的水相当于日本或美国的 3～6 倍。我国工业水重复利用率低，一般只有 30％，德国高达 64％，日本为 60％。在输水、耗水和水重复利用等方面，我国与国外相比差距很大。

要深入做好节水减污工作，就应从系统的角度考虑水的有效利用，即把整个用水系统作为一个有机的整体进行集成。采用水系统集成技术后，新鲜水消耗量和废水排放量可以同时减少。

中国水资源问题严重影响中国人口、资源、环境与经济社会的协调发展，是中国经济社会发展的重要制约因素。因此，在我国，水危机比能源危机更为严峻，节水工作刻不容缓。

过程工业是用水大户，也是废水排放大户，因此，过程工业的节水减排，具有重大的经济和环境需求。

对于氢而言，原油在炼化企业中经过一系列的工艺流程加工成多种产品，工艺流程中包含着许多用氢过程。近年来，随着市场对油品质量要求的不断提高和环境保护法规的不断加强，加氢工艺得到了广泛的应用，炼化企业对氢气的需求迅速增加，而氢气的生产成本也呈上升趋势。因此，优化氢气网络，合理利用氢气资源，对炼化企业的节能降耗，降低生产成本具有重要意义。

5.2　常用节水方法与用水单元模型

5.2.1　常用节水方法

在实际生产过程中，有四种常用的节水方法：

① 改善工艺过程，减少过程的耗水量；

② 废水直接回用，从某个用水单元出来的废水直接用于其他用水单元而不影响其操作；

③ 废水再生回用，从某个用水单元出来的废水经处理后用于其他用水单元；

④ 废水再生循环，从某个用水单元出来的废水经处理后回到原单元再用。

常规的节水策略主要通过直观定性分析，通常着眼于单个的单元操作或局部用水网络，只能达到一定的节水目的，不能使整个用水系统的新鲜水用量和废水产生量达到最小。而水系统集成技术把企业的整个用水系统作为一个有机的整体来对待，考虑如何分配各用水单元的水量和水质，以使系统水的重复利用率达到最大，同时废水的排放量达到最小。水系统集成技术能取得最大的节水效果，成为当前研究的热点。

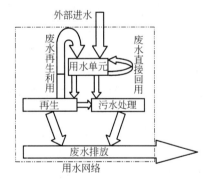

图 5-1　用水网络示意

水系统集成属于过程集成的一种，主要研究如图 5-1 所示的用水网络，使其新鲜水消耗和废水排放达到最小。

5.2.2　用水单元模型

一般来说，从一个用水单元出来的废水如果在浓度、腐蚀性等方面满足另一个单元的进口要求，则可为其所用，从而达到节约新鲜水的目的。这种废水的重复利用是节水工作的主要着眼点。

一种简便的方法是将工业用水单元描述为从富杂质过程物流到水流的传质过程，如图 5-2 所示。在该单元中，过程物流与水逆流接触，过程物流中的杂质在传质推动力作用下进入水

图 5-2　用水单元模型

中，使过程物流所含杂质浓度降低，而水中的杂质浓度升高。这里的杂质可以是固体悬浮物（SS）、化学需氧量（COD）、钠离子（Na^+），或过程中某些限制水回用的水质浓度水平。

　　为了便于理解，下面在介绍有关概念时，先以单组分杂质系统为例。

　　杂质的传递过程可由式(5-1) 计算

$$F = \frac{M}{c_{Out} - c_{In}}\tag{5-1}$$

式中　　F——水的流率，t/h；

　　　　M——杂质负荷，g/h；

c_{In}，c_{Out}——水的进、出口浓度，mg/L。

　　这里假定没有水损失，且物质传递量与浓度变化呈线性关系。对于显著的非线性传递过程，可以在局部小范围内看作是线性的。

5.2.3　负荷-浓度图与水极限曲线

　　用水单元中的杂质传递过程可以用图 5-3 所示的负荷-浓度图来表示。横坐标 M 代表杂质负荷，纵坐标 c 代表杂质浓度。浓度是绝对的，即曲线不可上下移动；而杂质负荷是相对的，只关心其进、出口的差值，因此曲线可以左右平移。浓度最高的为物料线，较低的几条为供水线。供水线的左端点的纵坐标表示用水单元水的进口处水中的杂质浓度，右端点的纵坐标表示用水单元水的出口处水中的杂质浓度。供水线斜率的倒数，为水的流率，如式(5-1) 所示。因此，在一定的进口浓度下，出口浓度越大，供水线斜率越大，水的流率越小。供水线与物料线之间的垂直距离，为浓度差，代表了过程的传质推动力。通常进口浓度在一定范围内的水以及一定范围内不同的水的流率能够满足过程的需求，因此，能够满足过程需求的供水线有多种选择，如图 5-3 物料线下的多条供水线。

　　为了确定别的单元来的废水能被本单元再利用的可能性，需要指定本单元最大允许进口浓度（c_{In}^{max}），称为极限进口浓度；同时，为了确定所需水的最小流率，需要指定本单元最大出口浓度（c_{Out}^{max}），称为极限出口浓度。这样就得到了该单元用水的极限曲线（图 5-3 中物料线下的实线）。用水单元的供水线并不要求是水的极限曲线，水的极限曲线只是给出了供水线的一个极限。由图可以看出，位于极限曲线下方的供水线均可满足过程要求。

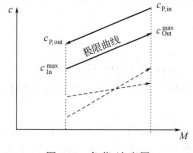

图 5-3　负荷-浓度图

确定用水单元的极限进、出口浓度时需要考虑下列因素，且不同的用水单元可能有所不同：

①传质推动力；

②最大溶解度；

③避免杂质析出；

④装置的结垢和堵塞；

⑤腐蚀；

⑥避免固体物料沉降的最小流率等。

确定了用水单元的极限进、出口浓度后，就可以用用水单元的水的极限曲线（图 5-3 中物料线下的实线）来代表该用水单元对水的需求特性。不同的用水单元会有很不同的传质特性，将这种不同的传质特性放在确定水的极限数据的时候考虑。然后，所有的用水单元就可以用一个统一的基准——极限曲线来描述。

5.2.4 用水单元质量衡算

对每个用水单元来说，水的质量平衡和溶质的质量平衡是最基本的公式。其中，水的质量平衡公式为

$$F_{i,\text{In}} = F_{i,\text{Out}} + L_i \tag{5-2}$$

式中，L_i 表示单元中水的损失速率，t/h，在水系统设计之前给定的设计参数；下角标 i 表示第 i 单元；下角标 In 和 Out 分别表示单元的进口和出口。

除了水平衡外，还要考虑溶质的平衡，对于多杂质系统，对于每一种杂质，例如杂质 k，其平衡关系如下式所示

$$F_{i,\text{In}} c_{ik,\text{In}} + M_{ik} = F_{i,\text{Out}} c_{ik,\text{Out}} + L_i c_{ik,\text{L}} \tag{5-3}$$

式中，$c_{ik,\text{In}}$ 和 $c_{ik,\text{Out}}$ 分别代表用水单元 i 中溶质 k 在进、出口处的浓度；$c_{ik,\text{L}}$ 是表示在单元 i 中损失溶液中的组分 k 的浓度；M_{ik} 表示单元中传递溶质 k 的速率。一般情况下 M_{ik} 和 $c_{ik,\text{L}}$ 为水系统设计之前给定的设计参数。

对于一般的单元计算，式(5-2) 和式(5-3) 联合运用已经足够。但是还应该考虑某些限制因素。进出口极限浓度的要求就是其中两个限定因素

$$c_{ik,\text{In}} \leqslant c_{\text{In}}^{\max} \tag{5-4}$$

$$c_{ik,\text{Out}} \leqslant c_{\text{Out}}^{\max} \tag{5-5}$$

上两式是要求每个单元中组分 k 的进、出口浓度都要小于或等于规定的极限浓度，这样才能够保障进水的质量完全符合该单元的要求。

这样，由式(5-2)、式(5-3) 再加上式(5-4)、式(5-5) 的限定，就可以对每个用水单元进行清晰地描述。

如果想求无水回用时，单元 i 使用新鲜水时的最小新鲜水用量，则应是进口处为新鲜水，出口时达到极限出口浓度时的水流率，因为当进口浓度一定时，出口浓度达到最大时，水流率达到最小。将 $c_{ik,\text{In}}=0$，$c_{ik,\text{Out}}=c_{\text{Out}}^{\max}$ 代入式(5-1)，对各杂质分别计算，取最大值即得

$$F_{i,\min}^{\text{W}} = \max \left\{ \frac{M_{ik}}{c_{ik,\text{Out}} - c_{ik,\text{In}}} \right\}_k \tag{5-6}$$

5.3 水夹点的形成及其意义

5.3.1 极限复合曲线

为了达到用水网络的全局最优化，必须从整体上来考虑整个系统的用水情况。所以，需要将所有用水单元的情况复合起来用复合曲线来分析。图 5-4 给出了如何将 4 个用水单元的极限曲线复合为极限复合曲线的方法。

（1）在同一个负荷-浓度（M-c）图上画出所有用水单元的极限曲线。

（2）按各个单元的进出口浓度用水平线将 c 轴划分浓度区间。

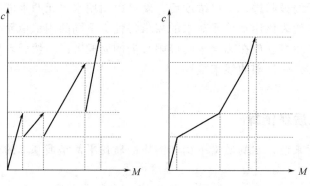

图 5-4　构造极限复合曲线

（3）每个浓度区间内，将该区间内所有用水单元的杂质负荷进行加和，得到该浓度区间的复合曲线，该复合曲线斜率的倒数由式(5-7) 计算

$$F_v = \frac{\sum\limits_{i=1}^{P} M_{i,v}}{c_{i,\text{Out},v} - c_{i,\text{In},v}} \quad i=1,\cdots,P, \quad v=1,\cdots,V \tag{5-7}$$

式中，F_v 为区间 v 中水的流率，t/h；$M_{i,v}$ 为区间 v 中单元 i 的负荷，g/h；$c_{i,\text{In},v}$、$c_{i,\text{Out},v}$ 为区间 v 中单元 i 的进、出口浓度，mg/L；P 为用水单元个数；V 为浓度区间个数。

5.3.2　水夹点的形成及其意义

当确定了系统的极限复合曲线后，就可以确定最小新鲜水流量。

位于复合曲线下方的供水线均可满足供水要求。假定新鲜水入口浓度为零，为了使新鲜水用量达到最小，应该尽可能增大其出口浓度，即增大供水线的斜率。但是为了保证一定的传质推动力，供水线必须处处位于极限复合曲线之下。当供水线的斜率增大到在某点与复合曲线开始重合时，出口浓度达到最大，新鲜水用量达到最小。重合的位置就是所谓的"水夹点"，见图 5-5 所示的"夹点图"。

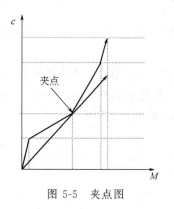

图 5-5　夹点图

水夹点对于用水网络的设计具有重要的指导意义。水夹点上方用水单元的极限进口浓度高于夹点浓度，不应使用新鲜水；水夹点下方用水单元的极限出口浓度低于夹点浓度，不应排放废水。

一般来说，水夹点可能不止一个。

图 5-5 中，水夹点所对应的新鲜水流量就代表了整个系统新鲜水的最小用量。可用下式计算

$$F_{\min}^{\text{W}} = \frac{M_{\text{pinch}}}{c_{\text{pinch}}} \tag{5-8}$$

式中，$F_{\min}^{\text{W}}$ 为全系统最小新鲜水用量，t/h；M_{pinch} 为夹点以下杂质总负荷，g/h；c_{pinch} 为夹点浓度，mg/L。

由图 5-5，在夹点处供水线与极限复合曲线重合，传质推动力似乎为零。实际并非如此，在我们确定各用水单元的极限进、出口浓度时，最小传质推动力已经考虑在内。所以，夹点处的推动力为最小传质推动力。

5.3.3　问题表法

极限复合曲线可以直观的给我们指出水夹点的位置。但是，当用水单元较多，浓度跨度较大时，采用复合曲线过于烦琐且不够准确。用问题表法可以精确确定水夹点位置。

问题表法的步骤如下。

① 所有单元的进、出口浓度从小到大排列起来，形成浓度区间。

② 计算处于每一浓度区间的用水单元极限流率之和。

用水单元 i 极限流率为，在极限进口浓度 $c_{i,\text{In}}^{\max}$ 和极限出口浓度 $c_{i,\text{Out}}^{\max}$ 条件下，为达到传质负荷 M_i 所需的水流率，可用下式计算

$$F_i^{\lim} = \frac{M_i}{c_{i,\text{Out}}^{\max} - c_{i,\text{In}}^{\max}} \tag{5-9}$$

式中，$F_i^{\lim}$ 为用水单元 i 的极限流率，t/h。

③ 利用式(5-10)计算每一浓度区间内的杂质总负荷。

对于浓度区间 v

$$\Delta M_v = \left(\sum_i F_i^{\lim} \right) \times (c_v - c_{v-1}) \tag{5-10}$$

其中

$$c_{v=0} = \min_i \ c_{i,\text{In}}^{\max} \tag{5-11}$$

式中，ΔM_v 为区间 v 内的杂质总负荷，g/h；$F_i^{\lim}$ 为单元 i 的极限流率，t/h；c_v、c_{v-1} 为区间 v 的上、下界浓度，mg/L。

④ 利用式(5-12)计算各浓度区间边界处的累积负荷 $\Delta M_{\text{cum},v}$。

$$\Delta M_{\text{cum},v} = \Delta M_1 + \cdots + \Delta M_{v-1} + \Delta M_v = \sum_{k=1}^{v} \Delta M_k \tag{5-12}$$

⑤ 由式(5-13)计算各浓度区间边界处的理论最小流率 $F_{\min,v}$。

$$F_{\min,v} = \frac{\Delta M_{\text{cum},v}}{c_v - c^{\text{W}}} \tag{5-13}$$

式中，c^{W} 为新鲜水浓度，mg/L。

其中

$$c^{\text{W}} \leqslant c_{v=0} \tag{5-14}$$

$F_{\min,v}$ 最大的浓度区间的上界即为夹点浓度。如果相同的 $F_{\min,v}$ 的最大值同时出现在几个浓度区间中，则较低浓度区间的上界为夹点浓度。

下面用一个例子，说明问题表法的计算。考虑一个有三个用水单元的系统，其极限数据如表 5-1 所示。

第一步，形成浓度区间。

表 5-1　过程水的极限数据

单　元	$M_i/(\text{g/h})$	$c_{i,\text{In}}^{\max}/(\text{mg/L})$	$c_{i,\text{Out}}^{\max}/(\text{mg/L})$	$F_i^{\lim}/(\text{t/h})$
1	3750	0	75	50
2	1000	50	100	20
3	1000	75	125	20

将所有单元的进、出口浓度从小到大排列起来：

0，50，75，100，125

所以，共有四个浓度区间，分别为：第一浓度区间 0→50，第二浓度区间 50→75，第三浓度区间 75→100，第四浓度区间 100→125。将浓度区间列于问题表的第一列，并将各单元极限数据表示在问题表的第二列。

第二步，计算处于每一浓度区间的用水单元极限流率之和。

第一浓度区间：$\sum F_i^{\lim} = F_1^{\lim} = 50$（t/h）；第二浓度区间：$\sum F_i^{\lim} = F_1^{\lim} + F_2^{\lim} = 70$（t/h）；第三浓度区间：$\sum F_i^{\lim} = F_2^{\lim} + F_3^{\lim} = 40$（t/h）；第四浓度区间：$\sum F_i^{\lim} = F_3^{\lim} = 20$（t/h）。

第三步，计算每一浓度区间内的杂质总负荷。

第一浓度区间：$\Delta M_1 = 50 \times (50-0) = 2500$（g/h）；第二浓度区间：$\Delta M_2 = 70 \times (75-50) = 1750$（g/h）；第三浓度区间：$\Delta M_3 = 40 \times (100-75) = 1000$（g/h）；第四浓度区间：$\Delta M_4 = 20 \times (125-100) = 500$（g/h）。

将各浓度区间内的杂质总负荷列于问题表第三列。

第四步，计算累积负荷。

在 $c=0$ 处，$\Delta M_{cum,v} = 0$；

在 $c=50$ 处，$\Delta M_{cum,v} = \Delta M_1 = 2500$（g/h）；

在 $c=75$ 处，$\Delta M_{cum,v} = \Delta M_1 + \Delta M_2 = 2500 + 1750 = 4250$（g/h）；

在 $c=100$ 处，$\Delta M_{cum,v} = \Delta M_1 + \Delta M_2 + \Delta M_3 = 2500 + 1750 + 1000 = 5250$（g/h）；

在 $c=125$ 处，$\Delta M_{cum,v} = \Delta M_1 + \Delta M_2 + \Delta M_3 + \Delta M_4 = 2500 + 1750 + 1000 + 500 = 5750$（g/h）。

将对应各浓度的累积负荷列于问题表的第四列。

第五步，计算各浓度区间边界处的理论最小流率。

在 $c=0$ 处，$F_{min,v} = 0$；在 $c=50$ 处，$F_{min,v} = 2500/50 = 50$（t/h）；在 $c=75$ 处，$F_{min,v} = 4250/75 = 56.67$（t/h）；在 $c=100$ 处，$F_{min,v} = 5250/100 = 52.5$（t/h）；在 $c=125$ 处，$F_{min,v} = 5750/125 = 46$（t/h）。

将对应各浓度的理论最小流率列于问题表的最后一列。

由此得到的问题表见表 5-2。

表 5-2　问题表

浓度 /(mg/L)	单元 1 /(50t/h)	单元 2 /(20t/h)	单元 3 /(20t/h)	杂质负荷 /(g/h)	累积负荷 /(g/h)	流率/(t/h)
0					0	0
				2500		
50					2500	50
				1750		
75					4250	56.67
				1000		
100					5250	52.5
				500		
125					5750	46

最后一列中流率最大处就是水夹点之所在，此时的流率就是系统所需的最小新鲜水流率。在此例中，夹点在 75mg/L（ppm）处，最小新鲜水流率为 56.67t/h。

5.4 用水网络的超结构及数学模型

图示的方法具有简单、直观的优点，并能给出系统的内在关系，但只能表示和解决单组分杂质系统。对于多组分杂质系统，就需要建立数学模型来求解。

5.4.1 用水网络的超结构

这种方法的基本思想是：每一个用水单元都有可能使用新鲜水和从其他单元来的水，成为接受它们的来水的水阱；从每一个用水单元出来的水都可能进入其他单元去用，成为供给它们水的水源。由此建立超结构，然后用数学规划解这个超结构，得到新鲜水去各单元的流率与各单元之间的水流率，从而得到用水网络。这种方法的优点是可以通过计算机辅助设计，且迅速、可靠。

按如下步骤建立超结构：

① 在外部水源（例如新鲜水）后标示一组分裂的箭头 S 以表示去往各个用水单元的新鲜水；

② 在每一个用水单元前标示一组交汇的箭头 M 以表示从新鲜水源与其他用水单元来的水；

③ 在每一个用水单元后标示一组分裂的箭头 S 以表示从该单元去往其他用水单元及废水处理单元的水；

④ 在废水处理单元前标示一组交汇的箭头 M 以表示从各用水单元来的水。

其②中的箭头应与①、③中的相应箭头相连，④中的箭头应与③中的相应箭头相连，从而建立用水网络的超结构。如图 5-6 所示。

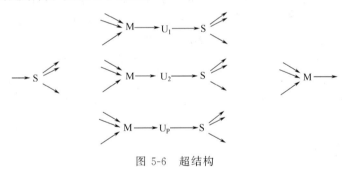

图 5-6 超结构

这里应该注意：从一个单元出来的水不能再回到原来的单元里。

5.4.2 非线性数学模型

用 U 和 S 来分别表示用水单元和其中的污染物，则可记为

$$U = \{i \,|\, i \text{ 是用水单元的编号}; i = 1, 2, 3, \cdots, P\} \tag{5-15}$$

$$S = \{k \,|\, k \text{ 是水相中影响水质的溶质的编号}; k = 1, 2, 3, \cdots, S\} \tag{5-16}$$

根据所建立的超结构，可以列出如下的非线性模型。

目标函数

$$\min \sum_i F_i^{\mathrm{W}} \qquad i = 1, \cdots, P \tag{5-17}$$

等式约束

$$F_{i,\text{In}} = F_{i,\text{Out}} + L_i \qquad i \in U \tag{5-18}$$

$$F_{i,\text{In}} c_{i,k,\text{In}} + M_{i,k} = F_{i,\text{Out}} c_{i,k,\text{Out}} + L_i c_{L,i,k} \qquad i \in U, \ k \in S \tag{5-19}$$

$$F_{i,\text{In}} = F_i^{\text{W}} + \sum_{j \neq i} F_{j \to i} \qquad j = 1, \cdots, P, j \neq i \tag{5-20}$$

$$F_{i,\text{In}} c_{i,k,\text{In}} = \sum_{j \neq i} F_{j \to i} c_{i,k,\text{Out}} \tag{5-21}$$

不等式约束

$$0 \leqslant C_{i,k,\text{In}} \leqslant c_{i,k,\text{In}}^{\max} \tag{5-22}$$

$$0 \leqslant c_{i,k,\text{Out}} \leqslant c_{i,k,\text{Out}}^{\max} \tag{5-23}$$

$$F_i^{\text{W}} \geqslant 0 \tag{5-24}$$

$$F_{j \to i} \geqslant 0 \qquad j \neq i \tag{5-25}$$

式中，F_i^{W} 为单元 i 的新鲜水用量，t/h；$F_{i,\text{In}}$、$F_{i,\text{Out}}$ 为单元 i 的进、出口流率，t/h；$c_{i,k,\text{In}}$、$c_{i,k,\text{Out}}$ 为单元 i 中组分 k 的进、出口浓度，mg/L；$c_{i,k,\text{In}}^{\max}$、$c_{i,k,\text{Out}}^{\max}$ 为单元 i 中组分 k 的极限进、出口浓度，mg/L；$M_{i,k}$ 为单元 i 中组分 k 的负荷，g/h；$F_{j \to i}$ 为单元 j 到单元 i 的水流率，t/h；L_i 为单元 i 内部的水损失，t/h，如果单元内部消耗了水，则取正值，如果单元内部生成水，则取负值，这个值一般在网络设计之前已经确定；$c_{L,i,k}$ 为单元 i 损失水中组分 k 的浓度，mg/L；P 为用水单元的个数；S 为组分数。

该数学模型是以新鲜水消耗量最小为目标函数，如果要以其他参数为目标函数，如以费用最小，只需引入相应的费用计算约束条件即可。

等式约束条件式(5-18)描述了 i 单元的水量衡算；等式约束条件式(5-19)描述了 i 单元的 k 杂质的质量衡算；等式约束条件式(5-20)描述了 i 单元的入口水量衡算；等式约束条件式(5-21)描述了 i 单元入口 k 杂质的质量衡算。

不等式约束条件式(5-22)描述了 i 单元 k 杂质进口浓度约束；不等式约束条件式(5-23)描述了 i 单元 k 杂质出口浓度约束；不等式约束条件式(5-24)描述了 i 单元新鲜水用量非负；不等式约束条件式(5-25)描述了从单元 j 到单元 i 的水流率非负。

5.4.3 数学模型的求解

目标函数式(5-17)和约束条件式(5-18)～式(5-25)构成以新鲜水消耗量最小为目标的水网络设计数学模型。求解该数学模型后，就可以解出最小新鲜水用量，以及新鲜水到各用水单元、各用水单元到其他用水单元的水量分配。

求解非线性问题非常复杂且难以得到全局最优解，因此在求解时，初值的选定非常重要。恰当的初值不仅可以减少迭代次数，更重要的是可以避免局部最优解覆盖全局最优解。一般会想到在计算的开始假定没有水的重复利用，各单元只用新鲜水，即

$$F_i^{\text{W}} = \max_k \frac{M_{i,k}}{c_{i,k,\text{Out}} - c_{i,k,\text{In}}}$$

$$c_{i,k,\text{In}} = 0$$

$$c_{i,k,\text{Out}} = c_{i,k,\text{Out}}^{\max}$$

$$F_{j \to i} = 0$$

以这样的值作为初值进行迭代。这样做有时是可行的，但由于给的是最极端的条件，可

能没有解或者得到的是远离全局最优解的局部最优解，所以并不可靠。初值的选定一直是非线性问题求解中的一大难题，需要丰富的经验与大量的试算。此外，在求解过程中，迭代方向与步长的选定也直接影响着解的好坏。

推荐使用知名的商业软件如 Gams 进行求解，这些软件的算法成熟，稳定，得到的解一般来说是可靠的。

采用数学模型的方法求解最优用水网络存在以下问题。

① 用数学模型进行水系统集成，相当于一个黑箱模型，工程技术人员不知道网络如何生成，如何调整以使工程上最优。

② 对于多杂质系统，由于数学模型是非线性数学规划模型，不能保证得到全局最优解。

③ 即使能够求得全局最优解，由于通常存在多个最优解，虽然新鲜水用量均达到最小，但其工程性能各不相同，例如经济性，可操作性各不相同。虽然用数学模型解出了一组解，也许其工程性能并不好。下面用一个例子说明这一点。

表 5-3 给出了有 10 个用水单元的单杂质用水系统中 10 个用水单元的用水的要求。如果不考虑水的重复利用，则新鲜水用量至少为 252.42t/h，即表 5-3 中第二列各单元新鲜水流率之和。如果仅考虑水的重复利用，通过水夹点分析，可知所需的最小新鲜水流率为 166.3t/h。

表 5-3 各单元用水极限数据

单 元	新鲜水流率 /(t/h)	杂物去除量 /(kg/h)	最大进口浓度 /(mg/L)	最大出口浓度 /(mg/L)
1	25.0	2.0	25	80
2	32.0	2.88	25	90
3	20.0	4.0	25	200
4	30.0	3.0	50	100
5	37.5	30.0	50	800
6	6.25	5.0	400	800
7	3.33	2.0	200	600
8	10.0	1.0	0	100
9	66.67	20.0	50	300
10	21.67	6.5	150	300

用数学规划的方法得到了如图 5-7 所示的用水网络，此时新鲜水用量达到了目标值 166.3t/h，节水率达 34%。表 5-4 为各用水单元水的实际进出口浓度和各股水的流率。

图 5-7 所示的网络相当复杂，经调整后可以得到如图 5-8 所示的网络，其各用水单元水的实际进出口浓度和各股水的流量如表 5-5 所示。两个网络的新鲜水用量相等，但图 5-8 所示的网络明显要简单一些。

表 5-4 图 5-7 网络用水数据

单 元	$F_{i \to j}$/(t/h)	c_{in}/(mg/L)	c_{out}/(mg/L)	新鲜水量/(t/h)
1	0.0	0	80	25.0
2	$F_{1 \to 2}=13.8462$	25	90	30.4615
3	$F_{2 \to 3}=6.3492$	25	200	16.5079
4	$F_{1 \to 4}=11.1538$ $F_{2 \to 4}=23.4188$	50	100	25.4273

续表

单 元	$F_{i \to j}$/(t/h)	c_{in}/(mg/L)	c_{out}/(mg/L)	新鲜水量/(t/h)
5	$F_{4 \to 5}=9.51428$ $F_{8 \to 5}=10.0$ $F_{9 \to 5}=0.16191$	50	800	20.3238
6	$F_{9 \to 6}=16.6667$	300	800	0.0
7	$F_{3 \to 7}=1.19047$ $F_{4 \to 7}=1.90476$ $F_{9 \to 7}=1.90476$	200	600	0.0
8	0.0	0	100	10.0
9	$F_{2 \to 9}=14.5397$ $F_{4 \to 9}=26.9143$	50	300	38.5460
10	$F_{3 \to 10}=21.6667$ $F_{4 \to 10}=21.6667$	150	300	0.0

表 5-5　图 5-8 用水网络数据

单 元	$F_{i \to j}$/(t/h)	c_{in}/(mg/L)	c_{out}/(mg/L)	新鲜水量/(t/h)
1	0.0	0	80	25.0
2	0.0	0	90	32
3	$F_{4 \to 3}=5.7143$	25	200	17.1429
4	$F_{2 \to 4}=32.0$	48.98	100	26.8000
5	$F_{1 \to 5}=25.0$	50	800	15.0
6	$F_{9 \to 6}=10.0$	300	800	0.0
7	$F_{10 \to 7}=0.6476$ $F_{3 \to 7}=4.0286$	200	600	0.3238
8	0.0	0	100	10.0
9	$F_{8 \to 9}=10.0$ $F_{4 \to 9}=30.0$	50	300	40.0
10	$F_{3 \to 10}=18.8285$ $F_{4 \to 10}=23.0857$	144.9	300	0.0

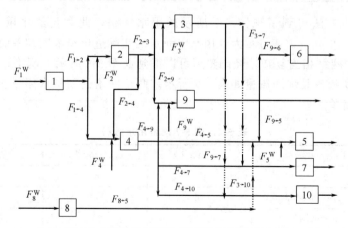

图 5-7　用数学规划法得到的用水网络示意

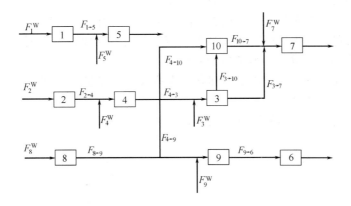

图 5-8　调整后的用水网络示意

5.5　水直接回用水网络综合

采用数学模型的方法进行水网络综合，直接求解上一节所介绍的数学模型就得到了水直接回用的水网络。这一节介绍采用水夹点技术进行水直接回用的水网络的综合，只适用于单杂质系统。

5.5.1　用水网络的描述

一个用水网络可以用下述两种方法之一来描述：①传统的方块图；②类似换热网络所用的栅格图。

（1）方块图

方块图是工程技术人员比较熟悉的一种描述方法，例如在做水平衡报告时常常用到。在方块图中，每一个用水单元用一个方块表示，单元的编号写在方块中，方块水流及其入口、出口浓度则以进入和离开方块来表示。例如对于表 5-1 所示的用水系统，图 5-9 表示了没有水回用时（即各用水单元均用新鲜水）用水系统的方块图。

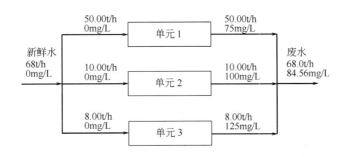

图 5-9　无水回用时的方块图

（2）栅格图

栅格图可以横放也可竖放。对于横放的栅格图，水流线放在下边；竖放的栅格图，水流线放在右边。现以竖放的栅格图为例，说明栅格图的画法。

- 图中右边水平和垂直的粗实线代表水流。这些水流由下向上流动。
- 图中左边的粗实线代表用水单元过程物流，但过程物流的数据是用其极限数据代表。这些过程物流由上向下流动，与水流方向相反。
- 用水平的虚线将每一个过程物流和其对应的水流连接起来，每一条虚线代表一个用水单元，也即方块图中的方块。

图 5-9 的方块图转变为栅格图时，如图 5-10 所示。

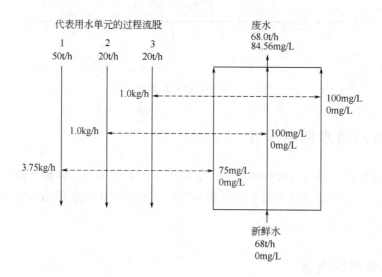

图 5-10　无水回用时的栅格图

在设计水网络时，常用栅格图。

利用水夹点技术设计用水网络的方法主要有两种：最大传质推动力法与最小匹配数法。虽然设计目标不同，它们都可以使新鲜水用量达到最小。下面用一个例子分别说明这两种方法。

表 5-6 给出一个有四个用水单元的水系统的极限数据。图 5-11（a）给出了该系统的夹点图。该系统的最小新鲜水用量为 90t/h。

表 5-6　用水单元水系统极限数据

单　元	$M_i/(\text{g/h})$	$c_{i,\text{In}}^{\max}/(\text{mg/L})$	$c_{i,\text{Out}}^{\max}/(\text{mg/L})$	$F_i^{\lim}/(\text{t/h})$
1	2000	0	100	20
2	5000	50	100	100
3	30000	50	800	40
4	4000	400	800	10

5.5.2　最大传质推动力法

这种方法的目标是充分利用极限复合曲线与供水线之间的浓度差，在最终的设计中使传质推动力达到最大。

水网络的设计步骤如下。

① 将复合曲线按斜率变化垂直分成各个负荷区间，即在复合曲线斜率变化的每一个点，

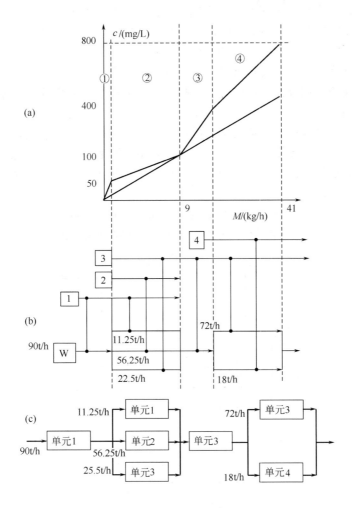

图 5-11　采用最大传质推动力法的初始设计结果

向下引一条虚线垂线。从左到右，每两条虚线垂线之间代表一个负荷区间，第一个负荷区间为从 0 到左边第一条虚线垂线。

②　横向画出用其极限数据代表的各过程单元，即每一过程单元用一条水平线代表。要注意，每一个过程单元只出现在有其的负荷间隔。如图 5-11（b）所示，第一个负荷区间只有单元 1；第二个负荷区间有单元 1、2、3；第三个负荷区间只有单元 3；第四个负荷区间有 3、4 两个单元。

③　画出水流线，依次按各区间进行匹配。为了保证每一匹配都达到最大传质推动力，如果某一区间内只有一个单元，则来自上一区间（对于第一个区间，"上一区间"指新鲜水源）的水全部分配给该单元；如果某一区间内有多个单元，则来自上一区间的水按各单元极限流率的比例分配给每个单元。

对第一个负荷区间，只有单元 1，则将新鲜水 90t/h 全部分配给单元 1。

对第二个负荷区间，有单元 1、2、3，故将水流线分为三股，且将 90t/h 水按单元 1、2、3 的极限流率的比例 20∶100∶40 分配给每一用水单元。故单元 1 分配 11.25t/h，单元 2 分配 56.25t/h，单元 3 分配 22.5t/h。

第三个负荷区间只有单元 3，故 90t/h 水全部分配给单元 3。

第四个负荷区间有单元 3 和 4，故将水流线分为两股，且将 90t/h 水按单元 3、4 的极限流率的比例 40：10 分配给每一用水单元。故单元 3 分配 72t/h，单元 4 分配 18t/h。

将得到的水网络画成常规的方块图如图 5-11(c) 所示。

这样得到的网络具有最大传质推动力。且保证了新鲜水消耗量最小。但同时也给设计带来一些不必要的麻烦，如分流，混合等。在换热网络的简化中可以使用能量松弛法，这种方法也可用于简化用水网络。首先在原网络中找出回路：当某一单元与水进行了两次匹配时，就构成了一个回路。可以通过负荷转移打破回路以简化网络。一般来说，在远离夹点处，复合曲线与供水线之间的传质推动力较大，打破回路不会引起水流率的变化。而在夹点附近打破回路必须以增大水量为代价。为了使新鲜水用量达到最小在物流匹配时必须仔细分析，使水的重复利用率达到最大。

在图 5-11(b) 中，可以辨认出三个回路：回路 1，单元 1 与水进行了两次匹配；回路 2 和 3，单元 3 与水进行了三次匹配，构成两个回路。回路情况见图 5-12(a)。

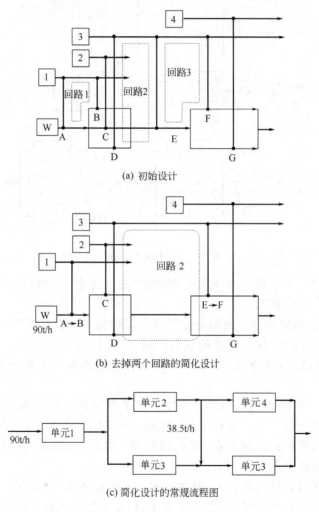

(a) 初始设计

(b) 去掉两个回路的简化设计

(c) 简化设计的常规流程图

图 5-12　图 5-11 网络的调优

在打破回路时，由于回路 2 恰好在夹点处，若要打破回路 2，势必要增加新鲜水用量。为了保持最小新鲜水用量，不打破回路 2。在打破回路 1 时，将匹配 B 的传质负荷转移到匹配 A 上。在打破回路 3 时，将匹配 E 的传质负荷转移到匹配 F 上。这样做，引起供水线斜率的变化，但计算表明各点供水线的浓度均与物流的浓度有足够的浓度差，因而是可行的。

图 5-12（b）和（c）为最终设计，图 5-12（b）用栅格图表示，图 5-12（c）用方块图表示。

5.5.3 最小匹配数法

在设计网络时，有时希望各单元与水的匹配数尽可能少。导致匹配数过多的原因往往是将一个传质过程用几股不同的水源依次处理。可以通过旁流和混合来减少匹配数。

设计步骤如下。

① 将复合曲线按斜率变化水平分成各个浓度区间。即在复合曲线斜率变化的每一个点，向右引一条水平虚线。下面第一条水平虚线，从 M 轴引出。从下到上，每两条水平虚线之间代表一个浓度区间 ［图 5-13（a）］。

② 竖向画出用其极限数据代表的各过程单元，即每一过程单元用一条垂线代表。同样，每一个过程单元只出现在有其的浓度间隔。如图 5-13（b）所示，第一个浓度区间只有单元 1；第二个浓度区间有单元 1、2、3；第三个浓度区间只有第三单元；第四个浓度区间有 3、4 两个单元。

③ 画出水流线，依次对各区间进行匹配。对于每一匹配，都按极限曲线采用最小量的水，使传质推动力最小。如果匹配过程中有多余的水，则使其旁流到后面需要的地方再混合使用 ［图 5-13（c）］。

为了进行这样的匹配，要先按式(5-26) 计算各单元在各浓度区间的杂质负荷

$$M_{i,v}=M_i\left(\frac{c_{v+1}-c_v}{c_{i,\text{out}}^{\max}-c_{i,\text{in}}^{\max}}\right) \tag{5-26}$$

式中，$M_{i,v}$ 为单元 i 在浓度区间 v 中传递的杂质负荷；M_i 为单元 i 要传递的杂质总负荷；c_{v+1}、c_v 为对应浓度区间间隔处的杂质浓度；$c_{i,\text{in}}^{\max}$、$c_{i,\text{out}}^{\max}$ 为单元 i 的极限进、出口浓度。

然后按式(5-27) 计算出各单元对应各浓度区间杂质负荷的最小水流率

$$F_{i,v,\min}=\frac{M_{i,v}}{c_{v+1}-c_v} \tag{5-27}$$

式中，$F_{i,v,\min}$ 为单元 i 在浓度区间 v 中所需的最小水流率。

对第一浓度区间（0～50mg/L），只有单元 1，计算其要传递的杂质负荷为

$$M_{1,1}=2000\times\frac{50}{100}=1000 \text{（g/h）}$$

所需的最小水流率

$$F_{1,1,\min}=\frac{1000}{50}=20 \text{（g/h）}$$

故在第一浓度区间给单元 1 分配 20t/h 的新鲜水，而将其余 70t/h 新鲜水旁流到下一浓度区间。

对第二浓度区间（50～100mg/L），存在单元 1、2、3。首先求得

$$M_{1,2}=2000\times\frac{100-50}{100}=1000 \text{（g/h）}$$

$$M_{2,2}=5000\times\frac{100-50}{100-50}=5000 \text{（g/h）}$$

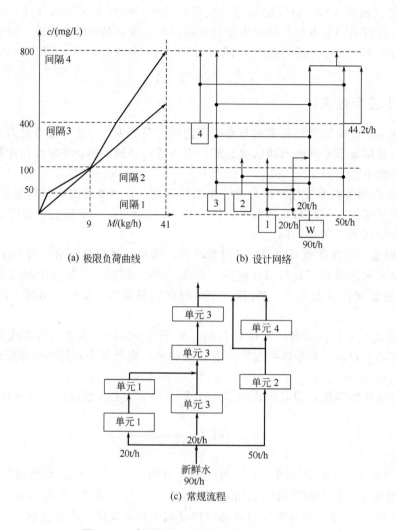

(a) 极限负荷曲线　　(b) 设计网络

(c) 常规流程

图 5-13　采用最小匹配数法的初始设计结果

$$M_{3,2} = 30000 \times \frac{100-50}{800-50} = 2000 \ (\text{g/h})$$

由

$$F_{i,2,\min} = \frac{1000}{100-50} = 20 \ (\text{t/h})$$

由于 $F_{1,2,\min} = F_{1,1,\min} = 20\text{t/h}$，故让浓度区间 1 中从单元 1 中出来的废水全部进浓度区间 2 中的单元 1。这样其余用于单元 2 和 3 的水均为新鲜水，其浓度为 0。故求得

$$F_{2,2,\min} = \frac{5000}{100-0} = 50 \ (\text{t/h})$$

$$F_{3,2,\min} = \frac{2000}{100-0} = 20 \ (\text{t/h})$$

给单元 2 分配 50t/h 新鲜水，给单元 3 分配 20t/h 新鲜水。在浓度区间 2，所有水分配完，没有剩余的水旁流。

在浓度区间 3，只有单元 3。求得

$$M_{3,3} = 30000 \times \frac{400 - 100}{800 - 50} = 12000 \text{（g/h）}$$

$$F_{3,3,\min} = \frac{12000}{400 - 100} = 40 \text{（t/h）}$$

因此给单元 3 分配 40t/h 水，而将其余的 50t/h 水旁流到下一浓度区间。

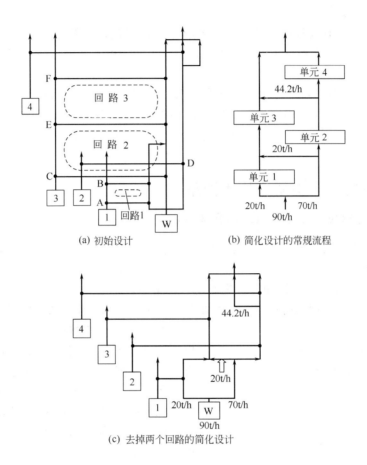

(a) 初始设计　　　　(b) 简化设计的常规流程

(c) 去掉两个回路的简化设计

图 5-14　图 5-13 网络的调优

在浓度区间 4，有单元 3 和 4。首先求得

$$M_{3,4} = 30000 \times \frac{800 - 400}{800 - 50} = 16000 \text{（g/h）}$$

$$M_{4,4} = 4000 \times \frac{800 - 400}{800 - 400} = 4000 \text{（g/h）}$$

由于

$$F_{3,4,\min} = \frac{16000}{800 - 400} = 40 \text{（t/h）}$$

即 $F_{3,3,\min} = F_{3,4,\min} = 40\text{t/h}$，故让浓度区间 3 中从单元 3 中出来的废水全部进浓度区间 4 中的单元 3。

这样，进入单元 4 的水的浓度为 100mg/L。故求得

$$F_{4,4,\min} = \frac{4000}{800-100} = 5.7 \ (\text{t/h})$$

给单元 4 分配部分从单元 2 出来的废水 5.7t/h。其余 44.3t/h 废水旁流出浓度区间 4，同单元 3 和 4 最终排出的废水一道排往废水处理单元。

这样就得到了初始的网络。该网络的结构不同于图 5-11 中所生成的初始网络，但有着同样的新鲜水用量。

在这个网络中也存在环路，那就意味着有多余的匹配。在图 5-14 中可以辨认出三个回路：回路 1，单元 1 与水进行了两次匹配；回路 2 和 3，单元 3 与水进行了三次匹配，构成两个回路。

合并匹配 A 和 B 消除了回路 1，合并匹配 C、E、F 消除了回路 2 和 3。调优后的最终网络如图 5-14(b) 和 (c) 所示，图 5-14(b) 用方块图表示，图 5-14(c) 用栅格图表示。

5.6 再生回用与再生循环的水网络

5.6.1 水的直接回用、再生回用和再生循环

前面介绍的都是仅考虑水的直接回用。为了进一步节约新鲜水消耗，还可以考虑水的再生回用与再生循环。

图 5-15 比较了水的直接回用、再生回用和再生循环。

图 5-15(a) 为直接回用的情形，此时在使用废水不影响操作效果的情况下，一个单元所产生的废水可以直接应用于另外的单元中，可以直接减少新鲜水用量和废水的产生量。但此方法并未从根本上减少杂质负荷。

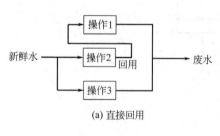

图 5-15(b) 为再生回用时的情形。此时一些单元产生的废水可以通过部分或全部处理除去阻碍回用的杂质而再生，然后用于其他用水单元。此处的再生包括任何去除阻碍回用的杂质的操作：过滤、调 pH 值、活性炭吸附及其他过程。再生减少了新鲜水和废水的产生量，也减少了杂质负荷。

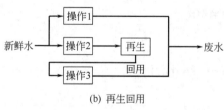

直接回用和再生回用均是用其他单元的未经处理和经处理的排水，这时要注意其他单元排水中有无影响本单元操作的微量杂质。

将废水处理脱除杂质再生后又回用于本单元即为再生循环，如图 5-15(c) 所示。这种情况，再生水加入已用水的用水单元中。有些用水单元所排杂质比较简单，且所有杂质均在本单元中产生，采用再生循环会比较有利。但是要注意在循环过程中有时可能产生不期望的、在再生过程中没有除去的杂质的积累。

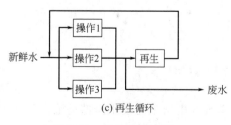

图 5-15　水的直接回用、再生回用与再生循环

5.6.2 再生循环

图 5-16 给出了再生循环时浓度复合曲线和最佳供水线的一般形式。图中虚线 $ACPGF$ 为水系统极限复合曲线。新鲜水供水线为 AD 线，当水达到再生浓度 c_R^{In} 后，进入再生单元再生（DE 线），再生后具有浓度 c_R^{Out} 的水继续供给系统用（EH 线）。将新鲜水供水线和再生水供水线复合后得到系统的供水线 $ABHQ$。

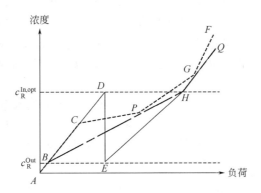

图 5-16 再生循环时的浓度复合曲线和最佳供水线

相对于直接回用时夹点的概念，再生循环用水系统存在三个限制点——限制新鲜水流率的点（图 5-16 中点 B），限制再生水流率的点（图 5-16 中点 P）以及限制再生负荷的点（图 5-16 中点 G），这些点代表着系统再生循环时的瓶颈。

低于再生出口浓度 c_0 的区域决定了再生循环问题的最小新鲜水流量 F^W，为

$$F^W = \frac{M_B}{c_B} \tag{5-28}$$

式中，M_B、c_B 为对应 B 点的杂质质量负荷和浓度。

最小再生水流率

$$F_{min}^R = \frac{M_R^P - F_{min}^W c_R^P}{c_R^P - c_R^{Out}} \tag{5-29}$$

式中，M_R^P、c_R^P 为限制再生水流率的点所对应的杂质质量负荷和浓度。

最优再生浓度

$$c_R^{In,opt} = \frac{M_R^G - F_{min}^W c_R^G + F_{min}^R c_R^{Out}}{F_{min}^R} \tag{5-30}$$

式中，M_R^G、c_R^G 为限制再生浓度的点所对应的杂质质量负荷和浓度。

确定再生循环水系统限制新鲜水用量的点，限制再生水流率的点和限制再生浓度的点，可以采用问题表法。此时的问题表浓度列中要包括再生后浓度，另外还需增加两列：再生水流量列和再生浓度列。问题表建立之后，在新鲜水流量列，取再生后浓度以下（包括再生后浓度）各浓度间隔点处的新鲜水流量中的最大者作为限制新鲜水用量的点；在再生水流量列，用式(5-29)计算再生后浓度以上夹点浓度以下（包括夹点浓度）各浓度间隔点处的再生水流率，取其最大者作为限制再生水流率的点；在再生浓度列，用式(5-30) 计算夹点浓度以上（包括夹点浓度）各浓度间隔点处的再生浓度，取其最大者作为限制再生浓度的点。

废水再生循环水网络的设计方法与仅考虑直接回用时的方法类似，主要有两种：最大传质推动力法和最小匹配数法。要注意的是这时的水流线包括两条：新鲜水流股和再生水流股。

对于多杂质再生循环水系统的优化，需要采用数学规划法求解，可参阅参考文献 [1]。

5.6.3　再生回用

再生回用不同于再生循环，再生之后的水不能进入之前将水排往再生单元的用水单元。由于没有水在循环使用，故再生水流量只能小于至多等于（若忽略水损失）新鲜水用量。

水的再生分完全再生和部分再生。完全再生是指在系统中，一旦所有流股达到最佳的再生浓度 c_R^{In}，就都进行再生。所有进行再生的流股的再生浓度是 c_R^{In}，再生后的浓度为 c_R^{Out}。部分再生指在系统中，当流股达到最佳的再生浓度 c_R^{In}，一部分流股进行再生。因如果部分水的再生就可以满足系统的要求，就没有必要将全部水再生，以减少再生的费用。此时，再生水的流率小于新鲜水的流率。

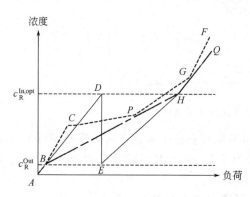

图 5-17　完全再生回用水系统最优供水线

部分再生回用水系统和再生循环水系统具有完全相同的图形或问题表的表示方法。因此，对于再生回用水系统，先假定其采用部分再生，用与再生循环相同的问题表确定其各目标值，然后比较新鲜水流率与再生水流率的相对大小。如果再生水流量小于新鲜水流率，则说明该系统可采用部分再生，又该问题表计算出的结果是系统的目标值。如果再生水流量大于或等于新鲜水流率，则说明该系统必须采用完全再生。由于部分再生水系统目标值的确定与再生循环系统完全相同，下面只介绍完全再生水系统。

完全再生回用水系统的最优供水线如图 5-17 所示，此时新鲜水供水线 AD 和再生水供水线 EH 具有相同的斜率（忽略水损失）。由图可见，完全再生回用水系统存在两个限制点，夹点浓度以下部分，复合供水线与极限复合曲线的相碰点为限制再生水（新鲜水）的点（图 5-17 上 P 点）；夹点浓度以上部分，复合供水线与极限复合曲线的相碰点为限制再生浓度的点（图 5-17 上 G 点）。

最小再生水流率（最小新鲜水用量）：

$$F_{min}^R = F_{min}^W = \frac{M_R^P}{2c_R^P - c_R^{Out}} \tag{5-31}$$

式中，M_R^P、c_R^P 分别是指限制再生水（新鲜水）的点所对应的杂质质量负荷和浓度。

最优再生浓度：

$$c_R^{In,*} = \frac{M_R^G - F_{min}^W(c_R^G - c_R^{Out})}{F_{min}^R} \tag{5-32}$$

式中，M_R^G、c_R^G 分别是指限制再生浓度的点所对应的杂质质量负荷和浓度。

确定完全再生回用水系统的限制新鲜水和再生水流率的点以及限制再生浓度的点，同样可以采用问题表法。完全再生的问题表与再生循环的问题表相同，也是在传统问题表的基础上增加再生水流率列和再生浓度列，且再生后浓度包含于浓度间隔列。只是在具体的计算过程中，当计算再生水流率列时，应使用完全再生的最小再生水流率计算公式(5-31)，且最小新鲜水用量和最小再生水流率均取决于再生水流率列的计算结果，即该列再生水流率的最大值；当计算再生浓度列时，应使用完全再生的最优再生浓度的计算式(5-32)。

　　废水再生回用水网络的设计方法也与仅考虑直接回用时的方法类似，主要有两种：最大传质推动力法和最小匹配数法。水流线也包括两条：新鲜水流股和再生水流股。为了排除再生循环的可能性，将水源分为新鲜水源和再生水源；各用水单元按照杂质负荷分成两个部分：使用新鲜水源水的部分和使用再生水源水的部分；若其中一部分不存在，可以不分解此用水单元；一个用水单元中使用新鲜水源水单元的出水只能进入另一个使用新鲜水源水的用水单元或者进入再生单元。一个用水单元中使用再生水源水的单元的出水只能进入另一个使用再生水源水的用水单元或者排放，不能够进入再生单元。

　　对于多杂质再生回用水系统的优化，需要采用数学规划法求解，可参阅参考文献［1］。

5.7　具有中间水道的水网络结构及其综合方法

　　常规用水网络中考虑水的回用时各用水单元之间直接由管道连接。对于小规模系统，这样的网络比较简单，而且节水效果好。但对于用水单元多的大规模系统，却有水网络过于复杂、不便于运行和控制的缺点。此外，当生产中一个用水单元的水量、水质状况发生变化时，将影响其他用水单元的运行，若用新鲜水加以调节，又使节水效果下降，即网络柔性不足。

　　中间水道技术克服了这个缺点，在用水网络中设置中间水道，具有简化网络的设计、运行和控制的优点，显著增加网络柔性。但由于常规水网络相当于有很多中间水道，而新的水网络结构只推荐采用一至二级中间水道，故节水效果不如常规水网络。因此只适用于大型复杂水网络。

5.7.1　具有中间水道的水网络结构

　　一般工厂都有外部水道，它包括新鲜水道和废水道。所谓的中间水道是指水中污染物浓度介于新鲜水和排放废水之间的水道，它源于一些用水单元的具有较低浓度的废水排放，又可用于另一些可用较高浓度的供水的单元。

　　基于中间水道的水网络结构，就是通过在水系统中设置一个或多个中间水道，所有用水单元都同新鲜水道、中间水道、废水道中的一些水道相连，从其中一些取水，向其中之一排水。该水网络结构如图 5-18 所示。

　　图 5-18 为设置一级中间水道的用水网络示意。在图 5-18 中，三根垂线从左到右分别代表新鲜水道（公式中用下角标 W 表示）、中间水道（公式中用下角标 M 表示）、废水道（公式中用下角标 E 表示），其浓度分别标在各条线的上方，累积水量分别标在各条线的下方。在图中用标有编号的方框代表各用水单元，该用水单元各组分的极限进口浓度大于或等于其左边水道的相应浓度，至少有一个组分的极限进口浓度低于其右边水道的相应浓度，用箭头代表各用水单元的进、出口流股。对于每一用水单元，若其各组分极限出口浓度都小于或等于中间水道相应组分的浓度，则该单元的出水可作为中间水道的进水。

　　用水网络中设置中间水道，可以简化设计。同时

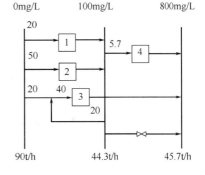

图 5-18　具有一级中间水道的
用水网络示意

由于中间水道中的水质容易调节，因而系统中水质的控制以及生产操作易于进行。

该新型用水网络结构可包含一级或多级中间水道。一般来说，在水网络中设置中间水道后，新鲜水用量减少，从而废水排放量也相应减少。而且中间水道设置越多，需消耗的新鲜水量越少。但是过多的中间水道会增加网络的复杂性。因此，设计时应综合考虑中水道的数量，新鲜水的消耗量以及相应的废水处理能力。

5.7.2　多组分废水直接回用中间水道用水网络设计方法

对于多杂质系统，需采用数学规划法。首先建立具有中间水道水网络的超结构模型。对于每一个用水单元来讲，它的进水可以直接使用新鲜水，也可以使用任一级中间水道中的水；它的出水可以直接排放，也可以排到任一级中间水道。对于每一级中间水道来讲，它可以接收各单元的排水，也可以接收上一级中间水道多余的水；它可以给各单元供水，也可以将多余的水排到下一级中间水道。最后一级中间水道可以将多余的水排至废水道。图 5-19 为具有中间水道水网络的超结构。

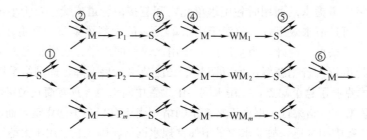

图 5-19　具有中间水道水网络的超结构

其中：

① 新鲜水道后标示一组分裂的箭头 S 以表示去往各个用水单元的新鲜水；

② 在每一个用水单元前标示一组交汇的箭头 M 以表示从新鲜水道与各中间水道来的水；

③ 在每一个用水单元后标示一组箭头以表示从该单元去往中间水道及废水道的水；

④ 在每一个中间水道前标示一组交汇的箭头 M 以表示从各用水单元和上一级中间水道来的水；

⑤ 在每一个中间水道后标示一组分裂的箭头 S 以表示去往各个用水单元和下一级中间水道的水；

⑥ 在废水道前标示一组交汇的箭头 M 以表示从各用水单元及最后一级中间水道来的水。

箭头②应与箭头①或箭头⑤相连，箭头③应与箭头④或箭头⑥相连，箭头⑤也可能与箭头④或箭头⑥相连。

在建立优化模型之前，要先指定中间水道级数 WM。中间水道级数对最优网络结构和新鲜水消耗均有很大影响。随着中间水道级数增大，新鲜水消耗趋于常规网络的最小值，但是，网络结构复杂且导致投资费增大。因此，提出迭代的方法，从一级中间水道开始进行计算。计算出一级中间水道网络的最小新鲜水消耗 $F_{\min}^{W}$，如果认为该值过大不能接受，则增加第二级中间水道。就这样，一次增加一级，直至该级别中间水道网络的最小新鲜水消耗满足需要。

在给定各单元要去除的杂质负荷 $M_{i,s}$ 以及进出口极限浓度 $c_{i,s}^{\text{In,Max}}$ 和 $c_{i,s}^{\text{Out,Max}}$ 后，就可以用下述非线性模型（NLP）来求解最小新鲜水消耗量 F^{W} 并确定各股水流率：

$$\min F^{\mathrm{W}} = \min \sum_{i \in \mathrm{P}} F_i^{\mathrm{W}} \tag{5-33}$$

满足

① 单元 i 水量衡算（忽略水量损失）：

$$F_i^{\mathrm{W}} + \sum_{\mathrm{M} \in \mathrm{WM}} F_{\mathrm{M},i}^{\mathrm{MP}} = F_i^{\mathrm{D}} + \sum_{\mathrm{M} \in \mathrm{WM}} F_{i,\mathrm{M}}^{\mathrm{PM}} \qquad i \in \mathrm{P} \tag{5-34}$$

② 单元 i 进口混合节点杂质衡算：

$$\sum_{\mathrm{M} \in \mathrm{WM}} F_{\mathrm{M},i}^{\mathrm{MP}} c_{\mathrm{M},s} = \Big(F_i^{\mathrm{W}} + \sum_{\mathrm{M} \in \mathrm{WM}} F_{\mathrm{M},i}^{\mathrm{MP}}\Big) c_{i,s}^{\mathrm{In}} \qquad i \in \mathrm{P}, s \in \mathrm{C} \tag{5-35}$$

③ 单元 i 杂质质量衡算：

$$\sum_{\mathrm{M} \in \mathrm{WM}} F_{\mathrm{M},i}^{\mathrm{MP}} c_{\mathrm{M},s} + M_{i,s} = \Big(F_i^{\mathrm{D}} + \sum_{\mathrm{M} \in \mathrm{WM}} F_{i,\mathrm{M}}^{\mathrm{PM}}\Big) c_{i,s}^{\mathrm{Out}} \qquad i \in \mathrm{P}, s \in \mathrm{C} \tag{5-36}$$

④ 单元 i 进出口杂质浓度要求：

$$c_{i,s}^{\mathrm{In}} \leqslant c_{i,s}^{\mathrm{In,Max}} \qquad i \in \mathrm{P}, s \in \mathrm{C} \tag{5-37}$$

$$c_{i,s}^{\mathrm{Out}} \leqslant c_{i,s}^{\mathrm{Out,Max}} \qquad i \in \mathrm{P}, s \in \mathrm{C} \tag{5-38}$$

⑤ 中间水道 M 水量衡算：

$$\sum_{i \in \mathrm{P}} F_{i,\mathrm{M}}^{\mathrm{PM}} + F_{\mathrm{M-1,M}} = \sum_{j \in \mathrm{P}} F_{\mathrm{M},j}^{\mathrm{MP}} + F_{\mathrm{M,M+1}} \qquad \mathrm{M} \in \mathrm{WM} \tag{5-39}$$

⑥ 中间水道 M 杂质质量衡算：

$$\sum_{i \in \mathrm{P}} F_{i,\mathrm{M}}^{\mathrm{PM}} c_{i,s}^{\mathrm{Out}} + F_{\mathrm{M-1,M}} c_{\mathrm{M-1},s} = \Big(\sum_{j \in \mathrm{P}} F_{\mathrm{M},j}^{\mathrm{MP}} + F_{\mathrm{M,M+1}}\Big) c_{\mathrm{M},s}$$

$$\mathrm{M} \in \mathrm{WM}, s \in \mathrm{C} \tag{5-40}$$

⑦ 中间水道 M 杂质浓度要求：

$$c_{\mathrm{M},s} \leqslant c_{\mathrm{M+1},s} \qquad \mathrm{M} \in \mathrm{WM} \tag{5-41}$$

⑧ 所有变量非负。

式中，F_i^{W} 为用水单元 i 的新鲜水用量，t/h；F_i^{D} 为用水单元 i 排至废水道的水量，t/h；$F_{\mathrm{M},j}^{\mathrm{MP}}$ 或 $F_{\mathrm{M},i}^{\mathrm{MP}}$ 为中间水道 M 供给单元 j 或 i 的水量，t/h；$F_{i,\mathrm{M}}^{\mathrm{PM}}$ 为用水单元 i 排至中间水道 M 的水量，t/h；$c_{i,s}^{\mathrm{In}}$ 为用水单元 i 杂质 s 的进口浓度，mg/L；$c_{i,s}^{\mathrm{Out}}$ 为用水单元 i 杂质 s 的出口浓度，mg/L；$M_{i,s}$ 为用水单元 i 中移出杂质 s 的质量负荷，g/h；$c_{\mathrm{M},s}$ 或 $c_{\mathrm{M-1},s}$ 或 $c_{\mathrm{M+1},s}$ 为中间水道 M 或 M−1 或 M+1 中杂质 s 的浓度，mg/L；$c_{i,s}^{\mathrm{In,Max}}$ 为用水单元 i 杂质 s 的极限进口浓度，mg/L；$c_{i,s}^{\mathrm{Out,Max}}$ 为用水单元 i 杂质 s 的极限出口浓度，mg/L；$F_{\mathrm{M-1,M}}$ 或 $F_{\mathrm{M,M+1}}$ 为中间水道 M−1 或 M 或 M 或 M+1 排至中间水道 M 或 M+1 的水量，t/h；P 为用水系统各单元的集合；C 为用水系统各杂质的集合；WM 为用水系统各中间水道的集合。

5.8　氢系统优化

5.8.1　最小氢气公用工程用量的计算与分析

炼化企业的氢气网络系统中，氢气流股可分为氢源和氢阱。氢源是指在氢网络中可以给网络提供氢气的流股。氢源的氢气浓度一般是固定的，氢气纯度最高的流股通常可认为是氢气的公用工程，也称为新氢。氢阱是指在氢网络中耗氢过程流股。氢网络的最小新氢用量可以采用图示法或问题表法获得。

氢气网络系统的最小公用工程用氢量可以采用剩余氢量的夹点分析法获得，主要的计算步骤如下。

5.8.1.1　剩余氢夹点法

基于剩余氢量的夹点分析法的主要计算步骤如下。

（1）获得氢网络中氢源和氢阱的浓度和流量数据。

（2）将氢源和氢阱的氢气浓度分别按降序排列。

（3）以氢气浓度为纵坐标，流股的流量为横坐标，分别做出氢源和氢阱的流量-浓度复合曲线；在流量-浓度复合曲线图上，每一股氢源和氢阱分别可以用一条水平的线段表示，线段两端点横坐标之差表示该股氢源或氢阱的流量，纵坐标表示其浓度。将所有表示氢源的直线段首尾相接为一折线，即氢源的流量-浓度复合曲线。同理，可得到氢阱的复合曲线，如图 5-20 所示。

图 5-20 中，氢源复合线以下的面积代表氢源可提供的氢量；氢阱复合线以下的面积代表氢阱需要的氢量；其中"＋"的区域，氢源复合线位于氢阱复合线上方，表示这个区域氢量过剩，可以补偿给亏缺区域；标有"－"的区域氢源复合线位于氢阱复合线下方，代表这个区域氢量亏缺，必须有氢量补充。在氢气网络中，氢源提供的氢气总量必须大于或等于氢阱所消耗的氢量，这时的氢气网络才可能优化。

（4）计算氢夹点。

将流量-浓度复合曲线图转化为剩余氢量图。如果氢源与氢阱包围的某部分面积为正值，则横线向右方延长；反之向左。剩余的氢气均按氢源和氢阱两者中低品质的浓度来取值。假设最高浓度氢源的流率，即新氢用量，通过迭代计算做出氢剩余量图，直到新氢的剩余量为 0 时，即得到系统的氢夹点。简略的过程如图 5-21 所示。

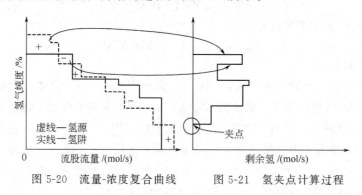

图 5-20 流量-浓度复合曲线　　图 5-21 氢夹点计算过程

5.8.1.2 氢负荷-流量夹点法

氢负荷-流量夹点法通过在氢负荷-流量构建氢源、氢阱复合曲线来确定氢网络的夹点位置和最小新氢用量。与剩余氢夹点法相比，不需要反复迭代，求解过程更加直观。主要步骤如下：

① 获得氢网络中氢源和氢阱的浓度和流量数据，计算氢源和氢阱的氢负荷。

② 根据氢源和氢阱的氢负荷和流量在氢负荷-流量图中绘制对应的线段，在横坐标上的投影代表该氢源或者氢阱的流量，在纵坐标上的投影表示氢源或者氢阱的氢负荷，其斜率为该氢源或者氢阱的氢浓度。

③ 按照斜率降低的顺序依次连接每个氢阱线，构建出氢阱复合曲线。同样的，可以构建出氢源复合曲线，如图 5-22 中所示。

④ 移动氢源复合曲线，使其与氢阱复合曲线的上端点重合。

⑤ 沿着新氢减少的方向移动新氢线之下的氢源复合曲线，直到满足氢源复合曲线恰好与氢阱复合曲线相交，且完全处于氢阱复合曲线下方。该交点即为氢网络的夹点，同时也确定出了最小新氢需求和燃气排放量，如图 5-22 中所示。

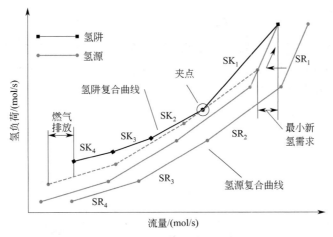

图 5-22　氢负荷-流量夹点法

5.8.1.3　代数法

氢网络的图示分析法具有概念清晰、直观、简单的优点，但图示法在实际应用中常常会受限于人类的视觉。此外，处理大规模问题或需要多次求解时，上述两种方法均显不足。这里介绍一种代数法，可方便地实现氢网络的求解。

在上一节的图示法中，为了确定氢网络的夹点和最小新氢需求，新氢线之下的氢源复合曲线需要沿着新氢线向上移动。在此过程中，氢源复合曲线上的每个点都是沿着斜率为新氢浓度的直线向上移动。因此，氢网络的夹点必定为某个氢阱线的下端点。过每个氢阱线的端点以新氢浓度为斜率作新氢辅助线，如图 5-23 所示。显然，新氢辅助线介于氢源和氢阱复合曲线之间的部分代表两条复合曲线交于某端点时需要减少的新氢量，定义为新氢剩余量（$\Delta F_{\text{utility}}^{j}$）。所有端点处的新氢剩余量中的最小值即为该氢网络可以减少的新氢需求。

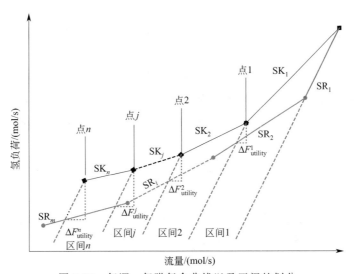

图 5-23　氢源、氢阱复合曲线以及区间的划分

在氢负荷-流量图中，水平距离表示流量。因此，可以将区间 j 的水平距离定义为所对应的氢阱 j 的相对流量 $RF_{\text{SK}j}$，它可以由氢阱 $F_{\text{SK}j}$ 的流量和氢浓度 $C_{\text{SK}j}$ 确定。根据图 5-24 中所示的几何关系，$RF_{\text{SK}j}$ 的计算如式（5-42）

$$RF_{SKj} = F_{SKj} - \frac{F_{SKj}C_{SKj}}{C_{utility}} \quad j \in [1, n] \tag{5-42}$$

类似于氢阱，对于任意的氢源 i，其相对流量 RF_{SRi} 可以由式（5-43）计算。需要注意的是，氢源和氢阱的相对流量是基于新氢的氢浓度 $C_{utility}$ 计算的。因此，新氢的相对流量为 0，但它的实际流量并不等于 0。

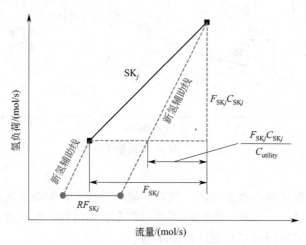

图 5-24　相对流量示意图

$$RF_{SRi} = F_{SRi} - \frac{F_{SRi}C_{SRi}}{C_{utility}} \quad i \in [1, m] \tag{5-43}$$

由图 5-23 可知，每个氢阱处于一个单独的区间，而一个氢源有可能处在一个区间内，也有可能跨越多个区间。还可以看出，在同一区间内氢源的相对流量之和等于氢阱的相对流量。基于该现象，可以按照区间递增的顺序依次计算出区间 j 内的氢源 i 的相对流量 RF_{SRi}^{j}。

根据计算得到的 RF_{SRi}^{j}，可以由式（5-44）计算出区间 j 内的氢源 i 的实际流量 F_{SRi}^{j}。

$$F_{SRi}^{j} = \frac{RF_{SRi}^{j}}{RF_{SRi}} F_{SRi} \tag{5-44}$$

对于任意的区间 j，区间内的氢源、氢阱的流量差 ΔF^{j} 如式（5-45）所示。由图 5-23 可知，区间 j 处的新氢剩余量 $\Delta F_{utility}^{j}$ 等于区间 $1 \sim j$ 内所有氢源的流量之和减去与所有氢阱的流量之和，如式（5-46）所示。

$$\Delta F^{j} = \sum_{i=1}^{m} F_{SRi}^{j} - F_{SKj} \tag{5-45}$$

$$\Delta F_{utility}^{j} = \Delta F_{utility}^{j-1} + \Delta F^{j} \tag{5-46}$$

由式（5-46）计算出所有区间处的新氢剩余量后，其中最小值即为该氢网络最大可减少的新氢量，该最小值对应的拐点即为氢网络的夹点。该氢网络最小新氢需求量 $F_{utility}^{min}$ 的计算如下：

$$F_{utility}^{min} = F_{utility} - \min(\Delta F_{utility}^{j}) \tag{5-47}$$

在确定氢网络的夹点位置和最小新氢消耗之后，该氢网络的燃气排放量也随之确定，如式（5-48）：

$$F_{D} = \sum_{i=1}^{m} F_{SRi} - \sum_{j=1}^{n} F_{SKj} - \min(\Delta F_{utility}^{j}) \tag{5-48}$$

以上步骤也可以构建成问题表的形式，清楚地展示计算过程，详见 5.8.4 节中实例分析。

在求出氢夹点的同时，也求出了系统所需要的最小公用工程的氢气用量。获得夹点之后，在设计或优化氢网络时需遵循以下原则：

① 夹点之上的氢源只能与夹点之上氢阱匹配；

② 夹点之上的氢源不能送至燃气系统；

③ 夹点之下的氢阱不能消耗公用工程，只能与夹点之下的氢源匹配。

5.8.2　氢气的提纯回用

上面所介绍的方法是针对含氢流股（氢源）的直接回用。同水网络类似，若要进一步减少新氢消耗，还可以考虑含氢流股的提纯回用。提纯回用是所有氢网络中的重要组成部分。由于各种加氢反应排出的尾气（弛放氢）中还含有可观的氢气成分，将其提纯后回用，相较制氢，其能耗、成本都要低得多。

氢提纯过程的本质是将一股进料分离成两股出料。其中，一股出料的浓度高于进料浓度，为提纯产品；另一股出料的浓度低于进料浓度，为尾气。对于氢提纯过程，其进料与出料之间的物料平衡关系为：

$$F_{in} = F_{pur} + F_{tail} \tag{5-49}$$

$$F_{in}C_{in} = F_{pur}C_{pur} + F_{tail}C_{tail} \tag{5-50}$$

式中，F 和 C 分别代表流股的流量和氢气的浓度，下标 in、pur 和 tail 分别代表进料、提纯产品和尾气。

针对带有提纯回用的氢气网络，一个氢源既可以与氢阱直接匹配，也可以提纯后再与氢阱匹配，这时就需要比较哪种方式可以节约更多的新氢。如果是后者，那么还需要考虑该氢源是否需要全部进入提纯单元。基于氢负荷-流量图夹点法，这里介绍一种图示法来求解带有提纯回用的氢气网络。

第一步，采用 5.8.1.2 节中的方法构建氢源、氢阱复合曲线，确定不考虑提纯回用时的最小新氢需求。

第二步，确定引入提纯过程可节约的新氢量。

① 针对拟作为提纯单元进料的氢源，根据提纯单元的实际操作，确定提纯产品和尾气的氢浓度。

② 在氢负荷-流量图中，根据提纯产品和尾气的氢浓度绘制辅助线，可确定出该氢源对应的提纯产品和尾气的流量，如图 5-25(a) 中的三角形所示。它们的关系也满足式(5-49) 和式(5-50)。

③ 按照氢浓度降低的顺序，重新对所有氢源（包括提纯产品、尾气，但不包括作为提纯过程进料的氢源）进行排序，并构建新的氢源复合曲线，如图 5-25(b) 中所示。

④ 沿新氢减少的方向移动新构造的氢源复合曲线，直到氢源复合曲线与氢阱复合曲线恰好相交，且氢源复合曲线处于氢阱复合曲线之下，如图 5-25(c) 中所示。点 P_1 代表该氢网络的新夹点。在确定新夹点位置后，引入提纯回用最大可节约的新氢量也随之确定。

第三步，进料氢源流量的优化。

上一步中，提纯氢源全部进入提纯装置，可能会徒增提纯单元的运行成本而没有节氢的作用。在保证新氢节约量不变的前提下，对提纯过程的进料氢源流量进行进一步优化，得到一个更优的提纯过程。为了便于说明，参照进料氢源，将氢源复合曲线分为 3 部分：曲线 Ⅰ 介于提纯产品和进料之间，例如氢源 SR_3，如图 5-26(a) 中所示；曲线 Ⅱ 为提纯过程的进

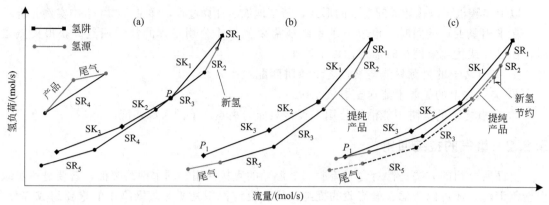

图 5-25　提纯回用节约新氢量的确定

料，例如 SR_4 ；曲线Ⅲ位于曲线Ⅱ之下，例如 SR_5 。主要步骤如下：

① 沿着提纯产品流量减少的方向移动曲线Ⅰ和曲线Ⅱ，直到曲线Ⅰ与氢阱复合曲线恰好相交且位于氢阱复合曲线之下。由图 5-26(b) 可以看出，在曲线Ⅰ和曲线Ⅱ移动的过程中，曲线Ⅰ的长度不断增加，而曲线Ⅱ的长度不断减少，但是新氢节约量保持不变。

② 沿着提纯过程尾气流量减少的方向移动曲线Ⅲ，直到曲线Ⅲ与氢阱复合曲线恰好相交且处于氢阱复合曲线之下，如图 5-26(b) 中所示。

③ 在第①和②步后，曲线Ⅰ的下端点（标记为点 1）和曲线Ⅲ的上端点（标记为点 3）都落在线段 BC 上。为了使得最终的氢网络可行，当点 3 位于点 1 的左侧时，沿着提纯过程尾气（BC）流量增加的方向移动曲线Ⅲ，使得曲线Ⅲ与曲线Ⅰ相交于点 1，如图 5-26(c) 所示的情形；当点 1 位于点 3 的左侧时，沿着提纯产品（AC）流量增大的方向移动曲线Ⅰ，使其与曲线Ⅲ相交于点 3。

对于图 5-25(c) 中所示的考虑提纯回用的氢网络，改进后的提纯过程和氢源复合曲线如图 5-26(c) 中所示，点 P_2 代表该氢网络的另一个夹点。对比图 5-25 和图 5-26 可以看出，提纯过程的进料由 AB 减少到 A_1B_1，提纯产品也随之由 AC 减少到 A_1C，尾气由 BC 减少到 B_1C，但引入提纯过程节约的新氢量没有发生变化。需要注意的是，在图 5-26(c) 所示的结果基础上，如果继续减少提纯过程的进料流量，将会导致新氢消耗量的增加。

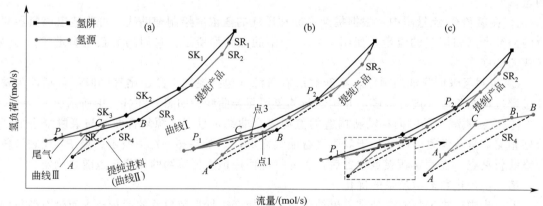

图 5-26　进料氢源流量的优化

上述分析中，提纯过程的进料氢源位于夹点之下。将夹点之下的氢源提纯至夹点之上可以节约新氢用量，这一点同换热网络热泵的跨夹点设置原则一致。不同的是，当提纯过程的进料氢源位于夹点之上时，可采用上述步骤分析出也可以节约新氢，详细步骤此处不再赘述。也就是说，氢气网络的提纯单元可以跨越夹点设置，也可以设置在夹点之上。

5.8.3　氢气网络的优化匹配原则

为了实现系统的氢气节约，以实现整个氢网络系统的最小用氢量。在氢源和氢阱的匹配过程中，氢源与氢阱的优化匹配可按照以下顺序与原则进行。

优化匹配的主要顺序：

① 优先考虑系统中循环氢源与其氢阱的匹配，目的在于减少杂质对用氢过程的影响；

② 优先考虑同一装置内氢源与氢阱的匹配，目的是减少连接管路费用；

③ 考虑不同装置氢源与氢阱的匹配。

优化匹配的主要原则为：

① 不能有跨越氢夹点浓度的氢源与氢阱的匹配；

② 尽量用一股氢源满足一个氢阱的全部需求；

③ 考虑各氢阱对杂质的约束条件；

④ 考虑氢源与氢阱之间的压力等级匹配。当其他条件满足时，若仅压力约束不满足时，可以考虑增加氢气压缩机以满足匹配的需要；

⑤ 尽量使氢网络的原有结构改动最少。

5.8.4　实例分析与计算

以国内某一石化企业为例进行氢夹点计算并进行优化，系统的氢气数据等列于表 5-7。

表 5-7　氢源和氢阱数据

项目	代号	氢浓度/%	流量/(mol/s)	杂质 H_2S/(mg/L)	压力/MPa
氢源	PSA	99.99	56.80	0	3.2
	H1	93	295.37	1.09	3
	CCR	91	403.29	0	3.8
	H2	84	477.13	1.10	6.3
	F1	83	45.44	0	1.6
	F2	72	28.40	0	1.1
氢阱	HT1	94	96.56	≤1	2.8
	HT2	93	21.58	≤2	3
	HT3	92	318.09	≤1	3.9
	HT4	91	124.96	≤1	3.8
	HT5	87	484.96	≤1	6.3
	HT6	83	45.44	≤1	1.6
	HT7	80	52.26	≤1	1.1

该氢气分配网络中的氢阱包括 6 套加氢精制装置 HT1～HT7，氢源包括变压吸附提纯装置 PSA、连续重整 CCR、2 个制氢装置 H1～H2 和 2 股副产氢 F1～F2，如图 5-27 所示。

首先根据上一节介绍的方法计算该氢网络的剩余氢量和氢夹点，可以得到夹点时的流量-浓度复合曲线和剩余氢量曲线，如图 5-28 和图 5-29 所示。由计算可知，现行网络的剩余氢量总大于零，在夹点时，系统由 PSA 装置提供的公用工程氢量为 34.57mol/s，氢夹点的浓度为 84%。而原始氢网络所用的公用工程用氢量为 56.80mol/s。因此，系统所具有的节氢潜力为 56.80－34.57＝22.23mol/s，占原氢气公用工程用量的 39.1%。

还可以采用代数法进行求解，详细过程如表 5-8 和表 5-9 中所示，"—"表示氢源不存在区间内。计算结果显示系统可以减少的公用工程氢量为 22.23mol/s，与上述结果一致。

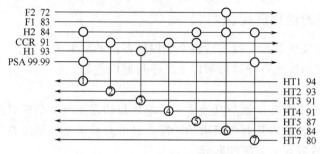

图 5-27　原始氢气分配网络

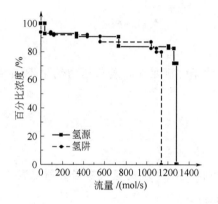

图 5-28　夹点时的流量-浓度复合曲线

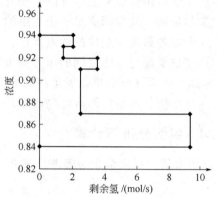

图 5-29　夹点时的剩余氢量曲线

表 5-8　计算每个区间内氢源的相对流量

区间 \ 氢源	相对流量	PSA	H1	CCR	H2	H3	H4
		0	20.65	36.26	76.30	7.72	7.95
1（HT1）	5.78	0	5.78	—	—	—	—
2（HT2）	1.51	—	1.51	—	—	—	—
3（HT3）	25.42	—	13.36	12.06	—	—	—
4（HT4）	11.24	—	—	11.24	—	—	—
5（HT5）	63.00	—	—	12.96	50.04	—	—
6（HT6）	7.72	—	—	—	7.72	—	—
7（HT7）	10.45	—	—	—	10.45	—	—
剩余	—	—	—	—	8.09	7.72	7.95

表 5-9　计算每个区间内氢源的流量

区间 \ 氢源	PSA	H1	CCR	H2	H3	H4	ΔF^{j}	$\Delta F^{j}_{utility}$
1（HT1）	56.80	82.75	—	—	—	—	42.99	42.99
2（HT2）	—	21.58	—	—	—	—	0.00	42.99
3（HT3）	—	191.04	134.16	—	—	—	7.12	50.10
4（HT4）	—	—	124.96	—	—	—	0.00	50.10
5（HT5）	—	—	144.17	312.92	—	—	−27.88	22.23
6（HT6）	—	—	—	48.28	—	—	2.84	25.07
7（HT7）	—	—	—	65.33	—	—	13.07	38.14
剩余	—	—	—	50.60	45.44	28.40		

通过分析，该氢气网络还存在以下主要问题：

① 副产氢气 F1 没有加以利用，造成了氢源的浪费。这股氢源和 HT6 的浓度一致，应可以直接利用。

② 高浓度的氢源与低浓度的氢源直接混合来分别满足较高要求的氢阱和较低浓度的氢阱的不同需要，降低了高浓度氢源的利用效率，如浓度为 99.99％氢源 PSA 和 84％氢源 H2 的混合来满足浓度为 94％的 HT1 的需要，99.99％的 PSA 氢源和浓度 84％的 H2 混合来满足浓度为 80％的氢阱 HT7，却未直接利用低浓度的氢气流股，应遵循高质高用、低质低用的梯级利用基本原则。

在获得氢夹点的同时，也求得了系统的最小公用工程用氢量。需要对现行的氢源和氢阱重新进行匹配，以达到系统节约氢气的目的。

根据前述的氢气网络优化匹配原则和顺序，这里考虑流股流量、氢气浓度和杂质 H_2S 限制以及压力等限制，重新对系统分夹点之上和夹点之下的用氢进行匹配，夹点之上的氢源与氢阱匹配如图 5-30 所示，夹点之下的匹配如图 5-31 所示。

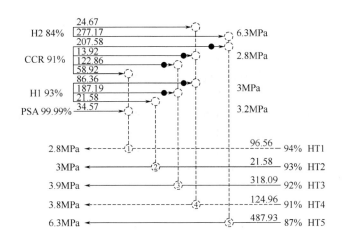

图 5-30　夹点之上的氢源与氢阱匹配

（图中的实心圆点表示流股需要增压，配置压缩机）

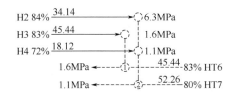

图 5-31　夹点之下的氢源与氢阱的匹配

重新对原氢网络进行改动后，可以满足合理地利用现有氢源来满足氢阱需求，并且不出现跨越夹点的匹配情况，并且利用了浓度为 84％氢源 H2 直接供给与其浓度相同的氢阱 HT6，而在原网络中并没有利用此股副产氢。在匹配过程中，不仅各个氢源满足氢阱对杂质 H_2S 的需要，还仅用现有的部分压缩机来满足稳定生产的需要。

符号表

c	浓度，mg/L 或 %（摩尔比）	WM	中间水道级数
F	水的流率，t/h；氢源或氢阱流量	RF	相对流量，mol/s
L	单元中水的损失速率，t/h	ΔF	氢源和氢阱的流量差，mol/s
M	杂质负荷，g/h		

上角标

D	至废水道	P	至单元
In	进口	PM	单元到中间水道
lim	极限流率	R	再生
Max	极限浓度	W	新鲜水
MP	中间水道至单元	j	第 j 个区间
Out	出口	min	最小值

下角标

cum	累积	out	出口
D	燃气排放	Pinch	夹点
E	排水	pur	提纯产品
i	第 i 单元；第 i 个氢源	R	再生
in	进口	SK	氢阱
j	第 j 个氢阱	SR	氢源
k	第 k 种杂质	tail	尾气
L	损失	utility	公用工程
M	中间水道	v	第 v 浓度区间
M−1，M	中间水道 M−1 至中间水道 M	W	新鲜水
Min	最小		

参考文献

[1] 冯霄，刘永忠，沈人杰，王黎 . 水系统集成优化——节水减排的系统综合方法 . 北京：化学工业出版社，2008.

[2] 彭珂珊 . 21 世纪中国水资源危机 . 水利水电科技进展，2000，20（5）：13-16.

[3] 乔映宾 . 节水减排刻不容缓 . 当代石油石化，2001，9（3）：1-4.

[4] Wang Y P，Smith R. Wastewater Minimization. Chem Eng Sci，1994，49（7）：981-1006.

[5] Wang Y P，Smith R. Wastewater Minimization with Flowrate Constrains. Trans I Chem，1995，73A：889-904.

[6] Mann James G，Liu Y A. Industrial Water Reuse and Wastewater Minimization. McGraw-Hill Companies，Inc.，1999.

[7] Castro P，Matos H，Fernandes M C，Nunes C P. Improvements for Mass-Exchange Networks Design. Chem Eng Sci，1999，54：1649-1665.

[8] Wang Y P，Smith R. Design of Distributed Effluent Treatment Systems. Chem Eng Sci，1994，49：3127-3145.

[9] Kuo J，Smith R. Effluent Treatment System Design. Chem Eng Sci，1996，52（23）：4273-4290.

［10］ Truls Gundersen. A Worldwide Catalogue on Process Integration. IEA Catalogue on Process Integration，Trondheim，1997，4.

［11］ Kuo J，Smith R. Designing for the Interactions between Water-use and Effluent Treatment. Trans IChem，1998，76 A：287-301.

［12］ Huang C H，Chang C T，Ling H C，Chang C C. A Mathematical Programming Model for Water Usage and Treatment Network Design. Ind. Eng Chem Res，1999，38：2666-2679.

［13］ Bagajewicz M J，Rivas M，Savelski M J. A New Approach to The Design of Water Utilization Systems with Multiple Contaminants in Process Plants. AICHE National Meeting，Dallas，1999.

［14］ Savelski M J，Bagajewicz M J. A New Algorithmic Design Procedure for the Design of Water Utilization Systems in Refineries and Process Plants. Proceedings of PRESS 99 Meeting，Budapest，1999.

［15］ Savelski M J，Bagajewicz M J. On the Use of Linear Models for the Design of Water Utilization Systems in Refineries and Process Plants. Annual AIChE 1999 Meeting，Dallas，1999.

［16］ Bagajewicz M J，Rivas M，Savelski M J. A Robust Method to Obtain Optimal and Sub-optimal Design and Retrofit Solutions of Water Utilization Systems with Multiple Contaminants in Process Plants. Comp Chem Eng，2000，24：1461-1466.

［17］ Doyle S J，Smith R. Targeting water reuse with multiple contaminants. Trans IChem，1997，75B：181-189.

［18］ Xiao Feng，Warren D Seider. A new structure and design methodology for water networks. Ind Eng Chem Res，2001，40：6140-6146.

［19］ Bin Wang，Xiao Feng Zaoxiao Zhang. A Design Methodology for Multiple- Contaminants Water Networks with Single Internal Water Main. Comp Chem Eng，2003，27（7）：903-911.

［20］ Feng X，Wang B，Liu Y. Bottleneck and Debottleneck of Water-Use System. 9th Asian Pacific Confederation of Chemical Engineering，Christchurch，New Zealand，2002.

［21］ 冯霄，王斌. 节水减污过程水系统集成技术. 中国能源，2002，（1）：22-24.

［22］ 冯霄，邱若磐，王斌. 水夹点技术原理及其应用. 计算机与应用化学，2001，（增刊）.

［23］ Xiao Feng，Jie Bai，Xuesong Zheng. On the use of Graphical Method to Determine the Targets of Single-contaminant Regeneration Recycling Water Systems. Chemical Engineering Science，2007，62（8）：2127-2138.

［24］ Jie Bai，Xiao Feng，Chun Deng. Graphically Based Optimization of Single-contaminant Regeneration Reuse Water Systems. Chemical Engineering Research and Design，2007，85（A8）：1178-1187.

［25］ 白洁，冯霄. 水系统集成方法分析. 化工进展，2006，25（12）：1471-1476.

［26］ Chun Deng，Xiao Feng，Jie Bai. Graphically Based Analysis of Water System with Zero Liquid Discharge. Chemical Engineering Research and Design，2008，86：165-171.

［27］ Bai Jie，Feng Xiao. Analysis on the Interactions of Parameters of Single-contaminant Regeneration Recycling Water Systems. Chinese Journal of Chemical Engineering，2008，16（1）：21-25.

［28］ Xuesong Zheng，Xiao Feng（冯霄），Renjie Shen，et al. Design of Optimal Water-Using Networks with Internal Water Mains. Industrial & Engineering Chemistry Research，2006，45（25）：8413-8420.

［29］ 赵振辉，冯霄，刘永忠，张超. 氢气网络系统的夹点分析与匹配优化. 化工进展，2008，27（2）：261-264.

［30］ Zhenhui Zhao，Guilian Liu，Xiao Feng. New Graphical Method for the Integration of Hydrogen Distribution Systems. $Ind. Eng. Chem. Res.$ 2006，45：6512-6517.

［31］ Bealing，C.，Hutton，D. Hydrogen-pinch analysis. Chemical Engineering，2002，109（5）：56-61.

［32］ Hallale，N.，Liu，F. Refinery hydrogen management for clean fuels production. Advances in Environmental Research，2001，（6）：81-98.

［33］ Alves，J. J.，Towler，G. P. Analysis of refinery hydrogen distribution systems，Ind. Eng. Chem. Res. 2002，41：5759-5769.

［34］ Qiao Zhang，Xiao Feng，Guilian Liu，Kim Hoong Chu. A Novel Graphical Method for the Integration of Hydrogen Distribution Systems with Purification Reuse. Chemical Engineering Science. 2011；66（4）：797-809.

［35］ Yang Minbo，Feng Xiao，Liu Guilian. A Unified Graphical Method for Integration of Hydrogen Networks with Purification Reuse. Chinese J. Chem. Eng.，2016，24（7）：891-896.

［36］ Yang Minbo，Feng Xiao，Liu Guilian. Algebraic Approach for the Integration of Hydrogen Network with Single Impurity. Ind. Chem. Eng. Res. 2016，55（3）：615-623.

附　录

附录 1　龟山-吉田环境模型的元素化学㶲

图例说明：

元素符号	H
标准化学㶲(10^3 kJ/kmol)	117.61
基准物	$H_2O_{(l)}$
温度修正系数[kJ/(kmol·K)]	-84.89

	Ⅰa	Ⅱa	Ⅲa	Ⅳa	Ⅴa	Ⅵa	Ⅶa	Ⅷ	Ⅷ	Ⅷ	Ⅰb	Ⅱb	Ⅲb	Ⅳb	Ⅴb	Ⅵb	Ⅶb	0
1	H 117.61 $H_2O_{(l)}$ -84.89																	He 30.125 Air $P=5.24\times10^{-6}$ 101.09
2	Li 371.96 $LiCl\cdot H_2O$ -485.13	Be 594.25 $BeO\cdot Al_2O_3$ -103.26											B 610.28 H_3BO_3 -185.60	C 410.53 CO_2 $P=0.003$ 57.07	N 0.335 Air $P=0.756$ 1.17	O 1.966 Air $P=0.203$ 6.61	F 308.03 $Ca_{10}(PO_4)_6F_2$ 81.21	Ne 27.07 Air $P=1.8\times10^{-5}$ 90.83
3	Na 360.79 $NaNO_3$ -400.83	Mg 618.02 $CaCO_3\cdot MgCO_3$ -360.58											Al 788.22 Al_2O_3 -166.57	Si 852.74 SiO_2 -195.27	P 865.96 $Ca_3(PO_4)_2$ 86.36	S 602.05 $CaSO_4\cdot 2H_2O$ -116.69	Cl 23.47 $NaCl$ 268.82	Ar 11.673 Air $P=0.009$ 39.16
4	K 386.85 KNO_3 -354.97	Ca 712.37 $CaCO_3$ -338.74	Sc 906.76 Sc_2O_3 -159.87	Ti 885.59 TiO_2 -198.57	V 704.88 V_2O_5 -236.27	Cr 547.43 $K_2Cr_2O_7$ 30.67	Mn 461.24 MnO_2 -197.23	Fe 368.1 Fe_2O_3 -147.38	Co 288.40 $CoFe_2O_4$ -19.84	Ni 243.47 $NiCl_2\cdot 6H_2O$ -865.63	Cu 143.80 $Cu_4(OH)_6Cl_2$ -852.37	Zn 337.44 $Zn(NO_3)_2\cdot 6H_2O$ -852.37	Ga 496.18 Ga_2O_3 -162.09	Ge 493.13 GeO_2 -194.10	As 386.27 As_2O_3 -255.27	Se 0 Se 0	Br 34.35 $PbBr_2$ -19.92	Kr
5	Rb 389.57 $RbNO_3$ -353.80	Sr 771.15 $SrCl_2\cdot 6H_2O$ -841.61	Y 932.40 $Y(OH)_3$ -1224.45	Zr 1058.59 $ZrSiO_4$ -215.02	Nb 878.10 Nb_2O_5 -240.62	Mo 714.42 $CaMoO_4$ -45.27	Tc	Ru 0 Ru 0	Rh 0 Rh 0	Pd 0 Pd	Ag 86.32 $AgCl$ 326.60	Cd 304.18 $CdCl_2\cdot\frac{5}{2}H_2O$ -759.94	In 412.42 InO_2 -169.41	Sn 515.72 SnO_2 217.53	Sb 409.70 Sb_2O_5 -255.98	Te 266.35 TeO_2 -188.49	I 25.61 KIO_3 56.82	Xe
6	Cs 390.9 $CsCl$ -364.25	Ba 784.17 $Ba(NO_3)_2$ -697.60	La 982.57 $LaCl_2\cdot 7H_2O$ -1224.45	Hf 1023.24 HfO_2 -202.51	Ta 950.69 Ta_2O_5 -242.80	W 818.22 $CaWO_4$ -45.44	Re	Os 297.11 OsO_4 -325.22	Ir 0 Ir 0	Pt 0 Pt 0	Au 0 Au	Hg 731.71 $HgCl_2$ -690.61	Tl 169.70 Tl_2O_4	Pb 337.27 $PbClOH$	Bi 296.73 $BiOCl$ -425.86	Po	At	Rn
7	Fr	Ra	Ac	Th 1164.87 ThO_2 -168.78	Pa	U 1117.88 U_3O_8 -247.19	Np	Pu	Am	Cm	Bk	Cf	Es	Fm	Md	No	Lr	
			La 982.57 $LaCl_2\cdot 7H_2O$ -1224.45	Ce 1020.73 CeO_2 -227.94	Pr 926.17 $Pr(OH)_3$	Nd 967.05 $NdCl_3\cdot 6H_2O$ -1214.78	Pm	Sm 962.86 $SmCl_3\cdot 6H_2O$ -1215.7	Eu 872.49 $EuCl_3\cdot 6H_2O$ -1231.06	Gd 958.26 $GdCl_3\cdot 6H_2O$ -1220.06	Tb 947.38 $TbCl_3\cdot 6H_2O$ -1230.26	Dy 958.26 $DyCl_3\cdot 6H_2O$ -1234.03	Ho 966.63 $HoCl_3\cdot 6H_2O$ -1235.20	Er 960.77 $ErCl_3\cdot 6H_2O$ -1234.82	Tm 894.29 Tm_2O_3 -167.65	Yb 935.67 $YbCl_3\cdot 6H_2O$ -1224.45	Lu 917.58 $LuCl_3\cdot 6H_2O$ -1235.20	

附录2 主要的无机化合物和有机化合物的摩尔标准化学㶲E_{xc}^0以及温度修正系数ξ（E_{xc}^0用龟山-吉田环境模型计算）

	主要无机化合物				
物质	E_{xc}^0/(kJ/mol)	ξ/[J/(mol·K)]	物质	E_{xc}^0/(kJ/mol)	ξ/[J/(mol·K)]
$AlCl_3$	229.83	892.07	$HCl(g)$	45.77	173.72
$Al_2(SO_4)_3$	308.36	539.44	Na_2S	962.86	−798.31
Ar	11.67	39.16	$NaHCO_3$	44.69	−39.3
BaO	261.04	−596.01	MgO	50.79	−218.78
$BaSO_4$	32.55	−415.30	$MgCl_2$	73.39	343.21
$BaCO_3$	63.01	−356.77	$MgCO_3$	22.59	62.30
C	410.53	57.07	$MgSO_4$	58.24	−67.8
CaO	110.33	−227.74	MnO	100.29	−115.94
$Ca(OH)_2$	53.01	−201.46	Mn_2O_3	47.24	−113.51
$CaCl_2$	11.25	349.74	Mn_2O_4	108.37	−213.13
$CaOSiO_2$	21.34	−228.15	N_2	0.71	2.34
$CaOAl_2O_3$	88.03	−251.08	Ne	27.07	90.83
CO	275.35	−25.61	NO	88.91	−4.60
CO_2	20.13	67.40	$NH_3(g)$	336.69	−154.22
Fe	368.15	−147.28	Na_2O	346.98	−585.76
FeO	118.66	−71.76	$NaCl$	0	0.38
Fe_3O_4	96.90	−70.29	Na_2SO_4	62.89	−413.50
$Fe(OH)_3$	30.29	43.85	Na_2CO_3	89.96	−364.22
Fe_2SiO_4	220.41	−125.35	Na_3AlF_6	581.95	138.95
$FeAl_2O_4$	103.18	−66.36	$SO_2(g)$	306.52	−114.64
H_2	235.22	−169.74	$SO_3(g)$	239.70	−14.02
$H_2O(g)$	8.62	−118.78	$H_2S(g)$	804.46	−329.66
He	30.12	101.09	ZnO	21.09	−745.63
HF	152.42	46.61	$ZnSO_4$	73.68	−587.52
O_2	3.93	13.22	$ZnCO_3$	22.34	−503.46

主要有机化合物

物质	化学分子式	E_{xc}^0 /(kJ/mol)	ξ/[J/(mol·K)]	物质	化学分子式	E_{xc}^0 /(kJ/mol)	ξ/[J/(mol·K)]
甲烷(g)	$CH_{4(g)}$	830.19	−201.96	甲醇(l)	CH_3OH (l)	716.72	−33.26
乙烷(g)	C_2H_6 (g)	1493.77	−221.63	乙醇(l)	C_2H_5OH (l)	1354.57	−43.68
丙烷(g)	C_3H_8 (g)	2148.99	−238.36	丙醇(l)	C_3H_7OH (l)	2003.76	−52.26
丁烷(l)	C_4H_{10} (l)	2803.20	−540.11	丁醇(l)	C_4H_9OH (l)	2659.10	−61.55
戊烷(g)	C_5H_{12} (g)	3455.61	−270.29	戊醇(l)	$C_5H_{11}OH$ (l)	3304.69	−67.07
戊烷(l)	C_5H_{12} (l)	3454.52	−152.38	甲醛(g)	HCHO (g)	537.81	−86.02
己烷(g)	C_6H_{14} (g)	4109.48	−286.14	乙醛(g)	CH_3CHO (g)	1160.18	−107.95
己烷(l)	C_6H_{14} (l)	4105.38	−193.84	丙酮(l)	$(CH_3)_2-CO$ (l)	1783.85	20.59
庚烷(g)	C_7H_{16} (g)	4763.44	−355.81				
庚烷(l)	C_7H_{16} (l)	4756.45	−209.58	甲酸(l)	HCOOH (l)	288.24	112.84
乙烯(g)	C_2H_4 (g)	1359.63	−172.38	醋酸(l)	CH_3-COOH (l)	903.58	105.52
丙烯(g)	C_3H_6 (g)	1999.95	−196.27	石炭酸(s)	C_6H_5OH (s)	3120.43	224.05
1-丁烯(g)	$CH_2CH-CH_2CH_3$ (g)	2654.29	−211.33	苯酸(s)	C_6H_5-COOH (s)	3338.08	372.50
乙炔(g)	C_2H_2 (g)	1265.49	−114.43	甲酸甲酯(g)	$HCOO-CH_3$ (g)	998.26	−35.82
丙炔(g)	CH_3CCH (g)	1896.48	−138.20	醋酸乙酯(l)	$CH_3COO-C_2H_5$ (l)	2254.26	53.09
环戊烷(l)	C_5H_{10} (l)	3265.11	−86.44				
环己烷(l)	C_6H_{12} (l)	3901.16	−62.93	甲醚(g)	$(CH_3)_2O$ (g)	1415.78	−150.04
苯(l)	C_6H_6 (l)	3293.18	85.65	乙醚(l)	$(C_2H_5)_2O$ (l)	2697.26	88.91
环辛烷(l)	C_8H_{16} (l)	5243.89	−73.51	氯化甲烷(g)	CH_3Cl (g)	723.96	206.86
环丁烯(g)	C_4H_6 (g)	2522.53	−130.08	二氯化甲烷(l)	CH_2Cl_2 (l)	622.29	480.03
乙苯(l)	C_8H_{10} (l)	4580.10	50.92	四氯化碳(l)	CCl_4 (l)	441.79	1367.83
辛烷(l)	C_8H_{18} (l)	5407.78	−211.42	α-D-半乳糖(s)	$C_6H_{12}O_6$ (s)	2966.92	590.70
壬烷(l)	C_9H_{20} (l)	6058.81	−220.87	β-乳糖(s)	$C_{12}H_{22}-O_{11}$ (s)	5968.52	1136.21
癸烷(l)	$C_{10}H_{22}$ (l)	6710.05	−743.08	尿素(s)	$(NH_2)_2-CO$ (s)	686.47	132.67
十一烷(l)	$C_{11}H_{24}$ (l)	7361.33	−238.03				
十二烷(l)	$C_{12}H_{26}$ (l)	8013.03	−247.07				
甲苯(l)	$CH_3C_6H_5$ (l)	3928.36	61.63